Construction Achievement of High-level Speciality Groups: Loose-leaf Series of Bilingual Textbooks

高水平专业群建设成果活页式系列双语教材

照明线路安装实训（活页式）

Practical Training of Lighting Circuit Installation

主　编　雷红梅

副主编　宋光文　左江林

主　审　邓海鹰

中国水利水电出版社

www.waterpub.com.cn

·北京·

内 容 提 要

本教材为活页式实训教材，主要分为4个学习情境，即安装上下层楼梯间照明线路、安装一房一厅照明线路、安装两房两厅照明线路和安装智能家居照明线路。学习情境的典型工作步骤为“绘制原理图—设计安装位置—安装线路—检查线路—测试验收线路”，典型工作步骤均按“资讯—计划—决策—实施—检查—评价”六步教学法设计。

本教材可供高职高专院校电力类专业作为照明线路安装实训相关课程使用，也可供工程技术人员参考。

图书在版编目（CIP）数据

照明线路安装实训 ： 活页式 ： 汉文、英文 / 雷红梅主编. -- 北京 ： 中国水利水电出版社，2022.8
高水平专业群建设成果活页式系列双语教材
ISBN 978-7-5226-0980-5

Ⅰ. ①照… Ⅱ. ①雷… Ⅲ. ①电气照明－设备安装－实习－教材－汉、英 Ⅳ. ①TM923-45

中国版本图书馆CIP数据核字(2022)第163269号

书　　名	高水平专业群建设成果活页式系列双语教材 **照明线路安装实训（活页式）** ZHAOMING XIANLU ANZHUANG SHIXUN (HUOYESHI)
作　　者	主　编　雷红梅 副主编　宋光文　左江林 主　审　邓海鹰
出版发行	中国水利水电出版社 （北京市海淀区玉渊潭南路1号D座　100038） 网址：www.waterpub.com.cn E-mail：sales@mwr.gov.cn 电话：(010) 68545888（营销中心）
经　　售	北京科水图书销售有限公司 电话：(010) 68545874、63202643 全国各地新华书店和相关出版物销售网点
排　　版	中国水利水电出版社微机排版中心
印　　刷	北京市密东印刷有限公司
规　　格	184mm×260mm　16开本　21.25印张　595千字
版　　次	2022年8月第1版　2022年8月第1次印刷
印　　数	0001—1500册
定　　价	**68.00**元

Abstract

This is a loose-leaf textbook for practical training, comprising four main learning scenarios: lighting circuit installation of upper and lower staircases, one-bedroom apartments, two-bedroom apartments with a living room and a dining room (hereinafter referred to as "two-bedroom apartments"), and smart homes. The typical working steps of these four learning scenarios are "schematic diagram drawing – installation position design – circuit installation – circuit inspection – circuit testing and acceptance". They were designed based on the six-step teaching method of "information – planning – decision – implementation – check – assessment".

This textbook can be used in the practical training course of lighting circuit installation for students majoring in electric power in higher vocational colleges. It can also serve as a reference for engineers and technicians.

前　　言

本教材积极响应《国家职业教育改革实施方案》（国发〔2019〕4号）中“倡导使用新型活页式、工作手册式教材”的精神，旨在开发出以学为主导的，能提升学生学习的吸引力、自学能力和创新能力的活页式教材，进而提高职业教育教学质量。

本教材基于课程标准和职业标准，以上下层楼梯间、一房一厅、两房两厅和智能家居4类家居照明线路安装为学习情境组织教学，以活页的形式将任务“从简单到复杂、从单一到综合”贯穿起来，将“以德树人、课程思政”有机融合到教材中。教材主要文件包括学习性工作任务单、资讯单、计划单、决策单、实施单、检查单、评价单，辅助文件有材料工具清单、教学反馈单、教学引导文、成绩报告单（附录1）、教师实施计划单（附录1）等。以“绘制原理图—设计安装位置—安装线路—检查线路—测试验收线路”为典型工作步骤，按“资讯—计划—决策—实施—检查—评价”六步教学法设计实训环节，将照明线路安装工序、技术标准、操作规范等作为主要实训内容，以学材为主体组织结构设计、内容编写，促进学生自学，全过程训练学生的创新思维、创新能力，通过实践训练培养学生的创业素质和职业素养。

学生在实训过程中，可以利用本教材进行拓展学习、深度学习，将个性化的内容、体会、收获等纸质记录及时充实到教材相应页面中，丰富知识、积累经验、提高技术。

教师在教学过程中，可以随时将照明线路安装的新技术、新知识打印几页给学生添加在本教材相应页面中或更新二维码关联的数字资源，使教材内容不断充实、更新。

本教材由广西水利电力职业技术学院副教授雷红梅担任主编，广西恒都输变电有限公司高级工程师宋光文、广西水利电力职业技术学院高级工程师左江林担任副主编，广西水利电力职业技术学院邓海鹰教授担任主审。参加编写的人员还有广西工业职业技术学院教授莫文火，广西水利电力职业技术学院施华、钟秋老师，广西建设职业技术学院蒋文艳老师，黔西南民族职业技术学院王玲老师。

本教材编写人员在编写过程中参考了闫智勇博士讲座中的“活页式和工作手册式教材编写体例”内容及同行们的优秀教材，得到很大启发和教益，在此表示衷心的感谢。

鉴于水平和时间所限，书中难免有疏漏之处，恳请广大师生和读者批评指正。

编者

2022年8月

Preface

As a positive response to "advocating the use of new loose-leaf and workbook-style textbooks" in the *National Plan for Vocational Education Reform* (G.F. 〔2019〕 No. 4), this textbook is a learning-oriented loose-leaf textbook which aims to enhance students' learning motivation, self-learning ability, and innovation competence, thereby improving the quality of vocational education.

In compliance with curriculum and occupational standards, this textbook is based on several learning scenarios: lighting circuit installation of upper and lower staircases, one-bedroom apartments, two-bedroom apartments with a living room and a dining room, and smart homes. Multiple tasks, from simple to complex, from single to comprehensive, are integrated into a loose-leaf form, with the guiding principle of "moral education, curriculum politics". The documents included in this textbook consist of learning worksheets, information sheets, planning sheets, decision sheets, implementation sheets, check sheets, and assessment sheets. Complimentary documents include lists of materials and tools, teaching feedback sheets, teaching guidances, an academic report (Appendix 1), and a teachers' implementation planning sheet (Appendix 1), etc. The typical working steps included in this course are "schematic diagram drawing – installation position design – circuit installation – circuit inspection – circuit testing and acceptance". The six-step teaching method, namely "information – planning – decision – implementation – check – assessment", is adopted to design the practical training of the installation process, technical standards, and operating codes of lighting circuits, etc. The structure design and content writing are based on learning materials to promote students' self-learning, facilitate their creative thinking and innovation competence, and cultivate their entrepreneurial quality and professionalism through practical training.

During the practical training, students can utilize this textbook to conduct extensive and in-depth learning and timely record personalized understanding, experience, and academic gains in the corresponding pages of the textbook, thereby enriching knowledge, accumulating experience, and improving techniques.

During the teaching process, teachers can, at any time, provide students with new techniques and knowledge regarding lighting circuit installation in a few printed pages to add them to the textbook's corresponding pages, or update the digital resources linked to the QR codes provided, to keep the textbook content constantly enriched and updated.

The editor-in-chief of this textbook is Lei Hongmei, associate professor at Guangxi Vocational College of Water Resources and Electric Power; deputy editors-in-chief are Song Guangwen, senior engineer of Guangxi Hengdu Power Transmission and Transformation Co., Ltd., and Zuo Jianglin, senior engineer of Guangxi Vocational College of Water Resources and Electric Power; the reviewer-in-chief is Deng Haiying, professor at Guangxi Vocational College of Water Resources and Electric Power. Other contributors to this textbook are Prof. Mo Wenhuo (from Guangxi Vocational & Technical Institute of Industry), Shi Hua and Zhong Qiu (from Guangxi Vocational College of Water Resources and Electric Power), Jiang Wenyan (from Guangxi Polytechnic of Construction), and Wang Ling (from Southwest Guizhou Vocational & Technical College for Nationalities).

While writing this textbook, the authors have referred to the "loose-leaf and workbook-style textbook writing" introduced in Dr. Yan Zhiyong's lectures, as well as the excellent textbooks of our peers. We have gained great inspiration and valuable experience, for which we would like to express our sincere thanks.

Given the constraints of personal expertise and limited writing time, we sincerely ask teachers, students, and readers for their kind indulgence regarding any inaccuracies and omissions that may occur in this textbook.

Authors

August 2022

目　录

学习场

安装家居照明线路

学习情境 1

安装上下层楼梯间照明线路

1.0 学习性工作任务单

<table>
<tr><td>学习场</td><td colspan="6">安装家居照明线路</td></tr>
<tr><td>学习情境 1</td><td colspan="3">安装上下层楼梯间照明线路</td><td colspan="2">学时</td><td>280 分钟</td></tr>
<tr><td>典型工作过程描述</td><td colspan="6">绘制原理图—设计安装位置—安装线路—检查线路—测试验收线路</td></tr>
<tr><td>学习目标</td><td colspan="6">1. 能独立敷设两地控制一灯线路。
2. 遵守电气工程施工规范。
3. 树立安全用电意识。</td></tr>
<tr><td>任务描述</td><td colspan="6">1. 绘制两地控制一白炽灯线路工作原理图、平面布置图和安装接线图。
2. 板上明管敷设两地控制一白炽灯线路。
3. 要求 0.5 天内完成任务。</td></tr>
<tr><td>学时安排</td><td>资讯
30 分钟</td><td>计划
40 分钟</td><td>决策
25 分钟</td><td>实施
125 分钟</td><td>检查
35 分钟</td><td>评价
25 分钟</td></tr>
<tr><td>对学生的要求</td><td colspan="6">1. 实训前必须熟悉工作任务单和教学引导文。
2. 按时、按步骤完成当天的实训任务。
3. 实训室应保持肃静，组员间沟通讨论应低音交流，不得谈笑喧哗，不许搞其他动作，以免影响他人实训。
4. 实训过程中，不得抄写他人的实训记录，否则，须重做。如有疑问，应向指导教师询问清楚后方可进行。
5. 每天安排值日生负责打扫实训室，保持室内整洁，注意关上电源、门窗。</td></tr>
<tr><td>参考资料</td><td colspan="6">《房屋建筑制图统一标准》(GB/T 50001—2017)
《建筑电气工程施工质量验收规范》(GB 50303—2015)</td></tr>
</table>

1.1　教学引导文

学习场	安装家居照明线路	学习情境 1	安装上下层楼梯间照明线路	参照系	工作内容：板上明敷设两地控制一灯线路。	
普适性工作过程 典型工作过程	资讯	计划	决策	实施	检查	评价
绘制原理图	通过网上查询和小组讨论等，确认实现两地控制一白炽灯线路，需要两个双控开关（双控开关种类：1 开双控、2 开双控、3 开双控）。该安装线路要求板上明管（PVC）敷设，绘制线路工作原理图，确定工作岗位人员，完成 1.1.1.1 绘制原理图的资讯单。	通过小组讨论和咨询专家等，拟定绘制两地控制一灯线路工作原理图的计划，完成 1.1.1.2 绘制原理图的计划单。	从可行性、经济性、可操作性、实施难易程度进行分析、比较、判断各计划的优点与不足，加以评分，选出最优计划。	通过小组讨论，认识 1 开双控开关的结构，画出两地控制一灯线路工作原理图，完成 1.1.1.4 绘制原理图的实施单。	按照 1.1.1.5 绘制原理图的检查单中的检查项目和检查标准，进行学生自查和教师检查。	根据评价子项目配分，进行自评、互评和教师评价，填写 1.2 安装上下层楼梯间照明线路的评价单。
设计安装位置	现场勘察给定板块的尺寸大小，提出开关和灯具可能存在的布局，如采用“开关 1—开关 2—灯具”一字排开布局或“开关 1—灯具—开关 2”一字排开布局等，完成 1.1.2.1 设计安装位置的资讯单。	通过小组讨论等，编制两地控制一灯线路的定位计划，完成 1.1.2.2 设计安装位置的计划单。	从可行性、经济性、可操作性、安全性、实施难易程度进行分析、比较、判断各计划的优点与不足，加以评分，选出最优计划。	现场勘察，小组讨论，画出小组最终确定的两地控制一灯线路板上平面布置图。	按照 1.1.2.5 设计安装位置的检查单中的检查项目和检查标准，进行学生自查和教师检查。	根据评价子项目配分，进行自评、互评和教师评价，填写 1.2 安装上下层楼梯间照明线路的评价单。

续表

学习场	安装家居照明线路	学习情境 1	安装上下层楼梯间照明线路	参照系	工作内容：板上明敷设两地控制一灯线路。	
典型工作过程＼普适性工作过程	资讯	计划	决策	实施	检查	评价
安装线路	该安装线路要求板上明管(PVC)敷设，根据确定的平面布置图，遵守明敷设“横平竖直”的布线要求，绘制两地控制一灯安装接线图，二维码资源 1.1.2 为其中六种两地控制一灯安装接线图案例。确定各工作岗位人员，完成 1.1.3.1 安装线路的资讯单。	通过小组讨论等，编制两地控制一灯线路的安装计划，完成 1.1.3.2 安装线路的计划单。	从可行性、经济性、可操作性、安全性、实施难易程度进行分析、比较、判断各计划的优点与不足，加以评分，选出最优计划。	根据安装接线图，填写设备材料工具清单，由物料员领取灯具、管线和其他辅料，先固定开关和灯座，再布置和固定 PVC 管，穿线，连接开关，完成线路安装。	按照 1.1.3.5 安装线路的检查单中的检查项目和检查标准，进行学生自查和教师检查。	根据评价子项目配分，进行自评、互评和教师评价，填写 1.2 安装上下层楼梯间照明线路的评价单。
检查线路	万用表欧姆挡可测量线路通断与否。兆欧表可测量绝缘电阻；一般情况下，导线、设备对地绝缘电阻，导线间、设备间、导线与设备间绝缘电阻均大于等于 0.5MΩ，满足通电条件。	通过小组讨论等，编制两地控制一灯线路检查计划，完成 1.1.4.2 检查线路的计划单。	从可行性、经济性、可操作性、安全性、实施难易程度进行分析、比较、判断各计划的优点与不足，加以评分，选出最优计划。	用万用表欧姆挡×1 挡，检测安装的线路能否实现两地控制一灯。用兆欧表测量火线对地绝缘电阻、零线对地绝缘电阻和火线与零线间的绝缘电阻。	按照 1.1.4.5 检查线路的检查单中的检查项目和检查标准，进行学生自查和教师检查。	根据评价子项目配分，进行自评、互评和教师评价，填写 1.2 安装上下层楼梯间照明线路的评价单。

续表

学习场	安装家居照明线路	学习情境1	安装上下层楼梯间照明线路	参照系	工作内容：板上明敷设两地控制一灯线路。	
普适性工作过程 典型工作过程	资讯	计划	决策	实施	检查	评价
测试验收线路	通过网上查询和小组讨论等，列出安全用电注意事项。教师作为监护人，同学作为操作人，通过交流电源板提供电源，接通两地控制一灯线路，进行测试验收线路。	通过小组讨论等，编制两地控制一灯线路测试验收线路计划，完成1.1.5.2测试验收线路的计划单。	从可行性、经济性、可操作性、安全性、实施难易程度进行分析、比较、判断各计划的优点与不足，加以评分，选出最优计划。	首先用万用表交流电压ACV250V挡检测电源板电源是否良好。断开电源板刀闸，断开两地控制一灯线路开关，连接电源零线和火线。合上电源刀闸，分别合上两双控开关，进行验收线路测试。测试合格，断开两地控制一灯线路开关，断开电源板刀闸，退出火线和零线，完成测试，填写照明电路验收表（附录2）。	按照1.1.5.5测试验收线路的检查单中的检查项目和检查标准，进行学生自查和教师检查。	根据评价子项目配分，进行自评、互评和教师评价，填写1.2安装上下层楼梯间照明线路的评价单。

1.1.1　绘制原理图

1.1.1.1　绘制原理图的资讯单

<table>
<tr><td>学习场</td><td colspan="3">安装家居照明线路</td></tr>
<tr><td>学习情境 1</td><td>安装上下层楼梯间照明线路</td><td>学时</td><td>5 分钟</td></tr>
<tr><td>典型工作步骤 1 描述</td><td colspan="3">经网上查询和小组讨论等，用两个双控开关实现两地控制一白炽灯，在 35 分钟内，正确绘制出线路工作原理图。</td></tr>
<tr><td>搜集资讯的方式</td><td colspan="3">上网查询、小组座谈</td></tr>
<tr><td>资讯描述</td><td colspan="3">家居照明线路安装可分为明敷和暗敷两种。明敷，即导线沿墙壁、天花板表面、桁梁、屋柱等处敷设；明敷设在安装施工和检查维修方面较方便，但室内美观受影响，人能触摸到的地方不安全。暗敷，即导线穿管埋设在墙内、地坪内或顶棚里；暗敷设安装施工要求高，检查和维护困难。
两地控制一灯线路，需要两个 1 开双控开关，火线经过开关，零线不经过开关，要求板上明管敷设，绘制工作原理图，填写岗位分配表（表 1.1.1）。
1.1.1　上下层楼梯间照明线路示意图
表 1.1.1　岗 位 分 配 表
<table>
<tr><td>类别</td><td>岗位</td><td>人数</td><td>姓名</td><td>备　　注</td></tr>
<tr><td>班组长</td><td>组长</td><td>1</td><td></td><td>负责小组的组织与管理</td></tr>
<tr><td>设计</td><td>设计员</td><td></td><td></td><td>负责小组照明线路的设计</td></tr>
<tr><td>绘图</td><td>绘图员</td><td></td><td></td><td>负责小组照明线路的绘制</td></tr>
</table>
</td></tr>
<tr><td>对学生的要求</td><td colspan="3">网上查询相关知识，如有疑问，先组内交流，最后向指导教师咨询。</td></tr>
<tr><td>参考资料</td><td colspan="3"></td></tr>
</table>

1.1.1.2　绘制原理图的计划单

<table>
<tr><td>学习场</td><td colspan="6">安装家居照明线路</td></tr>
<tr><td>学习情境 1</td><td colspan="4">安装上下层楼梯间照明线路</td><td>学时</td><td>5 分钟</td></tr>
<tr><td>典型工作步骤 1 描述</td><td colspan="6">经网上查询和小组讨论等，用两个双控开关实现两地控制一白炽灯，在35分钟内，正确绘制出线路工作原理图。</td></tr>
<tr><td>计划制订的方式</td><td colspan="6">小组讨论、咨询专家</td></tr>
<tr><td>序号</td><td colspan="3">工 作 步 骤</td><td colspan="3">注 意 事 项</td></tr>
<tr><td>1</td><td colspan="3">准备画图工具。</td><td colspan="3"></td></tr>
<tr><td>2</td><td colspan="3">确定灯和开关图形符号。</td><td colspan="3"></td></tr>
<tr><td>3</td><td colspan="3">确定灯和开关布局，并在纸上画出图形符号。</td><td colspan="3"></td></tr>
<tr><td>4</td><td colspan="3">绘制两地控制一灯线路。</td><td colspan="3">学习两个双控开关实现两地控制一灯的正确接线。</td></tr>
<tr><td>5</td><td colspan="3">小组讨论，定稿，完成两地控制一灯工作原理图绘制。</td><td colspan="3"></td></tr>
<tr><td rowspan="3">计划评价</td><td>班级</td><td></td><td>第（　　）组</td><td>组长签字</td><td colspan="2"></td></tr>
<tr><td>教师签字</td><td></td><td>日期</td><td colspan="3"></td></tr>
<tr><td colspan="6">评语：符合制图习惯，能正确、有效地绘制灯具线路工作原理图。</td></tr>
</table>

1.1.1.3　绘制原理图的决策单

<table>
<tr><td>学习场</td><td colspan="6">安装家居照明线路</td></tr>
<tr><td>学习情境 1</td><td colspan="4">安装上下层楼梯间照明线路</td><td>学时</td><td>5 分钟</td></tr>
<tr><td>典型工作步骤 1 描述</td><td colspan="6">经网上查询和小组讨论等，用两个双控开关实现两地控制一白炽灯，在 35 分钟内，正确绘制出线路工作原理图。</td></tr>
<tr><td colspan="7">计　划　对　比</td></tr>
<tr><td>序号</td><td>可行性</td><td>经济性</td><td colspan="2">可操作性</td><td>实施难度</td><td>综合评价</td></tr>
<tr><td>1</td><td></td><td></td><td colspan="2"></td><td></td><td></td></tr>
<tr><td>2</td><td></td><td></td><td colspan="2"></td><td></td><td></td></tr>
<tr><td>3</td><td></td><td></td><td colspan="2"></td><td></td><td></td></tr>
<tr><td>4</td><td></td><td></td><td colspan="2"></td><td></td><td></td></tr>
<tr><td>5</td><td></td><td></td><td colspan="2"></td><td></td><td></td></tr>
<tr><td>6</td><td></td><td></td><td colspan="2"></td><td></td><td></td></tr>
<tr><td>7</td><td></td><td></td><td colspan="2"></td><td></td><td></td></tr>
<tr><td>8</td><td></td><td></td><td colspan="2"></td><td></td><td></td></tr>
<tr><td>9</td><td></td><td></td><td colspan="2"></td><td></td><td></td></tr>
<tr><td>10</td><td></td><td></td><td colspan="2"></td><td></td><td></td></tr>
<tr><td rowspan="3">决策评价</td><td>班级</td><td></td><td>第（　　）组</td><td>组长签字</td><td colspan="2"></td></tr>
<tr><td>教师签字</td><td></td><td>日期</td><td colspan="3"></td></tr>
<tr><td colspan="6">评语：</td></tr>
</table>

1.1.1.4 绘制原理图的实施单

<table>
<tr><td>学习场</td><td colspan="4">安装家居照明线路</td></tr>
<tr><td>学习情境 1</td><td colspan="2">安装上下层楼梯间照明线路</td><td>学时</td><td>20 分钟</td></tr>
<tr><td>典型工作步骤 1 描述</td><td colspan="4">经网上查询和小组讨论等，用两个双控开关实现两地控制一白炽灯，在 35 分钟内，正确绘制出线路工作原理图。</td></tr>
<tr><td>序号</td><td>实 施 步 骤</td><td colspan="3">工 作 原 理 图</td></tr>
<tr><td>1</td><td>准备画图工具。</td><td colspan="3" rowspan="5">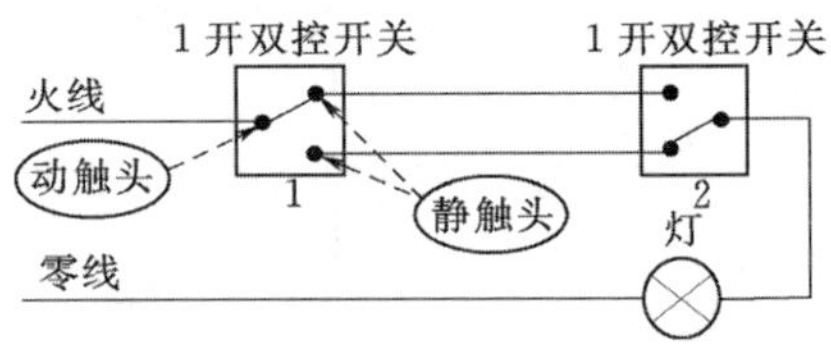

图 1.1.1 两地控制一灯原理图</td></tr>
<tr><td>2</td><td>确定灯和开关图形符号。</td></tr>
<tr><td>3</td><td>确定灯和开关布局，并在纸上画出图形符号。</td></tr>
<tr><td>4</td><td>绘制两地控制一灯线路。</td></tr>
<tr><td>5</td><td>小组讨论，定稿。</td></tr>
<tr><td colspan="5">实施说明：每一个双控开关有 1 个动触头（与可动连接片相连）和 2 个静触头。为实现两地控制一灯，两个双控开关的动触头，一个接电源侧的火线，另一个接灯具；两个双控开关的静触头之间两两相连（图 1.1.1）。</td></tr>
<tr><td rowspan="3">实施评价</td><td>班级</td><td></td><td>第（ ）组</td><td>组长签字</td></tr>
<tr><td>教师签字</td><td></td><td>日期</td><td></td></tr>
<tr><td colspan="4">评语：</td></tr>
</table>

1.1.1.5　绘制原理图的检查单

<table>
<tr><td>学习场</td><td colspan="4">安装家居照明线路</td></tr>
<tr><td>学习情境 1</td><td colspan="2">安装上下层楼梯间照明线路</td><td>学时</td><td>10 分钟</td></tr>
<tr><td>典型工作步骤 1 描述</td><td colspan="4">经网上查询和小组讨论等，用两个双控开关实现两地控制一白炽灯，在 35 分钟内，正确绘制出线路工作原理图。</td></tr>
<tr><td>序号</td><td>检查项目</td><td>检查标准</td><td>学生自查</td><td>教师检查</td></tr>
<tr><td>1</td><td>1 开双控开关结构</td><td>能说出 1 开双控开关由 1 个动触点和 2 个静触点组成。</td><td></td><td></td></tr>
<tr><td>2</td><td>两地控制一灯线路原理图</td><td>能画出两地控制一灯线路原理图。</td><td></td><td></td></tr>
<tr><td></td><td></td><td></td><td></td><td></td></tr>
<tr><td></td><td></td><td></td><td></td><td></td></tr>
<tr><td></td><td></td><td></td><td></td><td></td></tr>
<tr><td></td><td></td><td></td><td></td><td></td></tr>
<tr><td></td><td></td><td></td><td></td><td></td></tr>
</table>

<table>
<tr><td rowspan="3">检查评价</td><td>班级</td><td></td><td>第（　　）组</td><td>组长签字</td><td></td></tr>
<tr><td>教师签字</td><td></td><td>日期</td><td colspan="2"></td></tr>
<tr><td colspan="5">评语：</td></tr>
</table>

1.1.2 设计安装位置

1.1.2.1 设计安装位置的资讯单

学习场	安装家居照明线路		
学习情境1	安装上下层楼梯间照明线路	学时	5分钟
典型工作步骤2描述	现场勘察给定板块的尺寸大小，25分钟内，用规范的开关和灯具图形符号，绘制两地控制一灯的平面布置图。		
搜集资讯的方式	（学生填）		
资讯描述	（学生填，用简图表示小组提出的所有平面布置图）		
对学生的要求	如有疑问，先组内交流，最后向指导教师咨询。		
参考资料			

1.1.2.2　设计安装位置的计划单

<table>
<tr><td>学习场</td><td colspan="4">安装家居照明线路</td></tr>
<tr><td>学习情境 1</td><td colspan="2">安装上下层楼梯间照明线路</td><td>学时</td><td>5 分钟</td></tr>
<tr><td>典型工作步骤 2 描述</td><td colspan="4">现场勘察给定板块的尺寸大小，25 分钟内，用规范的开关和灯具图形符号，绘制两地控制一灯的平面布置图。</td></tr>
<tr><td>计划制订的方式</td><td colspan="4">小组讨论、咨询老师</td></tr>
<tr><td>序号</td><td colspan="2">工 作 步 骤</td><td colspan="2">注 意 事 项</td></tr>
<tr><td>1</td><td colspan="2">现场勘察</td><td colspan="2"></td></tr>
<tr><td>2</td><td colspan="2">小组讨论</td><td colspan="2"></td></tr>
<tr><td>3</td><td colspan="2">设计安装位置</td><td colspan="2"></td></tr>
<tr><td></td><td colspan="2"></td><td colspan="2"></td></tr>
<tr><td></td><td colspan="2"></td><td colspan="2"></td></tr>
<tr><td></td><td colspan="2"></td><td colspan="2"></td></tr>
<tr><td></td><td colspan="2"></td><td colspan="2"></td></tr>
<tr><td rowspan="3">计划评价</td><td>班级</td><td></td><td>第（　　）组</td><td>组长签字</td></tr>
<tr><td>教师签字</td><td></td><td>日期</td><td></td></tr>
<tr><td colspan="4">评语：</td></tr>
</table>

1.1.2.3 设计安装位置的决策单

<table>
<tr><td>学习场</td><td colspan="6">安装家居照明线路</td></tr>
<tr><td>学习情境 1</td><td colspan="4">安装上下层楼梯间照明线路</td><td>学时</td><td>5 分钟</td></tr>
<tr><td>典型工作步骤 2 描述</td><td colspan="6">现场勘察给定板块的尺寸大小，25 分钟内，用规范的开关和灯具图形符号，绘制两地控制一灯的平面布置图。</td></tr>
<tr><td colspan="7">计 划 对 比</td></tr>
<tr><td>序号</td><td>可行性</td><td>经济性</td><td>可操作性</td><td>安全性</td><td>实施难度</td><td>综合评价</td></tr>
<tr><td>1</td><td></td><td></td><td></td><td></td><td></td><td></td></tr>
<tr><td>2</td><td></td><td></td><td></td><td></td><td></td><td></td></tr>
<tr><td>3</td><td></td><td></td><td></td><td></td><td></td><td></td></tr>
<tr><td>4</td><td></td><td></td><td></td><td></td><td></td><td></td></tr>
<tr><td>5</td><td></td><td></td><td></td><td></td><td></td><td></td></tr>
<tr><td>6</td><td></td><td></td><td></td><td></td><td></td><td></td></tr>
<tr><td>7</td><td></td><td></td><td></td><td></td><td></td><td></td></tr>
<tr><td>8</td><td></td><td></td><td></td><td></td><td></td><td></td></tr>
<tr><td>9</td><td></td><td></td><td></td><td></td><td></td><td></td></tr>
<tr><td>10</td><td></td><td></td><td></td><td></td><td></td><td></td></tr>
<tr><td rowspan="3">决策评价</td><td>班级</td><td></td><td>第（ ）组</td><td>组长签字</td><td colspan="2"></td></tr>
<tr><td>教师签字</td><td></td><td>日期</td><td colspan="3"></td></tr>
<tr><td colspan="6">评语：</td></tr>
</table>

1.1.2.4　设计安装位置的实施单

学习场	安装家居照明线路		
学习情境 1	安装上下层楼梯间照明线路	学时	10 分钟
典型工作步骤 2 描述	现场勘察给定板块的尺寸大小，25 分钟内，用规范的开关和灯具图形符号，绘制两地控制一灯的平面布置图。		

序号	实 施 步 骤	注 意 事 项
1	现场勘察	
2	小组讨论	
3	设计安装位置	

实施说明：(图 1.1.2 为两地控制一灯线路板上平面布置图参考案例)

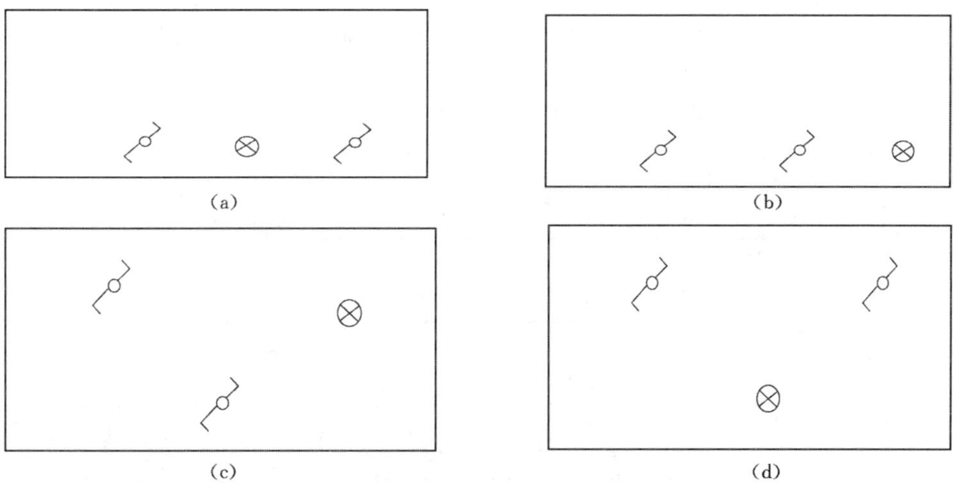

(a)　(b)　(c)　(d)

图 1.1.2　两地控制一灯线路板上平面布置图

小组最终确定的两地控制一灯线路板上平面布置图：

实施评价	班级		第（　　）组	组长签字	
	教师签字		日期		
	评语：				

1.1.2.5 设计安装位置的检查单

<table>
<tr><td>学习场</td><td colspan="5">安装家居照明线路</td></tr>
<tr><td>学习情境 1</td><td colspan="3">安装上下层楼梯间照明线路</td><td>学时</td><td>5 分钟</td></tr>
<tr><td>典型工作步骤 2 描述</td><td colspan="5">现场勘察给定板块的尺寸大小，25 分钟内，用规范的开关和灯具图形符号，绘制两地控制一灯的平面布置图。</td></tr>
<tr><td>序号</td><td>检查项目</td><td colspan="2">检查标准</td><td>学生自查</td><td>教师检查</td></tr>
<tr><td>1</td><td>1 开双控开关图形符号</td><td colspan="2">能画出 1 开双控开关图形符号。</td><td></td><td></td></tr>
<tr><td>2</td><td>灯具的一般图形符号</td><td colspan="2">能画出灯具的一般图形符号。</td><td></td><td></td></tr>
<tr><td></td><td></td><td colspan="2"></td><td></td><td></td></tr>
<tr><td></td><td></td><td colspan="2"></td><td></td><td></td></tr>
<tr><td></td><td></td><td colspan="2"></td><td></td><td></td></tr>
<tr><td></td><td></td><td colspan="2"></td><td></td><td></td></tr>
<tr><td></td><td></td><td colspan="2"></td><td></td><td></td></tr>
<tr><td rowspan="3">检查评价</td><td>班级</td><td></td><td>第（　　）组</td><td>组长签字</td><td></td></tr>
<tr><td>教师签字</td><td></td><td>日期</td><td colspan="2"></td></tr>
<tr><td colspan="5">评语：</td></tr>
</table>

1.1.3　安装线路

1.1.3.1　安装线路的资讯单

<table>
<tr><td>学习场</td><td colspan="3">安装家居照明线路</td></tr>
<tr><td>学习情境 1</td><td>安装上下层楼梯间照明线路</td><td>学时</td><td>10 分钟</td></tr>
<tr><td>典型工作步骤 3 描述</td><td colspan="3">遵守明敷设“横平竖直”的布线要求，在板上明管（PVC）安装两地控制一灯线路。</td></tr>
<tr><td>搜集资讯的方式</td><td colspan="3">查阅图书资料、搜索网络、小组座谈等</td></tr>
<tr><td>资讯描述</td><td colspan="3">1. 根据确定的平面布置图，遵守明敷设“横平竖直”的布线要求，绘制两地控制一灯安装接线图。
1.1.2　六种两地控制一灯安装接线图案例
2. 确定各工作岗位人员（表 1.1.2）。
表 1.1.2　岗 位 分 配 表
<table>
<tr><th>类别</th><th>岗位</th><th>人数</th><th>姓名</th><th>备　注</th></tr>
<tr><td>班组长</td><td>组长</td><td>1</td><td></td><td>负责小组的组织与管理</td></tr>
<tr><td>安全</td><td>安全员</td><td>1</td><td></td><td>负责小组实训过程中的相关安全问题的预测与保障</td></tr>
<tr><td>设计</td><td>设计员</td><td>1</td><td></td><td>负责小组照明线路设计及设计说明</td></tr>
<tr><td>施工</td><td>施工员</td><td>1</td><td></td><td>负责小组照明线路的安装</td></tr>
<tr><td>物料</td><td>物料员</td><td>1</td><td></td><td>负责小组施工物料的管理</td></tr>
<tr><td>监理</td><td>监理员</td><td>1</td><td></td><td>负责监察实施步骤执行情况</td></tr>
</table>
（1）设一个班 45 人，分为 8 个小组，每个小组 5～6 人，若人员有浮动可根据实际情况调节人数（可设兼职）。
（2）每个班组按照岗位不同，进行分工协作，共同完成交代任务。
（3）教学过程中，以任务为导向，以团队为基本单元，开展课堂组织与工作实施。
3. 明敷设布线的优点（从美观角度出发，家装推荐采用暗敷设）。
（1）无须在墙上剔槽抹灰。
（2）可反复拆装。
（3）方便增加线路或容量。
（4）方便增加插座和开关。</td></tr>
<tr><td>对学生的要求</td><td colspan="3">如有疑问，先组内交流，最后向指导教师咨询。</td></tr>
<tr><td>参考资料</td><td colspan="3"></td></tr>
</table>

1.1.3.2　安装线路的计划单

<table>
<tr><td colspan="2">学习场</td><td colspan="5">安装家居照明线路</td></tr>
<tr><td colspan="2">学习情境 1</td><td colspan="3">安装上下层楼梯间照明线路</td><td>学时</td><td>10 分钟</td></tr>
<tr><td colspan="2">典型工作步骤 3 描述</td><td colspan="5">遵守明敷设“横平竖直”的布线要求，在板上明管（PVC）安装两地控制一灯线路。</td></tr>
<tr><td colspan="2">计划制订的方式</td><td colspan="5">小组讨论</td></tr>
<tr><td>序号</td><td colspan="3">工 作 步 骤</td><td colspan="3">注 意 事 项</td></tr>
<tr><td>1</td><td colspan="3">确定安装接线图。</td><td colspan="3"></td></tr>
<tr><td>2</td><td colspan="3">准备剥线钳、电工刀、螺丝批、钢直尺等安装工器具。</td><td colspan="3"></td></tr>
<tr><td>3</td><td colspan="3">填写设备材料工具清单。</td><td colspan="3"></td></tr>
<tr><td>4</td><td colspan="3">物料员领取灯具、管线和其他辅料。</td><td colspan="3"></td></tr>
<tr><td>5</td><td colspan="3">检查设备是否完好。</td><td colspan="3">设备破损须报告指导教师，并填写设备损坏登记簿。</td></tr>
<tr><td>6</td><td colspan="3">按平面布置图固定 2 个双控开关和灯具底盒。</td><td colspan="3"></td></tr>
<tr><td>7</td><td colspan="3">根据安装接线图，布置和固定 PVC 线管。</td><td colspan="3"></td></tr>
<tr><td>8</td><td colspan="3">导线穿管。</td><td colspan="3"></td></tr>
<tr><td>9</td><td colspan="3">导线接入开关。</td><td colspan="3"></td></tr>
<tr><td>10</td><td colspan="3">清洁整理工作现场。</td><td colspan="3"></td></tr>
<tr><td colspan="2" rowspan="3">计划评价</td><td>班级</td><td></td><td>第（　　）组</td><td>组长签字</td><td></td></tr>
<tr><td>教师签字</td><td></td><td>日期</td><td colspan="2"></td></tr>
<tr><td colspan="5">评语：</td></tr>
</table>

1.1.3.3　安装线路的决策单

<table>
<tr><td>学习场</td><td colspan="6">安装家居照明线路</td></tr>
<tr><td>学习情境 1</td><td colspan="4">安装上下层楼梯间照明线路</td><td>学时</td><td>5 分钟</td></tr>
<tr><td>典型工作步骤 3 描述</td><td colspan="6">遵守明敷设“横平竖直”的布线要求，在板上明管（PVC）安装两地控制一灯线路。</td></tr>
<tr><td colspan="7">计　划　对　比</td></tr>
<tr><td>序号</td><td>可行性</td><td>经济性</td><td>可操作性</td><td>安全性</td><td>实施难度</td><td>综合评价</td></tr>
<tr><td>1</td><td></td><td></td><td></td><td></td><td></td><td></td></tr>
<tr><td>2</td><td></td><td></td><td></td><td></td><td></td><td></td></tr>
<tr><td>3</td><td></td><td></td><td></td><td></td><td></td><td></td></tr>
<tr><td>4</td><td></td><td></td><td></td><td></td><td></td><td></td></tr>
<tr><td>5</td><td></td><td></td><td></td><td></td><td></td><td></td></tr>
<tr><td>6</td><td></td><td></td><td></td><td></td><td></td><td></td></tr>
<tr><td>7</td><td></td><td></td><td></td><td></td><td></td><td></td></tr>
<tr><td>8</td><td></td><td></td><td></td><td></td><td></td><td></td></tr>
<tr><td>9</td><td></td><td></td><td></td><td></td><td></td><td></td></tr>
<tr><td>10</td><td></td><td></td><td></td><td></td><td></td><td></td></tr>
<tr><td colspan="2" rowspan="3">决策评价</td><td>班级</td><td></td><td>第（　　）组</td><td>组长签字</td><td></td></tr>
<tr><td>教师签字</td><td></td><td>日期</td><td colspan="2"></td></tr>
<tr><td colspan="5">评语：</td></tr>
</table>

1.1.3.4 安装线路的实施单

<table>
<tr><td>学习场</td><td colspan="4">安装家居照明线路</td></tr>
<tr><td>学习情境 1</td><td colspan="2">安装上下层楼梯间照明线路</td><td>学时</td><td>40 分钟</td></tr>
<tr><td>典型工作步骤 3 描述</td><td colspan="4">遵守明敷设“横平竖直”的布线要求，在板上明管（PVC）安装两地控制一灯线路。</td></tr>
<tr><td>序号</td><td>实 施 步 骤</td><td colspan="3">注 意 事 项</td></tr>
<tr><td>1</td><td>确定安装接线图。</td><td colspan="3"></td></tr>
<tr><td>2</td><td>准备剥线钳、电工刀、螺丝批、钢直尺。</td><td colspan="3"></td></tr>
<tr><td>3</td><td>填写设备材料工具清单。</td><td colspan="3"></td></tr>
<tr><td>4</td><td>物料员领取灯具、管线和其他辅料。</td><td colspan="3">根据设备材料清单领取。</td></tr>
<tr><td>5</td><td>检查设备是否完好。</td><td colspan="3">设备破损须报告指导教师，并填写设备损坏登记簿。</td></tr>
<tr><td>6</td><td>按平面布置图固定 2 个双控开关和灯具底盒。</td><td colspan="3"></td></tr>
<tr><td>7</td><td>根据安装接线图，布置和固定 PVC 线管。</td><td colspan="3" rowspan="4">1.1.3 导线的连接</td></tr>
<tr><td>8</td><td>导线穿管。</td></tr>
<tr><td>9</td><td>导线接入开关。</td></tr>
<tr><td>10</td><td>清洁整理工作现场。</td></tr>
<tr><td colspan="5">实施说明：导线接入开关时，电源侧的火线与一个双控开关动触头压接，另一个双控开关的动触头与灯具火线接线端子连接，两个双控开关的静触头两两相接。</td></tr>
</table>

<table>
<tr><td rowspan="3">实施评价</td><td>班级</td><td></td><td>第（　　）组</td><td>组长签字</td><td></td></tr>
<tr><td>教师签字</td><td></td><td>日期</td><td colspan="2"></td></tr>
<tr><td colspan="5">评语：</td></tr>
</table>

1.1.3.5　安装线路的检查单

<table>
<tr><td>学习场</td><td colspan="5">安装家居照明线路</td></tr>
<tr><td>学习情境 1</td><td colspan="3">安装上下层楼梯间照明线路</td><td>学时</td><td>5 分钟</td></tr>
<tr><td>典型工作步骤 3 描述</td><td colspan="5">遵守明敷设“横平竖直”的布线要求，在板上明管（PVC）安装两地控制一灯线路。</td></tr>
<tr><td>序号</td><td>检查项目</td><td colspan="2">检查标准</td><td>学生自查</td><td>教师检查</td></tr>
<tr><td>1</td><td>两地控制一灯线路</td><td colspan="2">能根据两地控制一灯安装线路，指出火线和零线走向。</td><td></td><td></td></tr>
<tr><td></td><td></td><td colspan="2"></td><td></td><td></td></tr>
<tr><td></td><td></td><td colspan="2"></td><td></td><td></td></tr>
<tr><td></td><td></td><td colspan="2"></td><td></td><td></td></tr>
<tr><td></td><td></td><td colspan="2"></td><td></td><td></td></tr>
<tr><td></td><td></td><td colspan="2"></td><td></td><td></td></tr>
<tr><td></td><td></td><td colspan="2"></td><td></td><td></td></tr>
<tr><td rowspan="3">检查评价</td><td>班级</td><td></td><td>第（　　）组</td><td>组长签字</td><td></td></tr>
<tr><td>教师签字</td><td></td><td>日期</td><td colspan="2"></td></tr>
<tr><td colspan="5">评语：</td></tr>
</table>

1.1.4　检查线路

1.1.4.1　检查线路的资讯单

学习场	安装家居照明线路		
学习情境1	安装上下层楼梯间照明线路	学时	5分钟
典型工作步骤4描述	用万用表欧姆挡检查线路能否实现两地控制一灯。用兆欧表测量绝缘电阻，检查导线和设备对地绝缘电阻，以及导线间、设备间、导线与设备间绝缘电阻是否大于等于0.5MΩ，满足通电条件。		
搜集资讯的方式	（学生填写）		
资讯描述	（学生填写）		
对学生的要求			
参考资料			

1.1.4.2　检查线路的计划单

学习场	安装家居照明线路		
学习情境 1	安装上下层楼梯间照明线路	学时	10 分钟
典型工作步骤 4 描述	用万用表欧姆挡检查线路能否实现两地控制一灯。用兆欧表测量绝缘电阻，检查导线和设备对地绝缘电阻，以及导线间、设备间、导线与设备间绝缘电阻是否大于等于 0.5MΩ，满足通电条件。		
计划制订的方式	小组讨论		

序号	工 作 步 骤	工 作 描 述
检查线路是否满足设计要求：		
1	短接灯具底座处的火线和零线。	
2	将万用表转换开关旋至欧姆挡×1 挡，进行欧姆调零。	
3	万用表红、黑表笔分别接至线路电源端火线和零线线芯，拨动双控开关，使线路断开。	以使用指针式万用表为例：线路断开时，观察万用表指针，指针指示“∞”。
4	合上任意一个双控开关，观察万用表。	合上任意一个双控开关后，指针均指示“0”。
5	再断开任意一个双控开关，观察万用表。	再断开任意一个开关，指针又指示“∞”，则线路满足设计要求。
6	线路实现设计要求，将万用表转换开关旋至“off”挡或交流电压最大挡位。若线路不能实现设计要求，则进一步检查线路，排除故障。	
进行线路绝缘电阻测试（线路已满足设计要求）：		
1	断开灯具底座处的火线和零线，安装灯具。	
2	申请借用兆欧表。	

续表

序号	工作步骤	工作描述
进行线路绝缘电阻测试（线路已满足设计要求）：		
3	用兆欧表进行开路和短路试验。	检查兆欧表是否良好。
4	合上双控开关。	
5	兆欧表“L”端子接火线线芯，“E”端子接冲孔板，测量火线对地绝缘电阻。	顺时针由慢而快转动兆欧表手柄，转速达120r/min左右时，保持匀速转动，1min后边摇边读数，绝缘电阻大于等于0.5MΩ时为合格。测量完毕，边慢摇边拆线，然后将被测设备放电。兆欧表未停止转动之前或被测设备未放电之前，严禁用手触及。拆线时，也不要触及导线金属部分。
6	兆欧表“L”端子接零线线芯，“E”端子接冲孔板，测量零线对地绝缘电阻。	
7	兆欧表“L”端子接火线线芯，“E”端子接零线线芯，测量火线与零线间的绝缘电阻。	
8	所有绝缘电阻均大于等于0.5MΩ，线路满足通电条件，将兆欧表放回原位。	

计划评价	班级		第（　）组	组长签字	
	教师签字		日期		
	评语：				

1.1.4.3　检查线路的决策单

<table>
<tr><td>学习场</td><td colspan="7">安装家居照明线路</td></tr>
<tr><td>学习情境 1</td><td colspan="4">安装上下层楼梯间照明线路</td><td>学时</td><td colspan="2">5 分钟</td></tr>
<tr><td>典型工作步骤 4 描述</td><td colspan="7">用万用表欧姆挡检查线路能否实现两地控制一灯。用兆欧表测量绝缘电阻，检查导线和设备对地绝缘电阻，以及导线间、设备间、导线与设备间绝缘电阻是否大于等于 0.5MΩ，满足通电条件。</td></tr>
<tr><td colspan="8">计　划　对　比</td></tr>
<tr><td>序号</td><td>可行性</td><td>经济性</td><td>可操作性</td><td>安全性</td><td>实施难度</td><td colspan="2">综合评价</td></tr>
<tr><td>1</td><td></td><td></td><td></td><td></td><td></td><td colspan="2"></td></tr>
<tr><td>2</td><td></td><td></td><td></td><td></td><td></td><td colspan="2"></td></tr>
<tr><td>3</td><td></td><td></td><td></td><td></td><td></td><td colspan="2"></td></tr>
<tr><td>4</td><td></td><td></td><td></td><td></td><td></td><td colspan="2"></td></tr>
<tr><td>5</td><td></td><td></td><td></td><td></td><td></td><td colspan="2"></td></tr>
<tr><td>6</td><td></td><td></td><td></td><td></td><td></td><td colspan="2"></td></tr>
<tr><td>7</td><td></td><td></td><td></td><td></td><td></td><td colspan="2"></td></tr>
<tr><td>8</td><td></td><td></td><td></td><td></td><td></td><td colspan="2"></td></tr>
<tr><td>9</td><td></td><td></td><td></td><td></td><td></td><td colspan="2"></td></tr>
<tr><td>10</td><td></td><td></td><td></td><td></td><td></td><td colspan="2"></td></tr>
<tr><td rowspan="3">决策评价</td><td>班级</td><td></td><td>第（　　）组</td><td>组长签字</td><td colspan="3"></td></tr>
<tr><td>教师签字</td><td></td><td>日期</td><td colspan="4"></td></tr>
<tr><td colspan="7">评语：</td></tr>
</table>

1.1.4.4 检查线路的实施单

<table>
<tr><td>学习场</td><td colspan="4">安装家居照明线路</td></tr>
<tr><td>学习情境 1</td><td colspan="2">安装上下层楼梯间照明线路</td><td>学时</td><td>40 分钟</td></tr>
<tr><td>典型工作步骤 4 描述</td><td colspan="4">用万用表欧姆挡检查线路能否实现两地控制一灯。用兆欧表测量绝缘电阻，检查导线和设备对地绝缘电阻，以及导线间、设备间、导线与设备间绝缘电阻是否大于等于 0.5MΩ，满足通电条件。</td></tr>
<tr><td>序号</td><td colspan="2">实 施 步 骤</td><td colspan="2">注 意 事 项</td></tr>
<tr><td colspan="5">检查线路是否满足设计要求：</td></tr>
<tr><td></td><td colspan="2"></td><td colspan="2"></td></tr>
<tr><td></td><td colspan="2"></td><td colspan="2"></td></tr>
<tr><td></td><td colspan="2"></td><td colspan="2"></td></tr>
<tr><td></td><td colspan="2"></td><td colspan="2"></td></tr>
<tr><td></td><td colspan="2"></td><td colspan="2"></td></tr>
<tr><td colspan="5">进行线路绝缘电阻测试（线路已满足设计要求）：</td></tr>
<tr><td></td><td colspan="2"></td><td colspan="2"></td></tr>
<tr><td></td><td colspan="2"></td><td colspan="2"></td></tr>
<tr><td></td><td colspan="2"></td><td colspan="2"></td></tr>
<tr><td></td><td colspan="2"></td><td colspan="2"></td></tr>
<tr><td></td><td colspan="2"></td><td colspan="2"></td></tr>
<tr><td colspan="5">实施说明：</td></tr>
</table>

<table>
<tr><td rowspan="3">实施评价</td><td>班级</td><td></td><td>第（　　）组</td><td>组长签字</td><td></td></tr>
<tr><td>教师签字</td><td></td><td>日期</td><td colspan="2"></td></tr>
<tr><td colspan="5">评语：</td></tr>
</table>

1.1.4.5　检查线路的检查单

学习场	安装家居照明线路				
学习情境 1	安装上下层楼梯间照明线路		学时	10 分钟	
典型工作步骤 4 描述	用万用表欧姆挡检查线路能否实现两地控制一灯。用兆欧表测量绝缘电阻，检查导线和设备对地绝缘电阻，以及导线间、设备间、导线与设备间绝缘电阻是否大于等于 0.5MΩ，满足通电条件。				
序号	检 查 项 目	检 查 标 准	学生自查	教师检查	
1	万用表检查线路	会用万用表欧姆挡检查两地控制一灯线路是否满足设计要求。			
2	兆欧表测量绝缘电阻	会用兆欧表测量火线对地、零线对地和火线零线之间的绝缘电阻。			
3	绝缘电阻合格的标准	绝缘电阻≥0.5MΩ。			
检查评价	班级		第（　　）组	组长签字	
	教师签字		日期		
	评语：				

1.1.5　测试验收线路

1.1.5.1　测试验收线路的资讯单

学习场	安装家居照明线路		
学习情境 1	安装上下层楼梯间照明线路	学时	5 分钟
典型工作步骤 5 描述	用交流电源板提供电源，教师监护，学生操作，测试验收两地控制一灯线路。		
搜集资讯的方式	（学生填写）		
资讯描述	1. 安全用电注意事项。 不用手或导电物去接触、探试电源插座内部，不触摸没有绝缘的线头，发现有裸露的线头要及时处理。 任何电气设备在未验明无电之前，一律认为有电，不要盲目接触。 使用电器时，先插电源插头，后开电器开关。使用完毕后，先断电器开关，后拔电源插头。 不随意拆卸、安装电源线路、插座、插头等。安装灯泡等简单的事情，也要先关断电源。 停电后必须切断电源总开关。 如果发生冒烟、冒火花、发出奇怪的响声，或导线外表过热，甚至烧焦产生刺鼻的怪味，应马上切断电源，然后检查用电器和电路。 发现有人触电时，要设法及时切断电源；或者用干燥的木棍等将触电者与带电的电器分开，切忌直接用手救人；儿童应呼喊成年人相助，不要自己处理，以防触电。 当用电器或电路起火时，一定要保持头脑冷静，首先尽快切断电源，或者将室内的电路总闸关掉，然后用专用灭火器对准着火处喷射。如果身边没有专用灭火器，在断电的前提下，可用常规的方式将火扑灭；如果电源没有切断，切忌不能用水或者潮湿的东西去灭火，避免引发触电事故。 2. 教师作为监护人，同学作为操作人，通过交流电源板提供电源，接通两地控制一灯线路，进行验收线路测试，填写照明电路验收表（附录 2）。 1.1.4　寝室用电注意事项		
对学生的要求	如有疑问，先组内交流，最后向指导教师咨询。		
参考资料			

1.1.5.2　测试验收线路的计划单

<table>
<tr><td colspan="2">学习场</td><td colspan="4">安装家居照明线路</td></tr>
<tr><td colspan="2">学习情境 1</td><td colspan="2">安装上下层楼梯间照明线路</td><td>学时</td><td>10 分钟</td></tr>
<tr><td colspan="2">典型工作步骤 5 描述</td><td colspan="4">用交流电源板提供电源，教师监护，学生操作，测试验收两地控制一灯线路。</td></tr>
<tr><td colspan="2">计划制订的方式</td><td colspan="4">小组讨论</td></tr>
<tr><td>序号</td><td colspan="2">工 作 步 骤</td><td colspan="3">具体工作内容或作用</td></tr>
<tr><td>1</td><td colspan="2"></td><td colspan="3"></td></tr>
<tr><td>2</td><td colspan="2"></td><td colspan="3"></td></tr>
<tr><td>3</td><td colspan="2"></td><td colspan="3"></td></tr>
<tr><td>4</td><td colspan="2"></td><td colspan="3"></td></tr>
<tr><td>5</td><td colspan="2"></td><td colspan="3"></td></tr>
<tr><td>6</td><td colspan="2"></td><td colspan="3"></td></tr>
<tr><td>7</td><td colspan="2"></td><td colspan="3"></td></tr>
<tr><td>8</td><td colspan="2"></td><td colspan="3"></td></tr>
<tr><td>9</td><td colspan="2"></td><td colspan="3"></td></tr>
<tr><td>10</td><td colspan="2"></td><td colspan="3"></td></tr>
<tr><td colspan="2" rowspan="3">计划评价</td><td>班级</td><td></td><td>第（　　）组</td><td>组长签字</td></tr>
<tr><td>教师签字</td><td></td><td>日期</td><td></td></tr>
<tr><td colspan="4">评语：</td></tr>
</table>

1.1.5.3　测试验收线路的决策单

<table>
<tr><td>学习场</td><td colspan="6">安装家居照明线路</td></tr>
<tr><td>学习情境 1</td><td colspan="4">安装上下层楼梯间照明线路</td><td>学时</td><td>5 分钟</td></tr>
<tr><td>典型工作步骤 5 描述</td><td colspan="6">用交流电源板提供电源，教师监护，学生操作，测试验收两地控制一灯线路。</td></tr>
<tr><td colspan="7">计　划　对　比</td></tr>
<tr><td>序号</td><td>可行性</td><td>经济性</td><td>可操作性</td><td>安全性</td><td>实施难度</td><td>综合评价</td></tr>
<tr><td>1</td><td></td><td></td><td></td><td></td><td></td><td></td></tr>
<tr><td>2</td><td></td><td></td><td></td><td></td><td></td><td></td></tr>
<tr><td>3</td><td></td><td></td><td></td><td></td><td></td><td></td></tr>
<tr><td>4</td><td></td><td></td><td></td><td></td><td></td><td></td></tr>
<tr><td>5</td><td></td><td></td><td></td><td></td><td></td><td></td></tr>
<tr><td>6</td><td></td><td></td><td></td><td></td><td></td><td></td></tr>
<tr><td>7</td><td></td><td></td><td></td><td></td><td></td><td></td></tr>
<tr><td>8</td><td></td><td></td><td></td><td></td><td></td><td></td></tr>
<tr><td>9</td><td></td><td></td><td></td><td></td><td></td><td></td></tr>
<tr><td>10</td><td></td><td></td><td></td><td></td><td></td><td></td></tr>
<tr><td rowspan="3">决策评价</td><td>班级</td><td></td><td>第（　　）组</td><td>组长签字</td><td colspan="2"></td></tr>
<tr><td>教师签字</td><td></td><td>日期</td><td colspan="3"></td></tr>
<tr><td colspan="6">评语：</td></tr>
</table>

1.1.5.4　测试验收线路的实施单

<table>
<tr><td>学习场</td><td colspan="4">安装家居照明线路</td></tr>
<tr><td>学习情境 1</td><td colspan="2">安装上下层楼梯间照明线路</td><td>学时</td><td>15 分钟</td></tr>
<tr><td>典型工作步骤 5 描述</td><td colspan="4">用交流电源板提供电源，教师监护，学生操作，测试验收两地控制一灯线路。</td></tr>
<tr><td>序号</td><td>实 施 步 骤</td><td colspan="3">具体工作内容或作用</td></tr>
<tr><td>1</td><td>检测电源。</td><td colspan="3">将万用表转换开关拨至交流电压 ACV250V 挡，合上电源板刀闸，万用表红表笔点电源板红色输出端子（“+”极），黑表笔点电源板黑色输出端子（“－”极），万用表指示电压为 220V 左右，表示电源电压正常，可接负荷。</td></tr>
<tr><td>2</td><td>断开电源。</td><td colspan="3">断开电源板刀闸。确保两地控制一灯线路连接电源时，不带电操作，养成良好的安全用电习惯。</td></tr>
<tr><td>3</td><td>断开两地控制一灯线路开关。</td><td colspan="3">防止带负荷合闸，养成良好的安全用电习惯。</td></tr>
<tr><td>4</td><td>连接零线。</td><td colspan="3">两地控制一灯线路零线与电源黑色输出端子连接。</td></tr>
<tr><td>5</td><td>连接火线。</td><td colspan="3">两地控制一灯线路火线与电源红色输出端子连接。</td></tr>
<tr><td>6</td><td>合上电源。</td><td colspan="3">合上电源板刀闸。</td></tr>
<tr><td>7</td><td>合上开关。</td><td colspan="3">依次合上线路上的双控开关，能实现两地控制一灯，通电试验成功。</td></tr>
<tr><td>8</td><td>断开开关。</td><td colspan="3">断开线路上任意一个双控开关，灯灭，防止带负荷拉闸，养成良好的安全用电习惯。</td></tr>
<tr><td>9</td><td>断开电源。</td><td colspan="3">断开电源板刀闸。确保拆除线路电源线时，不带电操作，养成良好的安全用电习惯。</td></tr>
<tr><td>10</td><td>拆除火线。</td><td colspan="3">拆除两地控制一灯线路火线与电源红色输出端子的连线。</td></tr>
<tr><td>11</td><td>拆除零线。</td><td colspan="3">拆除两地控制一灯线路零线与电源黑色输出端子的连线。</td></tr>
</table>

续表

<table>
<tr><th>序号</th><th colspan="2">实施步骤</th><th colspan="4">具体工作内容或作用</th></tr>
<tr><td>12</td><td colspan="2">测试验收线路结束。</td><td colspan="4">填写照明电路验收表（附录2）。</td></tr>
<tr><td>13</td><td colspan="2">拆除板上两地控制一灯线路。</td><td colspan="4">拆除过程中要注意安全，避免操作人员受伤；不要用力过猛，防止损坏灯具、开关、管线和板材等。</td></tr>
<tr><td>14</td><td colspan="2">整理恢复灯具及开关。</td><td colspan="4">注意找齐灯具、开关的连接螺丝、固定螺钉。</td></tr>
<tr><td>15</td><td colspan="2">将所有实训设备材料归位，整齐摆放。</td><td colspan="4"></td></tr>
<tr><td></td><td colspan="2"></td><td colspan="4"></td></tr>
<tr><td colspan="7">实施说明：（教师可根据实训现场条件进一步调整、完善具体实施步骤）</td></tr>
<tr><td colspan="2" rowspan="3">实施评价</td><td>班级</td><td></td><td>第（　　）组</td><td>组长签字</td><td></td></tr>
<tr><td>教师签字</td><td></td><td>日期</td><td colspan="2"></td></tr>
<tr><td colspan="5">评语：</td></tr>
</table>

1.1.5.5　测试验收线路的检查单

<table>
<tr><td>学习场</td><td colspan="5">安装家居照明线路</td></tr>
<tr><td>学习情境 1</td><td colspan="3">安装上下层楼梯间照明线路</td><td>学时</td><td>5 分钟</td></tr>
<tr><td>典型工作步骤 5 描述</td><td colspan="5">用交流电源板提供电源，教师监护，学生操作，测试验收两地控制一灯线路。</td></tr>
<tr><td>序号</td><td>检查项目</td><td colspan="2">检查标准</td><td>学生自查</td><td>教师检查</td></tr>
<tr><td>1</td><td>安全用电常识</td><td colspan="2">能说出 3～5 点安全用电常识。</td><td></td><td></td></tr>
<tr><td>2</td><td>检测电源</td><td colspan="2">会用万用表交流电压挡测量电源电压。</td><td></td><td></td></tr>
<tr><td>3</td><td>测试验收线路操作过程</td><td colspan="2">能正确操作通电过程。</td><td></td><td></td></tr>
<tr><td></td><td></td><td colspan="2"></td><td></td><td></td></tr>
<tr><td></td><td></td><td colspan="2"></td><td></td><td></td></tr>
<tr><td></td><td></td><td colspan="2"></td><td></td><td></td></tr>
<tr><td rowspan="3">检查评价</td><td>班级</td><td></td><td>第（　　）组</td><td>组长签字</td><td></td></tr>
<tr><td>教师签字</td><td></td><td>日期</td><td colspan="2"></td></tr>
<tr><td colspan="5">评语：</td></tr>
</table>

1.2　安装上下层楼梯间照明线路的评价单

学习场	安装家居照明线路				
学习情境 1	安装上下层楼梯间照明线路			学时	280 分钟
典型工作过程描述	绘制原理图—设计安装位置—安装线路—检查线路—测试验收线路				
评价项目	评价子项目配分		学生自评	组内评价	教师评价
绘制原理图（10 分）	1. 资讯 2 分；2. 计划 2 分；3. 决策 1 分；4. 实施 3 分；5. 检查 1 分；6. 评价 1 分。				
设计安装位置（10 分）	1. 资讯 2 分；2. 计划 2 分；3. 决策 1 分；4. 实施 3 分；5. 检查 1 分；6. 评价 1 分。				
安装线路（35 分）	1. 资讯 5 分；2. 计划 5 分；3. 决策 5 分；4. 实施 10 分；5. 检查 5 分；6. 评价 5 分。				
检查线路（26 分）	1. 资讯 2 分；2. 计划 4 分；3. 决策 2 分；4. 实施 10 分；5. 检查 6 分；6. 评价 2 分。				
测试验收线路（19 分）	1. 资讯 2 分；2. 计划 5 分；3. 决策 2 分；4. 实施 6 分；5. 检查 2 分；6. 评价 2 分。				
成绩（学生签名：　）	1. 资讯 13 分；2. 计划 18 分；3. 决策 11 分；4. 实施 32 分；5. 检查 15 分；6. 评价 11 分。				
评价的评价	班级		第（　）组	组长签字	
	教师签字		日期		
	评语：				

1.3 材料工具清单

学习场	安装家居照明线路				
学习情境 1	安装上下层楼梯间照明线路		学时	280 分钟	
典型工作过程描述	绘制原理图—设计安装位置—安装线路—检查线路—测试验收线路				
序号	名　称	作　用	数量	型号规格	使用者
1	日光灯	照明		T5 LED 普通直管	
2	BLV 线	导线		直径 2.5mm（红色、蓝色、黄绿双色）	
3	1 开双控开关	控制灯具接通或断开电源		86 面板，家装类明装	
4	开关底盒	固定开关		86 面板，家装类明装	
5	卡扣	固定底盒		定制，松菱电气	
6	螺丝	固定底盒		固定螺丝	
7	PVC 管	布线		直径 20mm	
8	PVC 直通管接头	两根 PVC 管之间“一”字连接		直径 20mm	
9	PVC 90°两通直角弯管	两根 PVC 管之间直角连接		直径 20mm	
10	电工工具	安装线路		1. 大、小十字螺丝刀一把。 2. 大、小一字螺丝刀一把。 3. 四合一多功能剥线钳（压线钳，剪削钳，去皮钳）。 4. 30cm 钢尺一把。 5. 160mm 规格尖嘴钳一把，斜口钳一把。 6. 电工腰带一根。	
11	其他工具	安装线路		1. 剪管刀一把。 2. 万用表一只。 3. ϕ20 PVC 弯管弹簧一根。	
12	尼龙扎带	固定管线		HDS-100M，长度 4×200mm	
13	电工绝缘胶布	导线绝缘恢复		公牛 PVC 电气绝缘胶带 9m 防水耐高温高压阻燃电工电线彩黑色胶布	
14	兆欧表	测量导线对地、两导线间的绝缘电阻		500V	
班级		第（　　）组	组长签字		
教师签字		日期			

1.4　教学反馈单

<table>
<tr><td>学习场</td><td colspan="4">安装家居照明线路</td></tr>
<tr><td>学习情境1</td><td colspan="2">安装上下层楼梯间照明线路</td><td>学时</td><td>280分钟</td></tr>
<tr><td>典型工作过程描述</td><td colspan="4">绘制原理图—设计安装位置—安装线路—检查线路—测试验收线路</td></tr>
<tr><td rowspan="9">调查项目</td><td>序号</td><td>调查内容</td><td colspan="2">理由描述</td></tr>
<tr><td></td><td></td><td colspan="2"></td></tr>
<tr><td></td><td></td><td colspan="2"></td></tr>
<tr><td></td><td></td><td colspan="2"></td></tr>
<tr><td></td><td></td><td colspan="2"></td></tr>
<tr><td></td><td></td><td colspan="2"></td></tr>
<tr><td></td><td></td><td colspan="2"></td></tr>
<tr><td></td><td></td><td colspan="2"></td></tr>
<tr><td></td><td></td><td colspan="2"></td></tr>
<tr><td colspan="5">您对本次课程教学的改进意见是：</td></tr>
</table>

调查信息	被调查人姓名		调查日期	

Learning field

Installation of household lighting circuits

Learning scenario 1
Lighting circuit installation of upper and lower staircases

1.0 Learning worksheet

Learning field	Installation of household lighting circuits					
Learning scenario 1	Lighting circuit installation of upper and lower staircases			Teaching time	280 minutes	
Description of the typical working processes	Schematic diagram drawing – installation position design – circuit installation– circuit inspection – circuit testing and acceptance					
Learning objectives	1. Independently lay circuits of two-site control lamps. 2. Comply with construction codes for electrical engineering. 3. Develop an awareness of electricity safety.					
Task description	1. Draw a working schematic diagram, a layout plan, and an installation and wiring diagram based on the circuit of a two-site control incandescent lamp. 2. Lay the circuit of a two-site control incandescent lamp in the way of exposed pipe on board. 3. The task must be completed within a half day.					
Teaching schedule	Information: 30 minutes	Planning: 40 minutes	Decision: 25 minutes	Implementation: 125 minutes	Check: 35 minutes	Assessment: 25 minutes
Requirements for students	1. Prior to the practical training, familiarize yourself with the learning worksheet and teaching guidance. 2. Complete the practical training task of the day following the instructions promptly. 3. Always be quiet in the practical training room; keep your voice down while communicating with group members; laughing, making noise, or any other action irrelevant to the task is not allowed lest the practical training of others be disturbed. 4. During the practical training, copying of others' practical training records is not allowed. Otherwise, a new record is required. In case of any doubt, ask your instructor for guidance before proceeding. 5. The practical training room must be cleaned daily by the student on duty; the room must be kept tidy; the power supply must be turned off, and doors and windows must be closed.					
References	*Unified Standard for Building Drawings* (GB/T 50001–2017) *Code for Acceptance of Construction Quality of Building Electrical Engineering* (GB 50303–2015)					

1.1 Teaching guidance

Learning field	Installation of household lighting circuits	Learning scenario 1	Lighting circuit installation of upper and lower staircases	Reference frame	Task description: Lay the circuit of a two-site control lamp in the way of exposed pipe on board.	
General working processes / Typical working processes	Information	Planning	Decision	Implementation	Check	Assessment
Schematic diagram drawing	Through online search, group discussion, etc., confirm the requirements for the circuit of a two-site control incandescent lamp. Two dual-control switches are needed (types of dual-control switches: one-way dual-control switches, two-way dual-control switches, and three-way dual-control switches. The circuit is required to be installed in a way of exposed pipe (PVC) laying on board; draw a working schematic diagram of the circuit; determine individual working responsibility; and then complete 1.1.1.1 Information sheet for schematic diagram drawing.	Through group discussion, consultation with experts, etc., develop a plan to draw a working schematic diagram of the circuit of a two-site control lamp; complete 1.1.1.2 Planning sheet for schematic diagram drawing.	Analyse, compare, and assess the merits and shortcomings of each plan, rate them, and select the optimal plan based on feasibility, economy, operability, and implementation difficulty.	Through group discussion, learn the structure of one-way dual-control switches; draw a working schematic diagram of the circuit of a two-site control lamp; complete 1.1.1.4 Implementation sheet for schematic diagram drawing.	Conduct self-check by students and check by the teacher according to the check items and check criteria included in 1.1.1.5 Check sheet for schematic diagram drawing.	Conduct self-assessment, peer assessment, and teacher assessment according to the assessment points of the subitems and complete 1.2 Assessment sheet for lighting circuit installation of upper and lower staircases.

Continue

Learning field	Installation of household lighting circuits	Learning scenario 1	Lighting circuit installation of upper and lower staircases	Reference frame	Task description: Lay the circuit of a two-site control lamp in the way of exposed pipe on board.	
General working processes / Typical working processes	Information	Planning	Decision	Implementation	Check	Assessment
Installation position design	Identify the size of the given installation area on-site; propose the possible layout of switches and lamps, such as a lined-up layout of "switch 1 – switch 2 –lamp" or "switch 1 – lamp – switch 2"; complete 1.1.2.1 Information sheet for installation position design.	Prepare a positioning plan for the circuit of a two-site control lamp through group discussion and other means; complete 1.1.2.2 Planning sheet for installation position design.	Analyse, compare, and assess the merits and shortcomings of each plan, rate them, and select the optimal plan based on feasibility, economy, operability, safety, and implementation difficulty.	Draw a layout plan on board of a two-site control lamp finalized by the group based on on-site inspection and group discussion.	Conduct self-check by students and check by the teacher according to the check items and check criteria included in 1.1.2.5 Check sheet for installation position design.	Conduct self-assessment, peer assessment, and teacher assessment according to the assessment scores of subitems and complete 1.2 Assessment sheet for lighting circuit installation of upper and lower staircases.

Continue

Learning field	Installation of household lighting circuits	Learning scenario 1	Lighting circuit installation of upper and lower staircases	Reference frame	Task description: Lay the circuit of a two-site control lamp in the way of exposed pipe on board.	
General working processes / Typical working processes	Information	Planning	Decision	Implementation	Check	Assessment
Circuit installation	The circuit is required to be installed in a way of exposed pipe (PVC) laying on board. Draw an installation and wiring diagram of the circuit of a two-site control lamp based on the finalized layout plan and the requirement for exposed laying on board — "horizontal and vertical"; determine individual working responsibility; complete 1.1.3.1 Information sheet for circuit installation. QR code resource 1.1.2 is a case study on six installation and wiring diagrams of the circuit of a two-site control lamp.	Prepare an installation plan for the circuit of a two-site control lamp through group discussion and other means; complete 1.1.3.2 Planning sheet for circuit installation.	Analyse, compare, and assess the merits and shortcomings of each plan, rate them, and select the optimal plan based on feasibility, economy, operability, safety, and implementation difficulty.	Complete the list of materials and tools according to the installation and wiring diagram; the material clerk is responsible for receiving lamps, piping, and other auxiliary materials. First, fix the switch and the lamp holder; then deploy and fix the PVC pipe; thread the wires and connect the switch; complete the circuit installation.	Conduct self-check by students and check by the teacher according to the check items and check criteria included in 1.1.3.5 Check sheet for circuit installation.	Conduct self-assessment, peer assessment, and teacher assessment according to the assessment scores of subitems and complete 1.2 Assessment sheet for lighting circuit installation of upper and lower staircases.

Continue

Learning field	Installation of household lighting circuits	Learning scenario 1	Lighting circuit installation of upper and lower staircases	Reference frame	Task description: Lay the circuit of a two-site control lamp in the way of exposed pipe on board.	
General working processes / Typical working processes	Information	Planning	Decision	Implementation	Check	Assessment
Circuit inspection	The resistance range of a multimeter can be used to measure whether the circuit is on or off; a megohmmeter can be used to measure the insulation resistance. In general, to meet the energized conditions, the ground insulation resistance of wires and equipment, as well as the insulation resistance between wires, between equipment, and between wires and equipment, shall be greater than or equal to 0.5 MΩ.	Prepare an inspection plan for the circuit of a two-site control lamp through group discussion and other means; complete 1.1.4.2 Planning sheet for circuit inspection.	Analyse, compare, and assess the merits and shortcomings of each plan, rate them, and select the optimal plan based on feasibility, economy, operability, safety, and implementation difficulty.	Use the ×1 resistance range of the multimeter to determine whether the circuit installation of a two-site control lamp has been successful. Use the megohmmeter to measure the ground insulation resistance of the live and neutral wires and that between the live and neutral wires.	Conduct self-check by students and check by the teacher according to the check items and check criteria included in 1.1.4.5 Check sheet for circuit inspection.	Conduct self-assessment, peer assessment, and teacher assessment according to the assessment scores of subitems and complete 1.2 Assessment sheet for lighting circuit installation of upper and lower staircases.

Continue

Learning field	Installation of household lighting circuits	Learning scenario 1	Lighting circuit installation of upper and lower staircases	Reference frame	Task description: Lay the circuit of a two-site control lamp in the way of exposed pipe on board.	
General working processes / Typical working processes	Information	Planning	Decision	Implementation	Check	Assessment
Circuit testing and acceptance	Through online search, group discussion, etc., list precautions for electricity safety. Under the supervision of teacher, students use the AC power panel to provide power and connect the circuit of the two-site control lamp to perform circuit testing and acceptance.	Prepare a circuit testing and acceptance plan for the circuit of a two-site control lamp through group discussion and other means; complete 1.1.5.2 Planning sheet for circuit testing and acceptance.	Analyse, compare, and assess the merits and shortcomings of each plan, rate them, and select the optimal plan based on feasibility, economy, operability, safety, and implementation difficulty.	First, use the ACV 250V range of the multimeter to detect whether the power supply of the power panel is in good condition. Then, disconnect the electric brake of the power panel, disconnect the circuit switch of the two-site control lamp, connect the neutral wire and live wire of the power supply, turn on the electric brake of the power supply, turn on the two dual-control switches respectively, and perform circuit testing. Following the passed testing, disconnect the circuit switch of the two-site control lamp, disconnect the electric brake of the power panel, disconnect the live and neutral wires, and complete the testing. Finally, fill in the acceptance sheet for lighting circuit (Appendix 2).	Conduct self-check by students and check by the teacher according to the check items and check criteria included in 1.1.5.5 Check sheet for circuit testing and acceptance.	Conduct self-assessment, peer assessment, and teacher assessment according to the assessment scores of subitems and complete 1.2 Assessment sheet for lighting circuit installation of upper and lower staircases.

1.1.1 Schematic diagram drawing

1.1.1.1 Information sheet for schematic diagram drawing

<table>
<tr><td>Learning field</td><td colspan="3">Installation of household lighting circuits</td></tr>
<tr><td>Learning scenario 1</td><td>Lighting circuit installation of upper and lower staircases</td><td>Teaching time</td><td>5 minutes</td></tr>
<tr><td>Description of the typical working step 1</td><td colspan="3">Based on online search, group discussion, etc., figure out how to use two dual-control switches to control an incandescent lamp from two locations, then correctly draw the working schematic diagram of the circuit in 35 minutes.</td></tr>
<tr><td>Information collection methods</td><td colspan="3">Online search, group discussion, etc.</td></tr>
<tr><td>Information description</td><td colspan="3">Installation of household lighting circuits can be divided into exposed wiring and concealed wiring. Exposed wiring means wires are laid along walls, ceiling surfaces, truss beams, roof columns, etc. Exposed wiring is more convenient in terms of installation, construction, inspection, and maintenance. Yet it leads to poorer interior aesthetics and is uncovered for people to touch, which may be unsafe. Concealed wiring means wires are threaded through pipes embedded in walls, floors, or ceilings. The installation and construction requirements for concealed wiring are high, leading to difficult inspection and maintenance.
Requirements for the circuit of a two-site control lamp: two one-way dual-control switches, the live wire passing through the switches; the neutral wire not passing through the switches; exposed pipe laying on board. Draw a working schematic diagram and complete the task assignment table (Table 1.1.1).

1.1.1 Schematic diagrams of lighting circuits of upper and lower staircases

Table 1.1.1 Task assignment table
<table>
<tr><th>Division of labor</th><th>Positions</th><th>Number of students</th><th>Students' name</th><th>Notes</th></tr>
<tr><td>Team/Group leader</td><td>Group leader</td><td>1</td><td></td><td>Responsible for the organization and management of the group</td></tr>
<tr><td>Design</td><td>Designer</td><td></td><td></td><td>Responsible for the design of the group's lighting circuits</td></tr>
<tr><td>Drafting</td><td>Draftsperson</td><td></td><td></td><td>Responsible for the drawing of the group's lighting circuits</td></tr>
</table>
</td></tr>
<tr><td>Requirements for students</td><td colspan="3">Search for relevant knowledge online. In case of any doubt, discuss with your group members, then ask your instructor for guidance.</td></tr>
<tr><td>References</td><td colspan="3"></td></tr>
</table>

1.1.1.2 Planning sheet for schematic diagram drawing

<table>
<tr><td>Learning field</td><td colspan="5">Installation of household lighting circuits</td></tr>
<tr><td>Learning scenario 1</td><td colspan="2">Lighting circuit installation of upper and lower staircases</td><td>Teaching time</td><td colspan="2">5 minutes</td></tr>
<tr><td>Description of the typical working step 1</td><td colspan="5">Based on online search, group discussion, etc., figure out how to use two dual-control switches to control an incandescent lamp from two locations, then correctly draw the working schematic diagram of the circuit in 35 minutes.</td></tr>
<tr><td>Planning methods</td><td colspan="5">Group discussion and consultation with experts</td></tr>
<tr><td>Number</td><td colspan="2">Working steps</td><td colspan="3">Notice</td></tr>
<tr><td>1</td><td colspan="2">Prepare the drawing tools.</td><td colspan="3"></td></tr>
<tr><td>2</td><td colspan="2">Determine the graphic symbols of lamps and switches.</td><td colspan="3"></td></tr>
<tr><td>3</td><td colspan="2">Determine the layout of lamps and switches and draw the graphic symbols on paper.</td><td colspan="3"></td></tr>
<tr><td>4</td><td colspan="2">Draw a circuit of a two-site control lamp.</td><td colspan="3">Learn the correct wiring of using two dual-control switches to control a two-site control lamp.</td></tr>
<tr><td>5</td><td colspan="2">Finalize and complete the working schematic diagram of the circuit of a two-site control lamp after conducting a group discussion.</td><td colspan="3"></td></tr>
<tr><td rowspan="3">Plan assessment</td><td>Class</td><td></td><td>Group ( )</td><td>Group leader's signature</td><td></td></tr>
<tr><td>Teacher's signature</td><td></td><td>Date</td><td></td><td></td></tr>
<tr><td colspan="5">Comments: Comply with the standard drafting practice; be able to draw working schematic diagrams of lamp circuits correctly and effectively.</td></tr>
</table>

1.1.1.3　Decision sheet for schematic diagram drawing

Learning field	Installation of household lighting circuits					
Learning scenario 1	Lighting circuit installation of upper and lower staircases			Teaching time	5 minutes	
Description of the typical working step 1	Based on online search, group discussion, etc., figure out how to use two dual-control switches to control an incandescent lamp from two locations, then correctly draw the working schematic diagram of the circuit in 35 minutes.					
Plan comparison						
Number	Feasibility	Economy	Operability	Implementation difficulty	Integrated assessment	
1						
2						
3						
4						
5						
6						
7						
8						
9						
10						
Decision assessment	Class		Group ( )	Group leader's signature		
	Teacher's signature		Date			
	Comments:					

1.1.1.4 Implementation sheet for schematic diagram drawing

Learning field	Installation of household lighting circuits		
Learning scenario 1	Lighting circuit installation of upper and lower staircases	Teaching time	20 minutes
Description of the typical working step 1	Based on online search, group discussion, etc., figure out how to use two dual-control switches to control an incandescent lamp from two locations, then correctly draw the working schematic diagram of the circuit in 35 minutes.		

Number	Implementation steps	Working schematic diagram
1	Prepare the drawing tools.	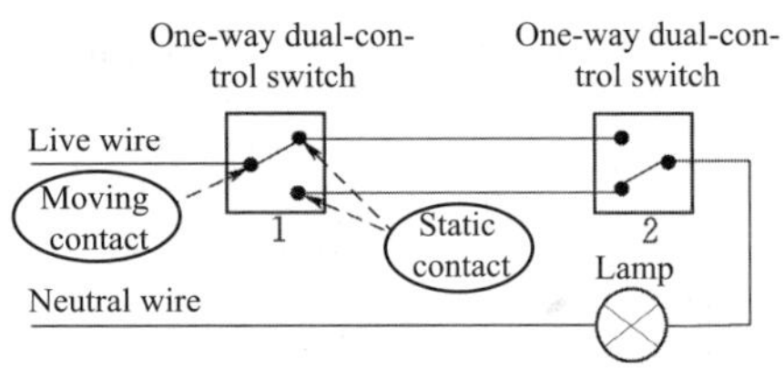 Figure 1.1.1 Schematic diagram of the circuit of a two-site control lamp
2	Determine the graphic symbols of lamps and switches.	
3	Determine the layout of lamps and switches and draw the graphic symbols on paper.	
4	Draw a circuit of a two-site control lamp.	
5	Finalize the working schematic diagram after conducting a group discussion.	

Implementation note: Each dual-control switch has one moving contact (connected to the movable connecting piece) and two static contacts. In the circuit of a two-site control lamp, the two moving contacts of the two dual-control switches are connected to the live wire on the power side and the lamp respectively; the two static contacts of one dual-control switch are connected to the two static contacts of the other dual-control switch respectively (see Figure 1.1.1).

Implementation assessment	Class		Group ( )	Group leader's signature	
	Teacher's signature		Date		
	Comments:				

1.1.1.5　Check sheet for schematic diagram drawing

<table>
<tr><td colspan="2">Learning field</td><td colspan="4">Installation of household lighting circuits</td></tr>
<tr><td colspan="2">Learning scenario 1</td><td colspan="2">Lighting circuit installation of upper and lower staircases</td><td>Teaching time</td><td>10 minutes</td></tr>
<tr><td colspan="2">Description of the typical working step 1</td><td colspan="4">Based on online search, group discussion, etc., figure out how to use two dual-control switches to control an incandescent lamp from two locations, then correctly draw the working schematic diagram of the circuit in 35 minutes.</td></tr>
<tr><td>Number</td><td colspan="2">Check items</td><td>Check criteria</td><td>Self-check by students</td><td>Check by the teacher</td></tr>
<tr><td>1</td><td colspan="2">The structure of one-way dual-control switches</td><td>Be able to present the components of a one-way dual-control switch: one moving contact and two static contacts.</td><td></td><td></td></tr>
<tr><td>2</td><td colspan="2">Schematic diagrams of circuits of two-site control lamps</td><td>Be able to draw schematic diagrams of circuits of two-site control lamps.</td><td></td><td></td></tr>
<tr><td></td><td colspan="2"></td><td></td><td></td><td></td></tr>
<tr><td></td><td colspan="2"></td><td></td><td></td><td></td></tr>
<tr><td></td><td colspan="2"></td><td></td><td></td><td></td></tr>
<tr><td></td><td colspan="2"></td><td></td><td></td><td></td></tr>
<tr><td></td><td colspan="2"></td><td></td><td></td><td></td></tr>
<tr><td rowspan="3">Check assessment</td><td>Class</td><td></td><td>Group ( )</td><td>Group leader's signature</td><td></td></tr>
<tr><td>Teacher's signature</td><td></td><td>Date</td><td colspan="2"></td></tr>
<tr><td colspan="5">Comments:</td></tr>
</table>

1.1.2 Installation position design

1.1.2.1 Information sheet for installation position design

Learning field	Installation of household lighting circuits		
Learning scenario 1	Lighting circuit installation of upper and lower staircases	Teaching time	5 minutes
Description of the typical working step 2	Identify the size of the given installation area on-site; draw a layout plan of the circuit of a two-site control lamp using standard graphic symbols of switches and lamps within 25 minutes.		
Information collection methods	(To be completed by the student)		
Information description	(To be completed by the student; present all the layout plans proposed by the group with schematic diagrams)		
Requirements for students	In case of any doubt, discuss with your group members, then ask your instructor for guidance.		
References			

1.1.2.2 Planning sheet for installation position design

<table>
<tr><td colspan="2">Learning field</td><td colspan="5">Installation of household lighting circuits</td></tr>
<tr><td colspan="2">Learning scenario 1</td><td colspan="2">Lighting circuit installation of upper and lower staircases</td><td>Teaching time</td><td colspan="2">5 minutes</td></tr>
<tr><td colspan="2">Description of the typical working step 2</td><td colspan="5">Identify the size of the given installation area on-site; draw a layout plan of the circuit of a two-site control lamp using standard graphic symbols of switches and lamps within 25 minutes.</td></tr>
<tr><td colspan="2">Planning methods</td><td colspan="5">Group discussion and consultation with teachers</td></tr>
<tr><td>Number</td><td colspan="2">Working steps</td><td colspan="4">Notice</td></tr>
<tr><td>1</td><td colspan="2">On-site inspection</td><td colspan="4"></td></tr>
<tr><td>2</td><td colspan="2">Group discussion</td><td colspan="4"></td></tr>
<tr><td>3</td><td colspan="2">Installation position design</td><td colspan="4"></td></tr>
<tr><td></td><td colspan="2"></td><td colspan="4"></td></tr>
<tr><td></td><td colspan="2"></td><td colspan="4"></td></tr>
<tr><td></td><td colspan="2"></td><td colspan="4"></td></tr>
<tr><td></td><td colspan="2"></td><td colspan="4"></td></tr>
<tr><td colspan="2" rowspan="3">Plan assessment</td><td>Class</td><td></td><td>Group ( )</td><td>Group leader's signature</td><td></td></tr>
<tr><td>Teacher's signature</td><td></td><td>Date</td><td colspan="2"></td></tr>
<tr><td colspan="5">Comments:</td></tr>
</table>

1.1.2.3　Decision sheet for installation position design

<table>
<tr><td colspan="3">Learning field</td><td colspan="4">Installation of household lighting circuits</td></tr>
<tr><td colspan="3">Learning scenario 1</td><td colspan="2">Lighting circuit installation of upper and lower staircases</td><td>Teaching time</td><td>5 minutes</td></tr>
<tr><td colspan="3">Description of the typical working step 2</td><td colspan="4">Identify the size of the given installation area on-site; draw a layout plan of the circuit of a two-site control lamp using standard graphic symbols of switches and lamps within 25 minutes.</td></tr>
<tr><td colspan="7">Plan comparison</td></tr>
<tr><td>Number</td><td>Feasibility</td><td>Economy</td><td>Operability</td><td>Safety</td><td>Implementation difficulty</td><td>Integrated assessment</td></tr>
<tr><td>1</td><td></td><td></td><td></td><td></td><td></td><td></td></tr>
<tr><td>2</td><td></td><td></td><td></td><td></td><td></td><td></td></tr>
<tr><td>3</td><td></td><td></td><td></td><td></td><td></td><td></td></tr>
<tr><td>4</td><td></td><td></td><td></td><td></td><td></td><td></td></tr>
<tr><td>5</td><td></td><td></td><td></td><td></td><td></td><td></td></tr>
<tr><td>6</td><td></td><td></td><td></td><td></td><td></td><td></td></tr>
<tr><td>7</td><td></td><td></td><td></td><td></td><td></td><td></td></tr>
<tr><td>8</td><td></td><td></td><td></td><td></td><td></td><td></td></tr>
<tr><td>9</td><td></td><td></td><td></td><td></td><td></td><td></td></tr>
<tr><td>10</td><td></td><td></td><td></td><td></td><td></td><td></td></tr>
<tr><td colspan="2" rowspan="3">Decision assessment</td><td>Class</td><td></td><td>Group ( )</td><td>Group leader's signature</td><td></td></tr>
<tr><td>Teacher's signature</td><td></td><td>Date</td><td colspan="2"></td></tr>
<tr><td colspan="5">Comments:</td></tr>
</table>

1.1.2.4 Implementation sheet for installation position design

Learning field	Installation of household lighting circuits		
Learning scenario 1	Lighting circuit installation of upper and lower staircases	Teaching time	10 minutes
Description of the typical working step 2	Identify the size of the given installation area on-site; draw a layout plan of the circuit of a two-site control lamp using standard graphic symbols of switches and lamps within 25 minutes.		

Number	Implementation steps	Notice
1	On-site inspection	
2	Group discussion	
3	Installation position design	

Implementation note: (Reference cases of layout plans on board for the circuits of a two-site control lamp are shown in Figure 1.1.2)

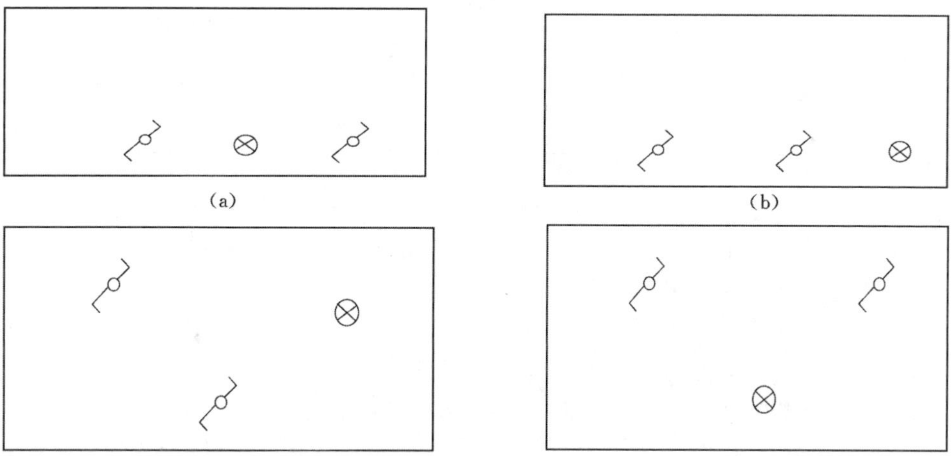

(a) (b) (c) (d)

Figure 1.1.2 Layout plans on board for the circuits of a two-site control lamp

The layout plans on board for the circuits of a two-site control lamp finalized by the group:

Implementation assessment	Class		Group ( )	Group leader's signature	
	Teacher's signature		Date		
	Comments:				

1.1.2.5 Check sheet for installation position design

<table>
<tr><td colspan="2">Learning field</td><td colspan="6">Installation of household lighting circuits</td></tr>
<tr><td colspan="2">Learning scenario 1</td><td colspan="3">Lighting circuit installation of upper and lower staircases</td><td>Teaching time</td><td colspan="2">5 minutes</td></tr>
<tr><td colspan="2">Description of the typical working step 2</td><td colspan="6">Identify the size of the given installation area on-site; draw a layout plan of the circuit of a two-site control lamp using standard graphic symbols of switches and lamps within 25 minutes.</td></tr>
<tr><td>Number</td><td colspan="2">Check items</td><td colspan="2">Check criteria</td><td colspan="2">Self-check by students</td><td>Check by the teacher</td></tr>
<tr><td>1</td><td colspan="2">Graphic symbols of one-way dual-control switches</td><td colspan="2">Be able to draw the graphic symbols of one-way dual-control switches.</td><td colspan="2"></td><td></td></tr>
<tr><td>2</td><td colspan="2">General graphic symbols of lamps</td><td colspan="2">Be able to draw general graphic symbols of lamps.</td><td colspan="2"></td><td></td></tr>
<tr><td></td><td colspan="2"></td><td colspan="2"></td><td colspan="2"></td><td></td></tr>
<tr><td></td><td colspan="2"></td><td colspan="2"></td><td colspan="2"></td><td></td></tr>
<tr><td></td><td colspan="2"></td><td colspan="2"></td><td colspan="2"></td><td></td></tr>
<tr><td></td><td colspan="2"></td><td colspan="2"></td><td colspan="2"></td><td></td></tr>
<tr><td></td><td colspan="2"></td><td colspan="2"></td><td colspan="2"></td><td></td></tr>
<tr><td rowspan="3" colspan="2">Check assessment</td><td>Class</td><td></td><td>Group ( )</td><td>Group leader's signature</td><td colspan="2"></td></tr>
<tr><td>Teacher's signature</td><td></td><td>Date</td><td colspan="3"></td></tr>
<tr><td colspan="6">Comments:</td></tr>
</table>

1.1.3 Circuit installation

1.1.3.1 Information sheet for circuit installation

<table>
<tr><td>Learning field</td><td colspan="3">Installation of household lighting circuits</td></tr>
<tr><td>Learning scenario 1</td><td>Lighting circuit installation of upper and lower staircases</td><td>Teaching time</td><td>10 minutes</td></tr>
<tr><td>Description of the typical working step 3</td><td colspan="3">Install the circuit of a two-site control lamp in the way of exposed pipe (PVC) on board, in compliance with the requirement for exposed laying–"horizontal and vertical".</td></tr>
<tr><td>Information collection methods</td><td colspan="3">Consult reference books and materials, online search, group discussion, etc.</td></tr>
<tr><td>Information description</td><td colspan="3">1. Draw an installation and wiring diagram of the circuit of a two-site control lamp based on the finalized layout plan and the requirement for exposed laying — "horizontal and vertical".
1.1.2　Case study on six installation and wiring diagrams of the circuit of a two-site control lamp
2. Determine individual working responsibilities (Table 1.1.2).
Table 1.1.2　Task assignment table
<table>
<tr><th>Division of labor</th><th>Positions</th><th>Number of students</th><th>Students' name</th><th>Notes</th></tr>
<tr><td>Team/Group leader</td><td>Group leader</td><td>1</td><td></td><td>Responsible for the organization and management of the group</td></tr>
<tr><td>Safety</td><td>Safety officer</td><td>1</td><td></td><td>Responsible for predicting and preventing safety issues during the group's practical training</td></tr>
<tr><td>Design</td><td>Designer</td><td>1</td><td></td><td>Responsible for the design and design instructions of the group's lighting circuits</td></tr>
<tr><td>Construction</td><td>Constructor</td><td>1</td><td></td><td>Responsible for the installation of the group's lighting circuits</td></tr>
<tr><td>Materials</td><td>Material clerk</td><td>1</td><td></td><td>Responsible for the management of the group's construction materials</td></tr>
<tr><td>Supervision</td><td>Supervisor</td><td>1</td><td></td><td>Responsible for supervising the implementation of the implementation steps</td></tr>
</table>
(1) A practical training class consists of 45 students, divided into 8 groups, with 5 or 6 students in each group. Student numbers may be adjusted according to the actual situation (part-time positions may be set).
(2) Division of labor and collaboration should be applied within each group to jointly complete the assigned task.
(3) The teaching process is task-oriented, with the group as the basic unit for class organization and work implementation.
3. Advantages of exposed wiring (from the aesthetic point of view, concealed wiring is recommended for household decoration).
(1) No grooving or plastering on the wall is needed.
(2) Repeated disassembly is possible.
(3) Convenient to add circuits or expand capacity.
(4) Convenient to add sockets and switches.</td></tr>
<tr><td>Requirements for students</td><td colspan="3">In case of any doubt, discuss with your group members, then ask your instructor for guidance.</td></tr>
<tr><td>References</td><td colspan="3"></td></tr>
</table>

1.1.3.2 Planning sheet for circuit installation

<table>
<tr><td>Learning field</td><td colspan="5">Installation of household lighting circuits</td></tr>
<tr><td>Learning scenario 1</td><td colspan="2">Lighting circuit installation of upper and lower staircases</td><td colspan="2">Teaching time</td><td>10 minutes</td></tr>
<tr><td>Description of the typical working step 3</td><td colspan="5">Install the circuit of a two-site control lamp in the way of exposed pipe (PVC) on board, in compliance with the requirement for exposed laying–“horizontal and vertical”.</td></tr>
<tr><td>Planning methods</td><td colspan="5">Group discussion</td></tr>
<tr><td>Number</td><td colspan="3">Working steps</td><td colspan="2">Notice</td></tr>
<tr><td>1</td><td colspan="3">Determine the installation and wiring diagram.</td><td colspan="2"></td></tr>
<tr><td>2</td><td colspan="3">Prepare installation tools, such as the wire stripping plier, electrician’s knife, screwdriver, and steel ruler.</td><td colspan="2"></td></tr>
<tr><td>3</td><td colspan="3">Complete the list of equipment, materials, and tools.</td><td colspan="2"></td></tr>
<tr><td>4</td><td colspan="3">The material clerk receives lamps, piping, and other auxiliary materials.</td><td colspan="2"></td></tr>
<tr><td>5</td><td colspan="3">Inspect whether the equipment is in good condition.</td><td colspan="2">In case of any damage to the equipment, report it to the instructor and complete the register for equipment damage.</td></tr>
<tr><td>6</td><td colspan="3">Fix the two dual-control switches and the bottom box of the lamp according to the layout plan.</td><td colspan="2"></td></tr>
<tr><td>7</td><td colspan="3">Deploy and fix PVC piping according to the installation and wiring diagram.</td><td colspan="2"></td></tr>
<tr><td>8</td><td colspan="3">Thread the wire through the pipe.</td><td colspan="2"></td></tr>
<tr><td>9</td><td colspan="3">Connect the wire to the switch.</td><td colspan="2"></td></tr>
<tr><td>10</td><td colspan="3">Clean the working site.</td><td colspan="2"></td></tr>
<tr><td rowspan="3">Plan assessment</td><td>Class</td><td></td><td>Group ( )</td><td>Group leader’s signature</td><td></td></tr>
<tr><td>Teacher’s signature</td><td></td><td>Date</td><td colspan="2"></td></tr>
<tr><td colspan="5">Comments:</td></tr>
</table>

1.1.3.3 Decision sheet for circuit installation

<table>
<tr><td colspan="2">Learning field</td><td colspan="5">Installation of household lighting circuits</td></tr>
<tr><td colspan="2">Learning scenario 1</td><td colspan="3">Lighting circuit installation of upper and lower staircases</td><td>Teaching time</td><td>5 minutes</td></tr>
<tr><td colspan="2">Description of the typical working step 3</td><td colspan="5">Install the circuit of a two-site control lamp in the way of exposed pipe (PVC) on board, in compliance with the requirement for exposed laying–"horizontal and vertical".</td></tr>
<tr><td colspan="7">Plan comparison</td></tr>
<tr><td>Number</td><td>Feasibility</td><td>Economy</td><td>Operability</td><td>Safety</td><td>Implementation difficulty</td><td>Integrated assessment</td></tr>
<tr><td>1</td><td></td><td></td><td></td><td></td><td></td><td></td></tr>
<tr><td>2</td><td></td><td></td><td></td><td></td><td></td><td></td></tr>
<tr><td>3</td><td></td><td></td><td></td><td></td><td></td><td></td></tr>
<tr><td>4</td><td></td><td></td><td></td><td></td><td></td><td></td></tr>
<tr><td>5</td><td></td><td></td><td></td><td></td><td></td><td></td></tr>
<tr><td>6</td><td></td><td></td><td></td><td></td><td></td><td></td></tr>
<tr><td>7</td><td></td><td></td><td></td><td></td><td></td><td></td></tr>
<tr><td>8</td><td></td><td></td><td></td><td></td><td></td><td></td></tr>
<tr><td>9</td><td></td><td></td><td></td><td></td><td></td><td></td></tr>
<tr><td>10</td><td></td><td></td><td></td><td></td><td></td><td></td></tr>
<tr><td colspan="2" rowspan="3">Decision assessment</td><td>Class</td><td></td><td>Group ( )</td><td>Group leader's signature</td><td></td></tr>
<tr><td>Teacher's signature</td><td></td><td>Date</td><td colspan="2"></td></tr>
<tr><td colspan="5">Comments:</td></tr>
</table>

1.1.3.4 Implementation sheet for circuit installation

<table>
<tr><td colspan="2">Learning field</td><td colspan="4">Installation of household lighting circuits</td></tr>
<tr><td colspan="2">Learning scenario 1</td><td>Lighting circuit installation of upper and lower staircases</td><td>Teaching time</td><td colspan="2">40 minutes</td></tr>
<tr><td colspan="2">Description of the typical working step 3</td><td colspan="4">Install the circuit of a two-site control lamp in the way of exposed pipe (PVC) on board, in compliance with the requirement for exposed laying –“horizontal and vertical”.</td></tr>
<tr><td>Number</td><td colspan="2">Implementation steps</td><td colspan="3">Notice</td></tr>
<tr><td>1</td><td colspan="2">Determine the installation and wiring diagram.</td><td colspan="3"></td></tr>
<tr><td>2</td><td colspan="2">Prepare the wire stripping plier, electrician’s knife, screwdriver, and steel ruler.</td><td colspan="3"></td></tr>
<tr><td>3</td><td colspan="2">Complete the list of equipment, materials, and tools.</td><td colspan="3"></td></tr>
<tr><td>4</td><td colspan="2">The material clerk receives lamps, piping, and other auxiliary materials.</td><td colspan="3">These items are to be received according to the list of equipment and materials.</td></tr>
<tr><td>5</td><td colspan="2">Inspect whether the equipment is in good condition.</td><td colspan="3">In case of any damage to the equipment, report it to the instructor and complete the register for equipment damage.</td></tr>
<tr><td>6</td><td colspan="2">Fix the two dual-control switches and the bottom box of the lamp according to the layout plan.</td><td colspan="3"></td></tr>
<tr><td>7</td><td colspan="2">Deploy and fix PVC wiring according to the installation and wiring diagram.</td><td colspan="3" rowspan="4">1.1.3 Connection of conducting wires</td></tr>
<tr><td>8</td><td colspan="2">Thread the wire through the pipe.</td></tr>
<tr><td>9</td><td colspan="2">Connect the wire to the switch.</td></tr>
<tr><td>10</td><td colspan="2">Clean the working site.</td></tr>
<tr><td colspan="6">Implementation note: When connecting the wire to the switch, the live wire on the power side is connected to the moving contact of one dual-control switch; the moving contact of the other dual-control switch is connected to the live wire of the lamp; the two static contacts of one dual-control switch are connected to the two static contacts of the other dual-control switch, respectively.</td></tr>
<tr><td rowspan="3">Implementation assessment</td><td>Class</td><td></td><td>Group ( )</td><td>Group leader’s signature</td><td></td></tr>
<tr><td>Teacher’s signature</td><td></td><td>Date</td><td colspan="2"></td></tr>
<tr><td colspan="5">Comments:</td></tr>
</table>

1.1.3.5 Check sheet for circuit installation

<table>
<tr><td>Learning field</td><td colspan="5">Installation of household lighting circuits</td></tr>
<tr><td>Learning scenario 1</td><td colspan="2">Lighting circuit installation of upper and lower staircases</td><td>Teaching time</td><td colspan="2">5 minutes</td></tr>
<tr><td>Description of the typical working step 3</td><td colspan="5">Install the circuit of a two-site control lamp in the way of exposed pipe (PVC) on board, in compliance with the requirement for exposed laying –"horizontal and vertical".</td></tr>
<tr><td>Number</td><td>Check items</td><td colspan="2">Check criteria</td><td>Self-check by students</td><td>Check by the teacher</td></tr>
<tr><td>1</td><td>Circuit of a two-site control lamp</td><td colspan="2">Be able to identify the directions of the live and neutral wires based on an installed circuit of a two-site control lamp.</td><td></td><td></td></tr>
<tr><td></td><td></td><td colspan="2"></td><td></td><td></td></tr>
<tr><td></td><td></td><td colspan="2"></td><td></td><td></td></tr>
<tr><td></td><td></td><td colspan="2"></td><td></td><td></td></tr>
<tr><td></td><td></td><td colspan="2"></td><td></td><td></td></tr>
<tr><td></td><td></td><td colspan="2"></td><td></td><td></td></tr>
<tr><td></td><td></td><td colspan="2"></td><td></td><td></td></tr>
<tr><td rowspan="3">Check assessment</td><td>Class</td><td></td><td>Group ( )</td><td>Group leader's signature</td><td></td></tr>
<tr><td>Teacher's signature</td><td></td><td>Date</td><td colspan="2"></td></tr>
<tr><td colspan="5">Comments:</td></tr>
</table>

1.1.4 Circuit inspection

1.1.4.1 Information sheet for circuit inspection

Learning field	Installation of household lighting circuits		
Learning scenario 1	Lighting circuit installation of upper and lower staircases	Teaching time	5 minutes
Description of the typical working step 4	Use the resistance range of the multimeter to determine whether the circuit of a two-site control lamp is successful. Use the megohmmeter to measure the insulation resistance and determine whether the energized conditions are met: the ground insulation resistance of wires and equipment, as well as the insulation resistance between wires, between equipment, and between wires and equipment, shall be greater than or equal to 0.5 MΩ.		
Information collection methods	(To be completed by the student)		
Information description	(To be completed by the student)		
Requirements for students			
References			

1.1.4.2 Planning sheet for circuit inspection

<table>
<tr><td colspan="2">Learning field</td><td colspan="3">Installation of household lighting circuits</td></tr>
<tr><td colspan="2">Learning scenario 1</td><td>Lighting circuit installation of upper and lower staircases</td><td>Teaching time</td><td>10 minutes</td></tr>
<tr><td colspan="2">Description of the typical working step 4</td><td colspan="3">Use the resistance range of the multimeter to determine whether the circuit of a two-site control lamp is successful. Use the megohmmeter to measure the insulation resistance and determine whether the energized conditions are met: the ground insulation resistance of wires and equipment, as well as the insulation resistance between wires, between equipment, and between wires and equipment, shall be greater than or equal to 0.5 MΩ.</td></tr>
<tr><td colspan="2">Planning methods</td><td colspan="3">Group discussion</td></tr>
<tr><td>Number</td><td colspan="2">Working steps</td><td colspan="2">Work description</td></tr>
<tr><td colspan="5">Inspect whether the circuits meet the following design requirements:</td></tr>
<tr><td>1</td><td colspan="2">Short-circuit the live wire and neutral wire of the lamp holder.</td><td colspan="2"></td></tr>
<tr><td>2</td><td colspan="2">Rotate the changeover switch of the multimeter to the resistance range ×1 for zero adjustments.</td><td colspan="2"></td></tr>
<tr><td>3</td><td colspan="2">Connect the red and black probes of the multimeter to the live wire core and neutral wire core at the power end of the circuit, respectively; toggle the dual-control switch to disconnect the circuit.</td><td colspan="2">Take the use of a pointer multimeter for example: when the circuit is disconnected, observe the multimeter pointer, and the pointer shall indicate "∞".</td></tr>
<tr><td>4</td><td colspan="2">Turn on either of the dual-control switches and observe the multimeter.</td><td colspan="2">When either of the dual-control switches is turned on, the pointer shall indicate "0".</td></tr>
<tr><td>5</td><td colspan="2">Then disconnect either of the dual-control switches and observe the multimeter.</td><td colspan="2">When either of the dual-control switches is disconnected, the pointer shall again indicate "∞", meaning the circuit has met the design requirements.</td></tr>
<tr><td>6</td><td colspan="2">When the circuit has met the design requirements, rotate the changeover switch of the multimeter to "off" or the maximum range of AC voltage. If the circuit fails to meet the design requirements, inspect the circuit again for troubleshooting.</td><td colspan="2"></td></tr>
<tr><td colspan="5">Carry out circuit testing of insulation resistance (when the circuit has met the design requirements):</td></tr>
<tr><td>1</td><td colspan="2">Disconnect the live wire and neutral wire of the lamp holder and install the lamp.</td><td colspan="2"></td></tr>
</table>

Continue

<table>
<tr><th>Number</th><th colspan="2">Working steps</th><th colspan="3">Work description</th></tr>
<tr><td colspan="6">Carry out circuit testing of insulation resistance (when the circuit has met the design requirements):</td></tr>
<tr><td>2</td><td colspan="2">Apply for the use of a megohmmeter.</td><td colspan="3"></td></tr>
<tr><td>3</td><td colspan="2">Use the megohmmeter for open-circuit and short-circuit tests.</td><td colspan="3">Inspect whether the megohmmeter is in good condition.</td></tr>
<tr><td>4</td><td colspan="2">Turn on the dual-control switch.</td><td colspan="3"></td></tr>
<tr><td>5</td><td colspan="2">Connect the "L" terminal of the megohmmeter to the live wire core and the "E" terminal to the punch plate; measure the ground insulation resistance of the live wire.</td><td colspan="3" rowspan="4">Rotate clockwise the megohmmeter handle from slow to fast; maintain uniform rotation when the speed reaches around 120 r/min; one minute later, read the megohmmeter while continuing the rotation. When the insulation resistance is greater than or equal to 0.5 MΩ, the measurement meets the requirements. Following the measurement, remove the wire while rotating the handle slowly, and then discharge the checked equipment. Before the megohmmeter stops rotating or the checked equipment is discharged, it is strictly prohibited to touch the equipment with your hand. While removing the wire, do not touch the metal part of the wire.</td></tr>
<tr><td>6</td><td colspan="2">Connect the "L" terminal of the megohmmeter to the neutral wire core and the "E" terminal to the punch plate; measure the ground insulation resistance of the neutral wire.</td></tr>
<tr><td>7</td><td colspan="2">Connect the "L" terminal of the megohmmeter to the live wire core and the "E" terminal to the neutral wire core; measure the insulation resistance between the live and neutral wires.</td></tr>
<tr><td>8</td><td colspan="2">All insulation resistances are greater than or equal to 0.5 MΩ, meaning the circuit has met the energized conditions. Put the megohmmeter back in place.</td></tr>
<tr><td colspan="2" rowspan="3">Plan assessment</td><td>Class</td><td></td><td>Group ( )</td><td>Group leader's signature</td></tr>
<tr><td>Teacher's signature</td><td></td><td>Date</td><td></td></tr>
<tr><td colspan="4">Comments:</td></tr>
</table>

1.1.4.3 Decision sheet for circuit inspection

<table>
<tr><td colspan="2">Learning field</td><td colspan="5">Installation of household lighting circuits</td></tr>
<tr><td colspan="2">Learning scenario 1</td><td colspan="3">Lighting circuit installation of upper and lower staircases</td><td>Teaching time</td><td>5 minutes</td></tr>
<tr><td colspan="2">Description of the typical working step 4</td><td colspan="5">Use the resistance range of the multimeter to determine whether the circuit of a two-site control lamp is successful. Use the megohmmeter to measure the insulation resistance and determine whether the energized conditions are met: the ground insulation resistance of wires and equipment, as well as the insulation resistance between wires, between equipment, and between wires and equipment, shall be greater than or equal to 0.5 MΩ.</td></tr>
<tr><td colspan="7">Plan comparison</td></tr>
<tr><td>Number</td><td>Feasibility</td><td>Economy</td><td>Operability</td><td>Safety</td><td>Implementation difficulty</td><td>Integrated assessment</td></tr>
<tr><td>1</td><td></td><td></td><td></td><td></td><td></td><td></td></tr>
<tr><td>2</td><td></td><td></td><td></td><td></td><td></td><td></td></tr>
<tr><td>3</td><td></td><td></td><td></td><td></td><td></td><td></td></tr>
<tr><td>4</td><td></td><td></td><td></td><td></td><td></td><td></td></tr>
<tr><td>5</td><td></td><td></td><td></td><td></td><td></td><td></td></tr>
<tr><td>6</td><td></td><td></td><td></td><td></td><td></td><td></td></tr>
<tr><td>7</td><td></td><td></td><td></td><td></td><td></td><td></td></tr>
<tr><td>8</td><td></td><td></td><td></td><td></td><td></td><td></td></tr>
<tr><td>9</td><td></td><td></td><td></td><td></td><td></td><td></td></tr>
<tr><td>10</td><td></td><td></td><td></td><td></td><td></td><td></td></tr>
<tr><td colspan="2" rowspan="3">Decision assessment</td><td>Class</td><td></td><td>Group ( )</td><td>Group leader's signature</td><td></td></tr>
<tr><td>Teacher's signature</td><td></td><td>Date</td><td colspan="2"></td></tr>
<tr><td colspan="5">Comments:</td></tr>
</table>

1.1.4.4 Implementation sheet for circuit inspection

Learning field	Installation of household lighting circuits		
Learning scenario 1	Lighting circuit installation of upper and lower staircases	Teaching time	40 minutes
Description of the typical working step 4	Use the resistance range of the multimeter to determine whether the circuit of a two-site control lamp is successful. Use the megohmmeter to measure the insulation resistance and determine whether the energized conditions are met: the ground insulation resistance of wires and equipment, as well as the insulation resistance between wires, between equipment, and between wires and equipment, shall be greater than or equal to 0.5 MΩ.		

Number	Implementation steps	Notice
Inspect whether the circuits meet the following design requirements:		
Carry out circuit testing of insulation resistance (when the circuit has met the design requirements):		
Implementation note:		

Implementation assessment	Class		Group ( )	Group leader's signature	
	Teacher's signature		Date		
	Comments:				

1.1.4.5 Check sheet for circuit inspection

<table>
<tr><td colspan="2">Learning field</td><td colspan="3">Installation of household lighting circuits</td></tr>
<tr><td colspan="2">Learning scenario 1</td><td>Lighting circuit installation of upper and lower staircases</td><td>Teaching time</td><td>10 minutes</td></tr>
<tr><td colspan="2">Description of the typical working step 4</td><td colspan="3">Use the resistance range of the multimeter to determine whether the circuit of a two-site control lamp is successful. Use the megohmmeter to measure the insulation resistance and determine whether the energized conditions are met: the ground insulation resistance of wires and equipment, as well as the insulation resistance between wires, between equipment, and between wires and equipment, shall be greater than or equal to 0.5 MΩ.</td></tr>
<tr><td>Number</td><td>Check items</td><td>Check criteria</td><td>Self-check by students</td><td>Check by the teacher</td></tr>
<tr><td>1</td><td>Use a multimeter to inspect circuits</td><td>Be able to use the resistance range of a multimeter to inspect whether circuits of two-site control lamps meet design requirements.</td><td></td><td></td></tr>
<tr><td>2</td><td>Use a megohmmeter to measure insulation resistance</td><td>Be able to use a megohmmeter to measure the ground insulation resistance of the live wire and neutral wire, as well as the insulation resistance between the live and neutral wires.</td><td></td><td></td></tr>
<tr><td>3</td><td>Standard for insulation resistance</td><td>Insulation resistance ⩾ 0.5 MΩ.</td><td></td><td></td></tr>
<tr><td></td><td></td><td></td><td></td><td></td></tr>
<tr><td></td><td></td><td></td><td></td><td></td></tr>
<tr><td></td><td></td><td></td><td></td><td></td></tr>
</table>

<table>
<tr><td rowspan="3">Check assessment</td><td>Class</td><td></td><td>Group ( )</td><td>Group leader's signature</td><td></td></tr>
<tr><td>Teacher's signature</td><td></td><td>Date</td><td colspan="2"></td></tr>
<tr><td colspan="5">Comments:</td></tr>
</table>

1.1.5 Circuit testing and acceptance

1.1.5.1 Information sheet for circuit testing and acceptance

Learning field	Installation of household lighting circuits		
Learning scenario 1	Lighting circuit installation of upper and lower staircases	Teaching time	5 minutes
Description of the typical working step 5	Use the AC power panel to provide power and carry out testing and acceptance of the circuit of a two-site control lamp (implemented by student and supervised by teacher).		
Information collection methods	(To be completed by the student)		
Information description	1. Precautions for electricity safety. Do not use your hand or any conductive object to touch or probe the inside of power sockets; do not touch uninsulated wires; deal with any exposed wire promptly. Consider any electrical equipment as electrically charged before verifying it is not energized; do not touch such equipment arbitrarily. When using an electrical appliance, plug in the power supply, then turn on the electrical switch. Following the use, disconnect the electrical switch, then unplug the power plug. Do not disassemble or install power circuits, sockets, plugs, etc., at will. Power must be disconnected first, even when simple use of electricity is involved, such as installing a light bulb. The main switch of the power supply must be turned off after a power failure. In case of smoke, sparks, strange noises, exterior overheating of a conducting wire, or even a pungent odor due to burning, the power supply must be cut off immediately, and appliances and circuits shall be inspected. In case of an electric shock, try to turn off the power without delay, or use a dry wooden stick or a similar object to separate the person from the charged appliance. Do not use your hand to touch the person directly. Children should call out to adults for help to prevent electrocution, rather than dealing with the situation on their own. When an electrical appliance or a circuit catches fire, stay calm. Cut off the power as soon as possible or turn off the main switch of the indoor circuit, then use a dedicated fire extinguisher to aim at where the fire starts. If a fire extinguisher is unavailable, the fire can be extinguished in a conventional way after the power cut off. If the power is not cut off, do not use water or wet objects to extinguish the fire to avoid electric shocks. 2. Use the AC power panel to provide power; connect the circuit of the two-site control lamp to perform circuit testing and acceptance (implemented by student and supervised by teacher); complete the Acceptance sheet for lighting circuit (see Appendix 2). 1.1.4 Precautions for Dormitory Electricity Safety		
Requirements for students	In case of any doubt, discuss with your group members, then ask your instructor for guidance.		
References			

1.1.5.2　Planning sheet for circuit testing and acceptance

<table>
<tr><td colspan="2">Learning field</td><td colspan="5">Installation of household lighting circuits</td></tr>
<tr><td colspan="2">Learning scenario 1</td><td colspan="2">Lighting circuit installation of upper and lower staircases</td><td colspan="2">Teaching time</td><td>10 minutes</td></tr>
<tr><td colspan="2">Description of the typical working step 5</td><td colspan="5">Use the AC power panel to provide power and carry out testing and acceptance of the circuit of a two-site control lamp (implemented by student and supervised by teacher).</td></tr>
<tr><td colspan="2">Planning methods</td><td colspan="5">Group discussion</td></tr>
<tr><td>Number</td><td colspan="3">Working steps</td><td colspan="3">Specific tasks or purposes</td></tr>
<tr><td>1</td><td colspan="3"></td><td colspan="3"></td></tr>
<tr><td>2</td><td colspan="3"></td><td colspan="3"></td></tr>
<tr><td>3</td><td colspan="3"></td><td colspan="3"></td></tr>
<tr><td>4</td><td colspan="3"></td><td colspan="3"></td></tr>
<tr><td>5</td><td colspan="3"></td><td colspan="3"></td></tr>
<tr><td>6</td><td colspan="3"></td><td colspan="3"></td></tr>
<tr><td>7</td><td colspan="3"></td><td colspan="3"></td></tr>
<tr><td>8</td><td colspan="3"></td><td colspan="3"></td></tr>
<tr><td>9</td><td colspan="3"></td><td colspan="3"></td></tr>
<tr><td>10</td><td colspan="3"></td><td colspan="3"></td></tr>
<tr><td colspan="2" rowspan="3">Plan assessment</td><td>Class</td><td></td><td>Group ( )</td><td>Group leader's signature</td><td></td></tr>
<tr><td>Teacher's signature</td><td></td><td>Date</td><td colspan="2"></td></tr>
<tr><td colspan="5">Comments:</td></tr>
</table>

1.1.5.3　Decision sheet for circuit testing and acceptance

<table>
<tr><td colspan="2">Learning field</td><td colspan="5">Installation of household lighting circuits</td></tr>
<tr><td colspan="2">Learning scenario 1</td><td colspan="2">Lighting circuit installation of upper and lower staircases</td><td colspan="2">Teaching time</td><td>5 minutes</td></tr>
<tr><td colspan="2">Description of the typical working step 5</td><td colspan="5">Use the AC power panel to provide power and carry out testing and acceptance of the circuit of a two-site control lamp (implemented by student and supervised by teacher).</td></tr>
<tr><td colspan="7">Plan comparison</td></tr>
<tr><td>Number</td><td>Feasibility</td><td>Economy</td><td>Operability</td><td>Safety</td><td>Implementation difficulty</td><td>Integrated assessment</td></tr>
<tr><td>1</td><td></td><td></td><td></td><td></td><td></td><td></td></tr>
<tr><td>2</td><td></td><td></td><td></td><td></td><td></td><td></td></tr>
<tr><td>3</td><td></td><td></td><td></td><td></td><td></td><td></td></tr>
<tr><td>4</td><td></td><td></td><td></td><td></td><td></td><td></td></tr>
<tr><td>5</td><td></td><td></td><td></td><td></td><td></td><td></td></tr>
<tr><td>6</td><td></td><td></td><td></td><td></td><td></td><td></td></tr>
<tr><td>7</td><td></td><td></td><td></td><td></td><td></td><td></td></tr>
<tr><td>8</td><td></td><td></td><td></td><td></td><td></td><td></td></tr>
<tr><td>9</td><td></td><td></td><td></td><td></td><td></td><td></td></tr>
<tr><td>10</td><td></td><td></td><td></td><td></td><td></td><td></td></tr>
<tr><td colspan="2" rowspan="3">Decision assessment</td><td>Class</td><td></td><td>Group ( )</td><td>Group leader's signature</td><td></td></tr>
<tr><td>Teacher's signature</td><td></td><td>Date</td><td colspan="2"></td></tr>
<tr><td colspan="5">Comments:</td></tr>
</table>

1.1.5.4 Implementation sheet for circuit testing and acceptance

<table>
<tr><td colspan="2">Learning field</td><td colspan="3">Installation of household lighting circuits</td></tr>
<tr><td colspan="2">Learning scenario 1</td><td>Lighting circuit installation of upper and lower staircases</td><td>Teaching time</td><td>15 minutes</td></tr>
<tr><td colspan="2">Description of the typical working step 5</td><td colspan="3">Use the AC power panel to provide power and carry out testing and acceptance of the circuit of a two-site control lamp (implemented by student and supervised by teacher).</td></tr>
<tr><td>Number</td><td>Implementation steps</td><td colspan="3">Specific tasks or purposes</td></tr>
<tr><td>1</td><td>Test the power supply.</td><td colspan="3">Rotate the changeover switch of the multimeter to the ACV 250 V range; turn on the electric brake of the power panel; use the red probe of the multimeter to contact the red output terminal (“+” pole) of the power panel; use the black probe to contact the black output terminal (“-” pole) of the power panel. If the multimeter indicates a voltage of around 220 V, it means that the voltage supply is normal, and the load can be connected.</td></tr>
<tr><td>2</td><td>Disconnect the power supply.</td><td colspan="3">Disconnect the electric brake of the power panel; ensure that no hot-line operation is conducted when the circuit of the two-site control lamp is connected to the power supply; develop good practices for electricity safety.</td></tr>
<tr><td>3</td><td>Disconnect the circuit switch of the two-site control lamp.</td><td colspan="3">Do not turn on the electric brake with load; develop good practices for electricity safety.</td></tr>
<tr><td>4</td><td>Connect the neutral wire.</td><td colspan="3">Connect the neutral wire of the circuit of the two-site control lamp to the black output terminal of the power supply.</td></tr>
<tr><td>5</td><td>Connect the live wire.</td><td colspan="3">Connect the live wire of the circuit of the two-site control lamp to the red output terminal of the power supply.</td></tr>
<tr><td>6</td><td>Turn on the power supply.</td><td colspan="3">Turn on the electric brake of the power panel.</td></tr>
<tr><td>7</td><td>Turn on the switch.</td><td colspan="3">Turn on the dual-control switches of the circuit sequentially. If the two-site control lamp can be controlled, it means the power-on test is successful.</td></tr>
<tr><td>8</td><td>Disconnect the switch.</td><td colspan="3">Disconnect either of the dual-control switch of the circuit (the lamp shall go out); do not turn off the electric brake with load; develop good practices for electricity safety.</td></tr>
<tr><td>9</td><td>Disconnect the power supply.</td><td colspan="3">Disconnect the electric brake of the power panel; ensure that no hot-line operation is conducted when removing the power cable of the circuit; develop good practices for electricity safety.</td></tr>
<tr><td>10</td><td>Remove the live wire.</td><td colspan="3">Remove the live wire of the circuit of the two-site control lamp from the red output terminal of the power supply.</td></tr>
<tr><td>11</td><td>Remove the neutral wire.</td><td colspan="3">Remove the neutral wire of the circuit of the two-site control lamp from the black output terminal of the power supply.</td></tr>
</table>

Continue

Number	Implementation steps	Specific tasks or purposes
12	Complete the circuit testing and acceptance.	Complete the Acceptance sheet for lighting circuit (see Appendix 2).
13	Disassemble the on-board circuit of the two-site control lamp.	During the disassembly process, pay attention to electricity safety to prevent the operator from injury; do not use excessive force to prevent damage to lamps, switches, pipelines, plates, etc.
14	Rearrange the lamps and switches.	Note: Find all the connection screws and setscrews of the lamps and switches.
15	Put all the equipment and materials used in the practical training back in place and arrange them neatly.	

Implementation note: (Teacher can adjust and improve the specific implementation steps according to the conditions of the practical training site.)

<table>
<tr><td rowspan="3">Implementation assessment</td><td>Class</td><td></td><td>Group ( )</td><td>Group leader's signature</td><td></td></tr>
<tr><td>Teacher's signature</td><td></td><td>Date</td><td colspan="2"></td></tr>
<tr><td colspan="5">Comments:</td></tr>
</table>

1.1.5.5 Check sheet for circuit testing and acceptance

<table>
<tr><td colspan="2">Learning field</td><td colspan="5">Installation of household lighting circuits</td></tr>
<tr><td colspan="2">Learning scenario 1</td><td colspan="2">Lighting circuit installation of upper and lower staircases</td><td colspan="2">Teaching time</td><td>5 minutes</td></tr>
<tr><td colspan="2">Description of the typical working step 5</td><td colspan="5">Use the AC power panel to provide power and carry out testing and acceptance of the circuit of a two-site control lamp (implemented by student and supervised by teacher).</td></tr>
<tr><td>Number</td><td>Check items</td><td colspan="2">Check criteria</td><td colspan="2">Self-check by students</td><td>Check by the teacher</td></tr>
<tr><td>1</td><td>Common knowledge of electricity safety</td><td colspan="2">Be able to present three to five points of common knowledge about electricity safety.</td><td colspan="2"></td><td></td></tr>
<tr><td>2</td><td>Power supply testing</td><td colspan="2">Be able to use the AV voltage range of a multimeter to measure voltage supply.</td><td colspan="2"></td><td></td></tr>
<tr><td>3</td><td>Operation process of circuit testing and acceptance</td><td colspan="2">Be able to operate the power-on process properly.</td><td colspan="2"></td><td></td></tr>
<tr><td></td><td></td><td colspan="2"></td><td colspan="2"></td><td></td></tr>
<tr><td></td><td></td><td colspan="2"></td><td colspan="2"></td><td></td></tr>
<tr><td></td><td></td><td colspan="2"></td><td colspan="2"></td><td></td></tr>
<tr><td rowspan="3">Check assessment</td><td>Class</td><td></td><td>Group ( )</td><td>Group leader's signature</td><td colspan="2"></td></tr>
<tr><td>Teacher's signature</td><td></td><td>Date</td><td colspan="3"></td></tr>
<tr><td colspan="6">Comments:</td></tr>
</table>

1.2 Assessment sheet for lighting circuit installation of upper and lower staircases

<table>
<tr><td>Learning field</td><td colspan="5">Installation of household lighting circuits</td></tr>
<tr><td>Learning scenario 1</td><td colspan="2">Lighting circuit installation of upper and lower staircases</td><td colspan="2">Teaching time</td><td>280 minutes</td></tr>
<tr><td>Description of the typical working processes</td><td colspan="5">Schematic diagram drawing – installation position design – circuit installation– circuit inspection – circuit testing and acceptance</td></tr>
<tr><td>Assessment items</td><td colspan="2">Assessment scores of subitems</td><td>Self-assessment by students</td><td>Intra-group assessment</td><td>Assessment by the teacher</td></tr>
<tr><td>Schematic diagram drawing (10 points)</td><td colspan="2">1. Information: 2 points; 2. Planning: 2 points; 3. Decision: 1 point; 4. Implementation: 3 points; 5. Check: 1 point; 6. Assessment: 1 point.</td><td></td><td></td><td></td></tr>
<tr><td>Installation position design (10 points)</td><td colspan="2">1. Information: 2 points; 2. Planning: 2 points; 3. Decision: 1 point; 4. Implementation: 3 points; 5. Check: 1 point; 6. Assessment: 1 point.</td><td></td><td></td><td></td></tr>
<tr><td>Circuit installation (35 points)</td><td colspan="2">1. Information: 5 points; 2. Planning: 5 points; 3. Decision: 5 points; 4. Implementation: 10 points; 5. Check: 5 points; 6. Assessment: 5 points.</td><td></td><td></td><td></td></tr>
<tr><td>Circuit inspection (26 points)</td><td colspan="2">1. Information: 2 points; 2. Planning: 4 points; 3. Decision: 2 points; 4. Implementation: 10 points; 5. Check: 6 points; 6. Assessment: 2 points.</td><td></td><td></td><td></td></tr>
<tr><td>Circuit testing and acceptance (19 points)</td><td colspan="2">1. Information: 2 points; 2. Planning: 5 points; 3. Decision: 2 points; 4. Implementation: 6 points; 5. Check: 2 points; 6. Assessment: 2 points.</td><td></td><td></td><td></td></tr>
<tr><td>Final result (student's signa-ture: ______________)</td><td colspan="2">1.Information: 13 points; 2. Planning: 18 points; 3. Decision: 11 points; 4. Implementation: 32 points; 5. Check: 15 points; 6. Assessment: 11 points.</td><td></td><td></td><td></td></tr>
<tr><td rowspan="3">Assessment of the assessment</td><td>Class</td><td></td><td>Group ( )</td><td>Group leader's signature</td><td></td></tr>
<tr><td>Teacher's signature</td><td></td><td>Date</td><td colspan="2"></td></tr>
<tr><td colspan="5">Comments:</td></tr>
</table>

1.3 List of materials and tools

Learning field		Installation of household lighting circuits			
Learning scenario 1		Lighting circuit installation of upper and lower staircases	Teaching time	280 minutes	
Description of the typical working processes		Schematic diagram drawing – installation position design – circuit installation– circuit inspection – circuit testing and acceptance			
Number	Names	Functions	Quantities	Models and Specifications	Users
1	Fluorescent lamp	Lighting		T5 LED ordinary straight pipe	
2	BLV line	Conducting wire		Diameter: 2.5 mm (red, blue, yellow-green)	
3	One-way dual-control switch	Control the connection of a lamp or disconnect the power supply		86 panel, exposed household installation	
4	Switch bottom box	Fix the switch		86 panel, exposed household installation	
5	Snap-fit	Fix the bottom box		Customized, Songling Electric	
6	Screw	Fix the bottom box		A setscrew	
7	PVC pipe	Wiring		Diameter: 20 mm	
8	PVC straight-through pipe fitting	Two PVC pipes connected in a row		Diameter: 20 mm	
9	PVC 90° two-way right-angle bend	Right-angle connection between two PVC pipes		Diameter: 20 mm	

Continue

Number	Names	Functions	Quantities	Models and Specifications	Users
10	Electrician tools	Circuit installation		1. One large and one small cross screwdriver; 2. One large and one small slotted screwdriver; 3. Four-in-one multi-functional wire stripping plier (crimping plier, cutting plier, peeling plier); 4. One steel ruler (30 cm); 5. One needle-nose plier (160 mm), one diagonal plier; 6. One electrician tool belt.	
11	Other tools	Circuit installation		1. One pipe cutter; 2. One multimeter; 3. One PVC pipe bending spring (ϕ 20).	
12	Nylon tie	Fix the piping		HDS-100M; length: 4×200 mm	
13	Electrical insulating tape	Recover the wire insulation		PVC black electrical insulating tape (brand: Bulls; length: 9 m; feature: waterproof, high temperature/voltage resistant, flame retardant)	
14	Megohmmeter	Measure the ground insulation resistance of the wires, as well as the insulation resistance between two wires		500 V	

Class		Group ( )	Group leader's signature	
Teacher's signature		Date		

1.4 Teaching feedback sheet

<table>
<tr><td>Learning field</td><td colspan="4">Installation of household lighting circuits</td></tr>
<tr><td>Learning scenario 1</td><td colspan="2">Lighting circuit installation of upper and lower staircases</td><td>Teaching time</td><td>280 minutes</td></tr>
<tr><td>Description of the typical working processes</td><td colspan="4">Schematic diagram drawing – installation position design – circuit installation – circuit inspection – circuit testing and acceptance</td></tr>
<tr><td rowspan="9">Survey items</td><td>Number</td><td colspan="2">Survey contents</td><td>Description of the reasons</td></tr>
<tr><td></td><td colspan="2"></td><td></td></tr>
<tr><td></td><td colspan="2"></td><td></td></tr>
<tr><td></td><td colspan="2"></td><td></td></tr>
<tr><td></td><td colspan="2"></td><td></td></tr>
<tr><td></td><td colspan="2"></td><td></td></tr>
<tr><td></td><td colspan="2"></td><td></td></tr>
<tr><td></td><td colspan="2"></td><td></td></tr>
<tr><td></td><td colspan="2"></td><td></td></tr>
<tr><td colspan="5">Your feedback on how to improve the teaching of this course:</td></tr>
<tr><td>Survey information</td><td>Name of respondent</td><td></td><td>Date of survey</td><td></td></tr>
</table>

学习情境 2

安装一房一厅照明线路

2.0 学习性工作任务单

学习场	安装家居照明线路					
学习情境 2	安装一房一厅照明线路			学时	480 分钟	
典型工作过程描述	绘制原理图—设计安装位置—安装线路—检查线路—测试验收线路					
学习目标	1. 能敷设一房一厅照明线路。 2. 遵守电气工程施工规范。 3. 树立安全用电意识。					
任务描述	1. 根据给定的系统图，绘制一房一厅照明线路工作原理图、平面布置图和安装接线图。 2. 在一房一厅（长 1500mm、宽 1500mm、高 2400mm 的套房，墙壁全部采用 2mm 的镀锌网孔板）居室内进行照明线路暗线布置安装。要求：①客厅安装 1 个吸顶灯，能实现两地控制；②房间安装一个单控的镜前灯和一个五孔普通插座；③要求 1 天内完成任务。					
学时安排	资讯 30 分钟	计划 50 分钟	决策 25 分钟	实施 315 分钟	检查 35 分钟	评价 25 分钟
对学生的要求	1. 实训前必须熟悉工作任务单和教学引导文。 2. 按时、按步骤完成当天的实训任务。 3. 实训室应保持肃静，组员间沟通讨论应低音交流，不得谈笑喧哗，不许搞其他动作，以免影响他人实训。 4. 实训过程中，不得抄写他人的实训记录，否则，须重做。如有疑问，应向指导教师询问清楚后方可进行。 5. 每天安排值日生负责打扫实训室，保持室内整洁，注意关上电源和门窗。					
参考资料	《房屋建筑制图统一标准》(GB/T 50001—2017) 《建筑电气工程施工质量验收规范》(GB 50303—2015)					

2.1　教学引导文

学习场	安装家居照明线路	学习情境 2	安装一房一厅照明线路	参照系	工作内容：一房一厅居室内进行照明线路暗线布置安装。	
普适性工作过程 / 典型工作过程	资讯	计划	决策	实施	检查	评价
绘制原理图	根据给定的系统图，绘制 1 个两地控制一吸顶灯线路工作原理图、1 个单控镜前灯线路工作原理图和 1 个普通插座线路工作原理图，确定工作岗位人员，完成 2.1.1.1 绘制原理图的资讯单。	通过小组讨论和咨询专家等，拟定绘制一房一厅照明线路工作原理图的计划，完成 2.1.1.2 绘制原理图的计划单。	从可行性、经济性、可操作性、实施难易程度进行分析、比较、判断各计划的优点与不足，加以评分，选出最优计划。	通过小组讨论等，画出两地控制一吸顶灯线路、单控镜前灯线路和普通插座线路的工作原理图，完成 2.1.1.4 绘制原理图的实施单。	按照 2.1.1.5 绘制原理图的检查单中的检查项目和检查标准，进行学生自查和教师检查。	根据评价子项目配分，进行自评、互评和教师评价，填写 2.2 安装一房一厅照明线路评价单。
设计安装位置	现场勘察给定一房一厅结构尺寸，提出灯具、开关和插座可安装的位置，完成 2.1.2.1 设计安装位置的资讯单。	通过小组讨论等，编制一房一厅照明线路的定位计划，完成 2.1.2.2 设计安装位置的计划单。	从可行性、经济性、可操作性、安全性、实施难易程度进行分析、比较、判断各计划的优点与不足，加以评分，选出最优计划。	现场勘察，小组讨论，根据现场从电源箱处暗敷输出管的实际位置进行最优布置，画出小组最终确定的一房一厅照明线路平面布置图。安装高度说明： 开关安装距地 1.2～1.4m；因受工位实际情况限制，开关距门框不作要求；空调插座底边距地 2m，普通插座底边距地 0.3m；镜前灯座距地 1.8m，其他灯具按吸顶安装。	按照 2.1.2.5 设计安装位置的检查单中的检查项目和检查标准，进行学生自查和教师检查。	根据评价子项目配分，进行自评、互评和教师评价，填写 2.2 安装一房一厅照明线路评价单。

续表

学习场	安装家居照明线路	学习情境 2	安装一房一厅照明线路	参照系	工作内容：一房一厅居室内进行照明线路暗线布置安装。	
普适性工作过程 典型工作过程	资讯	计划	决策	实施	检查	评价
安装线路	确定各工作岗位人员。在一房一厅（长 1500mm、宽 1500mm、高 2400mm 的套房，墙壁全部采用 2mm 的镀锌网孔板）居室内进行照明线路暗线布置安装，根据确定的平面布置图，绘制安装接线图，回答暗敷设的优缺点，识别安全标识，形成安全用电意识，完成 2.1.3.1 安装线路的资讯单。	通过小组讨论等，编制一房一厅照明线路的安装计划，完成 2.1.3.2 安装线路的计划单。	从可行性、经济性、可操作性、安全性、实施难易程度进行分析、比较、判断各计划的优点与不足，加以评分，选出最优计划。	根据安装接线图，填写设备材料工具清单，由物料员领取灯具、管线和其他辅料，先固定开关、插座底盒和灯座，再布置和固定 PVC 管，利用穿线器穿好各回路的火线、零线、地线，连接开关插座，完成线路安装。	按照 2.1.3.5 安装线路的检查单中的检查项目和检查标准，进行学生自查和教师检查。	根据评价子项目配分，进行自评、互评和教师评价，填写 2.2 安装一房一厅照明线路评价单。
检查线路	万用表欧姆挡可测量线路通断与否。兆欧表可测量绝缘电阻；一般情况下，导线和设备对地绝缘电阻以及导线间、设备间、导线与设备间绝缘电阻均大于等于 0.5MΩ，满足通电条件。	通过小组讨论等，编制一房一厅照明线路检查计划，完成 2.1.4.2 检查线路的计划单。	从可行性、经济性、可操作性、安全性、实施难易程度进行分析、比较、判断各计划的优点与不足，加以评分选出最优计划。	用万用表欧姆挡×1挡，检测安装的照明线路能否实现设计要求。用兆欧表测量火线对地绝缘电阻、零线对地绝缘电阻和火线与零线间的绝缘电阻。	按照 2.1.4.5 检查线路的检查单中的检查项目和检查标准，进行学生自查和教师检查。	根据评价子项目配分，进行自评、互评和教师评价，填写 2.2 安装一房一厅照明线路评价单。

续表

学习场	安装家居照明线路	学习情境 2	安装一房一厅照明线路	参照系	工作内容：一房一厅居室内进行照明线路暗线布置安装。	
普适性工作过程 典型工作过程	资讯	计划	决策	实施	检查	评价
测试验收线路	通过网上查询和小组讨论等，列出安全用电注意事项。教师作为监护人，同学作为操作人，通过实训室总配电箱—分配电箱（房间电源箱）提供电源，接通一房一厅线路，进行测试验收线路。	通过小组讨论等，编制一房一厅照明线路测试验收线路计划，完成 2.1.5.2 测试验收线路的计划单。	从可行性、经济性、可操作性、安全性、实施难易程度进行分析、比较、判断各计划的优点与不足，加以评分，选出最优计划。	依次通电检查吸顶灯、镜前灯、插座线路，完成测试验收线路，填写照明电路验收表（附录2）。最后进行工作环境整理、整顿、清扫、清洁工作。	按照 2.1.5.5 测试验收线路的检查单中的检查项目和检查标准，进行学生自查和教师检查。	根据评价子项目配分，进行自评、互评和教师评价，填写 2.2 安装一房一厅照明线路评价单。

2.1.1　绘制原理图

2.1.1.1　绘制原理图的资讯单

<table>
<tr><td>学习场</td><td colspan="3">安装家居照明线路</td></tr>
<tr><td>学习情境 2</td><td>安装一房一厅照明线路</td><td>学时</td><td>5 分钟</td></tr>
<tr><td>典型工作步骤 1 描述</td><td colspan="3">根据给定的系统图，绘制 1 个两地控制一吸顶灯线路、1 个单控镜前灯线路和 1 个普通插座线路的工作原理图。</td></tr>
<tr><td>搜集资讯的方式</td><td colspan="3">上网查询、小组座谈</td></tr>
<tr><td>资讯描述</td><td colspan="3">

1. 住户电源供电系统图（图 2.1.1）

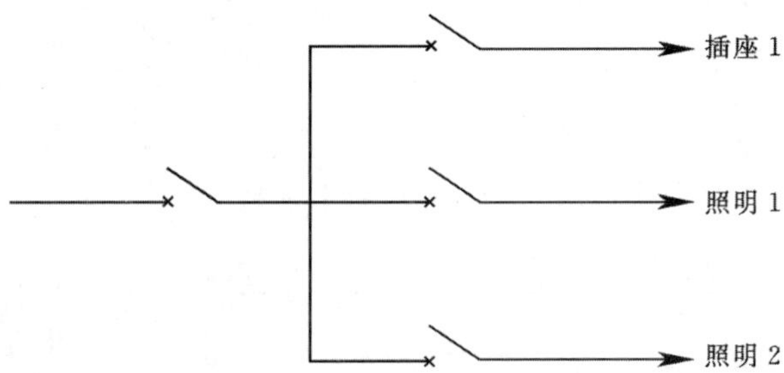

图 2.1.1　住户电源供电系统图

2. 绘制

3. 填写岗位分配表（表 2.1.1）

表 2.1.1　岗 位 分 配 表

<table>
<tr><td>类别</td><td>岗位</td><td>人数</td><td>姓名</td><td>备　　注</td></tr>
<tr><td>班组长</td><td>组长</td><td>1</td><td></td><td>负责小组的组织与管理</td></tr>
<tr><td>设计</td><td>设计员</td><td></td><td></td><td>负责小组照明线路的设计</td></tr>
<tr><td>绘图</td><td>绘图员</td><td></td><td></td><td>负责小组照明线路的绘制</td></tr>
</table>

</td></tr>
<tr><td>对学生的要求</td><td colspan="3">网上查询相关知识，如有疑问，先组内交流，最后向指导教师咨询。</td></tr>
<tr><td>参考资料</td><td colspan="3"></td></tr>
</table>

2.1.1.2 绘制原理图的计划单

<table>
<tr><td>学习场</td><td colspan="5">安装家居照明线路</td></tr>
<tr><td>学习情境 2</td><td colspan="3">安装一房一厅照明线路</td><td>学时</td><td>5 分钟</td></tr>
<tr><td>典型工作步骤 1 描述</td><td colspan="5">根据给定的系统图，绘制 1 个两地控制一吸顶灯线路、1 个单控镜前灯线路和 1 个普通插座线路的工作原理图。</td></tr>
<tr><td>计划制订的方式</td><td colspan="5">小组讨论、咨询专家</td></tr>
<tr><td>序号</td><td colspan="2">工 作 步 骤</td><td colspan="3">注 意 事 项</td></tr>
<tr><td>1</td><td colspan="2">准备画图工具。</td><td colspan="3"></td></tr>
<tr><td>2</td><td colspan="2">确定灯和开关图形符号。</td><td colspan="3"></td></tr>
<tr><td>3</td><td colspan="2">确定灯和开关布局，并在纸上画出图形符号。</td><td colspan="3"></td></tr>
<tr><td>4</td><td colspan="2">绘制两地控制一吸顶灯线路工作原理图。</td><td colspan="3">强化两个双控开关实现两地控制一灯的正确接线。</td></tr>
<tr><td>5</td><td colspan="2">绘制单控镜前灯线路工作原理图。</td><td colspan="3"></td></tr>
<tr><td>6</td><td colspan="2">绘制普通插座线路工作原理图。</td><td colspan="3"></td></tr>
<tr><td rowspan="3">计划评价</td><td>班级</td><td></td><td>第（ ）组</td><td>组长签字</td><td></td></tr>
<tr><td>教师签字</td><td></td><td>日期</td><td colspan="2"></td></tr>
<tr><td colspan="5">评语：</td></tr>
</table>

2.1.1.3　绘制原理图的决策单

<table>
<tr><td colspan="2">学习场</td><td colspan="6">安装家居照明线路</td></tr>
<tr><td colspan="2">学习情境2</td><td colspan="3">安装一房一厅照明线路</td><td colspan="2">学时</td><td>5分钟</td></tr>
<tr><td colspan="2">典型工作步骤1描述</td><td colspan="6">根据给定的系统图，绘制1个两地控制一吸顶灯线路、1个单控镜前灯线路和1个普通插座线路的工作原理图。</td></tr>
<tr><td colspan="8">计划对比</td></tr>
<tr><td>序号</td><td colspan="2">可行性</td><td>经济性</td><td>可操作性</td><td colspan="2">实施难度</td><td>综合评价</td></tr>
<tr><td>1</td><td colspan="2"></td><td></td><td></td><td colspan="2"></td><td></td></tr>
<tr><td>2</td><td colspan="2"></td><td></td><td></td><td colspan="2"></td><td></td></tr>
<tr><td>3</td><td colspan="2"></td><td></td><td></td><td colspan="2"></td><td></td></tr>
<tr><td>4</td><td colspan="2"></td><td></td><td></td><td colspan="2"></td><td></td></tr>
<tr><td>5</td><td colspan="2"></td><td></td><td></td><td colspan="2"></td><td></td></tr>
<tr><td>6</td><td colspan="2"></td><td></td><td></td><td colspan="2"></td><td></td></tr>
<tr><td>7</td><td colspan="2"></td><td></td><td></td><td colspan="2"></td><td></td></tr>
<tr><td>8</td><td colspan="2"></td><td></td><td></td><td colspan="2"></td><td></td></tr>
<tr><td>9</td><td colspan="2"></td><td></td><td></td><td colspan="2"></td><td></td></tr>
<tr><td>10</td><td colspan="2"></td><td></td><td></td><td colspan="2"></td><td></td></tr>
<tr><td colspan="2" rowspan="3">决策评价</td><td>班级</td><td></td><td>第（　　）组</td><td>组长签字</td><td colspan="2"></td></tr>
<tr><td>教师签字</td><td></td><td>日期</td><td colspan="3"></td></tr>
<tr><td colspan="6">评语：</td></tr>
</table>

学习情境2-7

2.1.1.4　绘制原理图的实施单

<table>
<tr><td colspan="2">学习场</td><td colspan="4">安装家居照明线路</td></tr>
<tr><td colspan="2">学习情境 2</td><td colspan="2">安装一房一厅照明线路</td><td>学时</td><td>20 分钟</td></tr>
<tr><td colspan="2">典型工作步骤 1 描述</td><td colspan="4">根据给定的系统图，绘制 1 个两地控制一吸顶灯线路、1 个单控镜前灯线路和 1 个普通插座线路的工作原理图。</td></tr>
<tr><td>序号</td><td colspan="2">实 施 步 骤</td><td colspan="3">工 作 原 理 图</td></tr>
<tr><td>1</td><td colspan="2"></td><td colspan="3" rowspan="12">两地控制一灯线路工作原理图：

单控镜前灯线路工作原理图：

普通插座线路工作原理图：</td></tr>
<tr><td>2</td><td colspan="2"></td></tr>
<tr><td>3</td><td colspan="2"></td></tr>
<tr><td>4</td><td colspan="2"></td></tr>
<tr><td>5</td><td colspan="2"></td></tr>
<tr><td></td><td colspan="2"></td></tr>
<tr><td></td><td colspan="2"></td></tr>
<tr><td></td><td colspan="2"></td></tr>
<tr><td></td><td colspan="2"></td></tr>
<tr><td></td><td colspan="2"></td></tr>
<tr><td></td><td colspan="2"></td></tr>
<tr><td></td><td colspan="2"></td></tr>
<tr><td colspan="6">实施说明：</td></tr>
<tr><td rowspan="3">实施评价</td><td>班级</td><td></td><td>第（　　）组</td><td>组长签字</td><td></td></tr>
<tr><td>教师签字</td><td></td><td>日期</td><td colspan="2"></td></tr>
<tr><td colspan="5">评语：</td></tr>
</table>

2.1.1.5　绘制原理图的检查单

<table>
<tr><td colspan="2">学习场</td><td colspan="4">安装家居照明线路</td></tr>
<tr><td colspan="2">学习情境 2</td><td colspan="2">安装一房一厅照明线路</td><td>学时</td><td>10 分钟</td></tr>
<tr><td colspan="2">典型工作步骤 1 描述</td><td colspan="4">根据给定的系统图，绘制 1 个两地控制一吸顶灯线路、1 个单控镜前灯线路和 1 个普通插座线路的工作原理图。</td></tr>
<tr><td>序号</td><td>检 查 项 目</td><td colspan="2">检 查 标 准</td><td>学生自查</td><td>教师检查</td></tr>
<tr><td>1</td><td>1 开双控开关结构</td><td colspan="2">能说出 1 开双控开关由 1 个动触点，2 个静触点组成。</td><td></td><td></td></tr>
<tr><td>2</td><td>两地控制一灯线路原理图</td><td colspan="2">能画出两地控制一灯线路原理图。</td><td></td><td></td></tr>
<tr><td>3</td><td>普通插座线路原理图</td><td colspan="2">能画出普通插座线路原理图。</td><td></td><td></td></tr>
<tr><td></td><td></td><td colspan="2"></td><td></td><td></td></tr>
<tr><td></td><td></td><td colspan="2"></td><td></td><td></td></tr>
<tr><td></td><td></td><td colspan="2"></td><td></td><td></td></tr>
<tr><td></td><td></td><td colspan="2"></td><td></td><td></td></tr>
<tr><td rowspan="3">检查评价</td><td>班级</td><td></td><td>第（　　）组</td><td>组长签字</td><td></td></tr>
<tr><td>教师签字</td><td></td><td>日期</td><td colspan="2"></td></tr>
<tr><td colspan="5">评语：</td></tr>
</table>

学习情境 2-9

2.1.2　设计安装位置

2.1.2.1　设计安装位置的资讯单

学习场	安装家居照明线路		
学习情境 2	安装一房一厅照明线路	学时	5 分钟
典型工作步骤 2 描述	在长 1500mm、宽 1500mm、高 2400mm 的一房一厅套房内，客厅安装 1 个能实现两地控制的吸顶灯，房间安装 1 个单控的镜前灯和 1 个五孔普通插座，设计开关、插座和灯具的安装位置。		
搜集资讯的方式	（学生填）		
资讯描述	（学生填，用简图表示小组提出的所有平面布置）		
对学生的要求	如有疑问，先组内交流，最后向指导教师咨询。		
参考资料			

2.1.2.2 设计安装位置的计划单

<table>
<tr><td>学习场</td><td colspan="5">安装家居照明线路</td></tr>
<tr><td>学习情境2</td><td colspan="3">安装一房一厅照明线路</td><td>学时</td><td>5分钟</td></tr>
<tr><td>典型工作步骤2描述</td><td colspan="5">在长1500mm、宽1500mm、高2400mm的一房一厅套房内，客厅安装1个能实现两地控制的吸顶灯，房间安装1个单控的镜前灯和1个五孔普通插座，设计开关、插座和灯具的安装位置。</td></tr>
<tr><td>计划制订的方式</td><td colspan="5">小组讨论、咨询老师</td></tr>
<tr><td>序号</td><td colspan="2">工作步骤</td><td colspan="3">注意事项</td></tr>
<tr><td></td><td colspan="2"></td><td colspan="3" rowspan="9"></td></tr>
<tr><td></td><td colspan="2"></td></tr>
<tr><td></td><td colspan="2"></td></tr>
<tr><td></td><td colspan="2"></td></tr>
<tr><td></td><td colspan="2"></td></tr>
<tr><td></td><td colspan="2"></td></tr>
<tr><td></td><td colspan="2"></td></tr>
<tr><td></td><td colspan="2"></td></tr>
<tr><td></td><td colspan="2"></td></tr>
<tr><td rowspan="3">计划评价</td><td>班级</td><td></td><td>第（　　）组</td><td>组长签字</td><td></td></tr>
<tr><td>教师签字</td><td></td><td>日期</td><td colspan="2"></td></tr>
<tr><td colspan="5">评语：</td></tr>
</table>

学习情境 2-11

2.1.2.3 设计安装位置的决策单

<table>
<tr><td>学习场</td><td colspan="6">安装家居照明线路</td></tr>
<tr><td>学习情境 2</td><td colspan="4">安装一房一厅照明线路</td><td>学时</td><td>5 分钟</td></tr>
<tr><td>典型工作步骤 2 描述</td><td colspan="6">在长 1500mm、宽 1500mm、高 2400mm 的一房一厅套房内，客厅安装 1 个能实现两地控制的吸顶灯，房间安装 1 个单控的镜前灯和 1 个五孔普通插座，设计开关、插座和灯具的安装位置。</td></tr>
<tr><td colspan="7">计 划 对 比</td></tr>
<tr><td>序号</td><td>可行性</td><td>经济性</td><td>可操作性</td><td>安全性</td><td>实施难度</td><td>综合评价</td></tr>
<tr><td>1</td><td></td><td></td><td></td><td></td><td></td><td></td></tr>
<tr><td>2</td><td></td><td></td><td></td><td></td><td></td><td></td></tr>
<tr><td>3</td><td></td><td></td><td></td><td></td><td></td><td></td></tr>
<tr><td>4</td><td></td><td></td><td></td><td></td><td></td><td></td></tr>
<tr><td>5</td><td></td><td></td><td></td><td></td><td></td><td></td></tr>
<tr><td>6</td><td></td><td></td><td></td><td></td><td></td><td></td></tr>
<tr><td>7</td><td></td><td></td><td></td><td></td><td></td><td></td></tr>
<tr><td></td><td></td><td></td><td></td><td></td><td></td><td></td></tr>
<tr><td></td><td></td><td></td><td></td><td></td><td></td><td></td></tr>
<tr><td></td><td></td><td></td><td></td><td></td><td></td><td></td></tr>
<tr><td rowspan="3">决策评价</td><td>班级</td><td></td><td>第（ ）组</td><td>组长签字</td><td colspan="2"></td></tr>
<tr><td>教师签字</td><td></td><td>日期</td><td colspan="3"></td></tr>
<tr><td colspan="6">评语：</td></tr>
</table>

2.1.2.4　设计安装位置的实施单

<table>
<tr><td>学习场</td><td colspan="3">安装家居照明线路</td></tr>
<tr><td>学习情境 2</td><td>安装一房一厅照明线路</td><td>学时</td><td>10 分钟</td></tr>
<tr><td>典型工作步骤 2 描述</td><td colspan="3">在长 1500mm、宽 1500mm、高 2400mm 的一房一厅套房内，客厅安装 1 个能实现两地控制的吸顶灯，房间安装 1 个单控的镜前灯和 1 个五孔普通插座，设计开关、插座和灯具的安装位置。</td></tr>
</table>

<table>
<tr><th>序号</th><th>实 施 步 骤</th><th>注 意 事 项</th></tr>
<tr><td>1</td><td>现场勘察。</td><td rowspan="9">根据现场从电源箱处暗敷输出管的实际位置进行最优布置。</td></tr>
<tr><td>2</td><td>讨论客厅安装 1 个能实现两地控制吸顶灯线路开关和灯具的位置。</td></tr>
<tr><td>3</td><td>确定客厅开关和灯具的安装位置。</td></tr>
<tr><td>4</td><td>讨论房间安装 1 个单控的镜前灯和 1 个五孔普通插座的位置。</td></tr>
<tr><td>5</td><td>确定房间开关、灯具和插座的安装位置。</td></tr>
<tr><td></td><td></td></tr>
<tr><td></td><td></td></tr>
<tr><td></td><td></td></tr>
<tr><td></td><td></td></tr>
</table>

续表

实施说明：

1. 在房屋结构图（图 2.1.2）中，画出小组最终设计的一房一厅照明线路平面布置图。

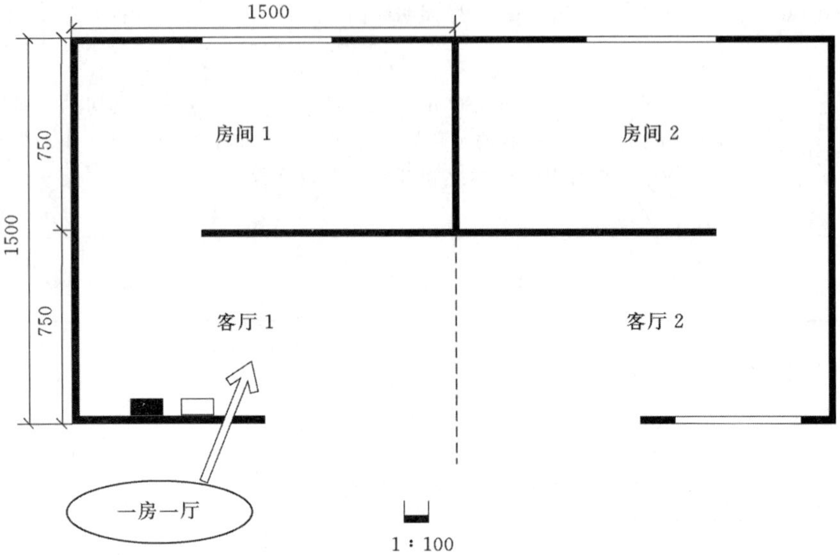

图 2.1.2　房屋结构图（一）

2. 安装高度说明。

（1）开关安装距地 1.2～1.4m；因受工位实际情况限制，开关距门框不作要求。

（2）空调插座底边距地 2m，普通插座底边距地 0.3m。

（3）镜前灯座距地 1.8m，其他灯具按吸顶安装。

<table>
<tr><td rowspan="3">实施评价</td><td>班级</td><td></td><td>第（　　）组</td><td>组长签字</td><td></td></tr>
<tr><td>教师签字</td><td></td><td>日期</td><td colspan="2"></td></tr>
<tr><td colspan="5">评语：</td></tr>
</table>

2.1.2.5　设计安装位置的检查单

<table>
<tr><td>学习场</td><td colspan="5">安装家居照明线路</td></tr>
<tr><td>学习情境 2</td><td colspan="3">安装一房一厅照明线路</td><td>学时</td><td>5 分钟</td></tr>
<tr><td>典型工作步骤 2 描述</td><td colspan="5">在长 1500mm、宽 1500mm、高 2400mm 的一房一厅套房内，客厅安装 1 个能实现两地控制的吸顶灯，房间安装 1 个单控的镜前灯和 1 个五孔普通插座，设计开关、插座和灯具的安装位置。</td></tr>
<tr><td>序号</td><td>检 查 项 目</td><td colspan="2">检 查 标 准</td><td>学生自查</td><td>教师检查</td></tr>
<tr><td>1</td><td>单管日光（镜前灯）图形符号</td><td colspan="2">能画出单管日光（镜前灯）图形符号。</td><td></td><td></td></tr>
<tr><td>2</td><td>吸顶灯图形符号</td><td colspan="2">能画出吸顶灯图形符号。</td><td></td><td></td></tr>
<tr><td>3</td><td>暗装单极开关图形符号</td><td colspan="2">能画出暗装单极开关图形符号。</td><td></td><td></td></tr>
<tr><td>4</td><td>暗装双控开关图形符号</td><td colspan="2">能画出暗装双控开关图形符号。</td><td></td><td></td></tr>
<tr><td>5</td><td>暗装单相三极插座（带接地）图形符号</td><td colspan="2">能画出暗装单相三极插座（带接地）图形符号。</td><td></td><td></td></tr>
<tr><td></td><td></td><td colspan="2"></td><td></td><td></td></tr>
<tr><td></td><td></td><td colspan="2"></td><td></td><td></td></tr>
<tr><td></td><td></td><td colspan="2"></td><td></td><td></td></tr>
<tr><td></td><td></td><td colspan="2"></td><td></td><td></td></tr>
<tr><td rowspan="3">检查评价</td><td>班级</td><td></td><td>第（　　）组</td><td>组长签字</td><td></td></tr>
<tr><td>教师签字</td><td></td><td>日期</td><td colspan="2"></td></tr>
<tr><td colspan="5">评语：</td></tr>
</table>

学习情境 2-15

2.1.3 安装线路

2.1.3.1 安装线路的资讯单

<table>
<tr><td>学习场</td><td colspan="3">安装家居照明线路</td></tr>
<tr><td>学习情境 2</td><td>安装一房一厅照明线路</td><td>学时</td><td>10 分钟</td></tr>
<tr><td>典型工作步骤 3 描述</td><td colspan="3">在长 1500mm、宽 1500mm、高 2400mm 的一房一厅套房内，客厅安装 1 个能实现两地控制的吸顶灯，房间安装 1 个单控的镜前灯和 1 个五孔普通插座，实施暗线布置安装。</td></tr>
<tr><td>搜集资讯的方式</td><td colspan="3">查阅图书资料、搜索网络、小组座谈等</td></tr>
<tr><td>资讯描述</td><td colspan="3">1. 确定各工作岗位人员，岗位分配表见表 2.1.2。

表 2.1.2 岗 位 分 配 表
<table>
<tr><th>类别</th><th>岗位</th><th>人数</th><th>姓名</th><th>备　　注</th></tr>
<tr><td>班组长</td><td>组长</td><td>1</td><td></td><td>负责小组的组织与管理</td></tr>
<tr><td>安全</td><td>安全员</td><td>1</td><td></td><td>负责小组实训过程中的相关安全问题的预测与保障</td></tr>
<tr><td>设计</td><td>设计员</td><td>1</td><td></td><td>负责小组照明线路设计及绘制</td></tr>
<tr><td>施工</td><td>施工员</td><td>1</td><td></td><td>负责小组照明线路的安装</td></tr>
<tr><td>物料</td><td>物料员</td><td>1</td><td></td><td>负责小组施工物料的管理</td></tr>
<tr><td>监理</td><td>监理员</td><td>1</td><td></td><td>负责监察实施步骤执行情况</td></tr>
</table>
(1) 设一个班 45 人，分为 8 个小组，每个小组 5～6 人；若人员有浮动可根据实际情况调节人数（可设兼职）。
(2) 每个班组按照岗位不同，进行分工协作，共同完成分配的任务。
(3) 教学过程中，以任务为导向，以团队为基本单元，开展课堂组织与工作实施。
2. 在一房一厅（长 1500mm、宽 1500mm、高 2400mm 的套房，墙壁全部采用 2mm 的镀锌网孔板）居室内进行照明线路暗线布置安装，根据确定的平面布置图，在下面对应的房屋结构图（图 2.1.3 和图 2.1.4）中绘制安装接线图。</td></tr>
</table>

续表

资讯描述	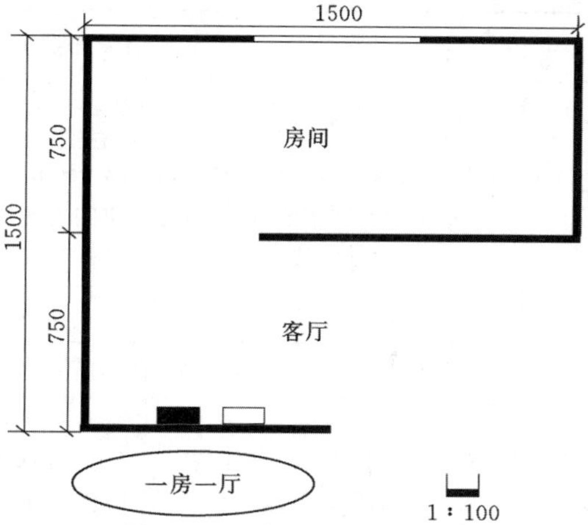 图 2.1.3　房屋结构图（二） 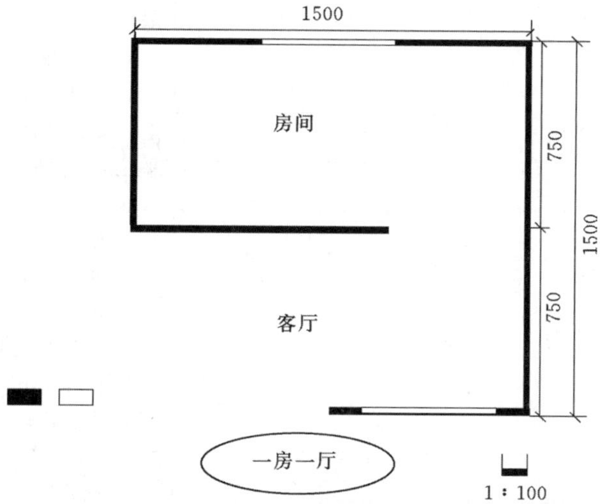 图 2.1.4　房屋结构图（三） 3. 暗敷设布线的优缺点。 2.1.1　安全标识　2.1.2　江山云邸 E2－1－2401 墙体图　2.1.3　卧室照明线路安装接线图　2.1.4　厨房照明线路安装接线图
对学生的要求	如有疑问，先组内交流，最后向指导教师咨询。
参考资料	

2.1.3.2 安装线路的计划单

学习场	安装家居照明线路		
学习情境 2	安装一房一厅照明线路	学时	20 分钟
典型工作步骤 3 描述	在长 1500mm、宽 1500mm、高 2400mm 的一房一厅套房内，客厅安装 1 个能实现两地控制的吸顶灯，房间安装 1 个单控的镜前灯和 1 个五孔普通插座，实施暗线布置安装。		
计划制订的方式	小组讨论		

序号	工 作 步 骤	注 意 事 项
		1. 确保电源箱总开关，各分支电源开关均已断开。 2. 根据安装接线图，填写设备材料工具清单，由物料员领取灯具、管线和其他辅料。 3. 检查安装物料是否完好，可用。 4. 根据安装接线图和安装高度说明，确定灯具、插座、开关、配电箱等设备的水平位置和高度，固定开关、插座底盒和灯座。 5. 确定每个回路导线敷设 PVC 管的路径（编写工作步骤时，应能体现确定吸顶灯、镜前灯、插座线路管道的先后顺序）。 6. 管道拐弯处进行弯管。 7. 敷设管道（编写工作步骤时，应能体现敷设吸顶灯、镜前灯、插座线路管道的先后顺序）。 8. 扫管穿线（编写工作步骤时，应能体现吸顶灯、镜前灯、插座线路穿线的先后顺序）。 9. 连接导线及分支。 10. 完成灯座、插座、开关的接线。

计划评价	班级		第（ ）组	组长签字	
	教师签字		日期		
	评语：				

2.1.3.3 安装线路的决策单

学习场	安装家居照明线路		
学习情境2	安装一房一厅照明线路	学时	5分钟
典型工作步骤3描述	在长1500mm、宽1500mm、高2400mm的一房一厅套房内，客厅安装1个能实现两地控制的吸顶灯，房间安装1个单控的镜前灯和1个五孔普通插座，实施暗线布置安装。		

计划对比						
序号	可行性	经济性	可操作性	安全性	实施难度	综合评价
1						
2						
3						
4						
5						
6						
7						
8						
9						
10						

决策评价	班级		第（ ）组	组长签字	
	教师签字		日期		
	评语：				

2.1.3.4　安装线路的实施单

<table>
<tr><td colspan="2">学习场</td><td colspan="3">安装家居照明线路</td></tr>
<tr><td colspan="2">学习情境 2</td><td>安装一房一厅照明线路</td><td>学时</td><td>220 分钟</td></tr>
<tr><td colspan="2">典型工作步骤 3 描述</td><td colspan="3">在长 1500mm、宽 1500mm、高 2400mm 的一房一厅套房内，客厅安装 1 个能实现两地控制的吸顶灯，房间安装 1 个单控的镜前灯和 1 个五孔普通插座，实施暗线布置安装。</td></tr>
<tr><td>序号</td><td>实 施 步 骤</td><td colspan="3">注 意 事 项</td></tr>
<tr><td></td><td></td><td colspan="3" rowspan="18">1. 注意领用的灯具是否要接地线；面对插座面板，遵守“左零右火接地在上”原则接线。
2. 着装规范：应穿实训服、运动鞋施工。不允许穿拖鞋、打赤脚、打赤膊、穿裙子、穿短装、披头散发等施工。
3. 注意施工安全。不允许将工具放置在房屋配电箱箱内、顶上和房屋屋顶梁、柱等高处；任何人不允许坐在房屋屋顶梁、柱等高处；如果站在凳子上和梯子上安装施工，安全员必须站在旁边看护；在施工过程中，不得私自通电试验。
4. 应文明施工，组员间沟通讨论应低音交流，不得谈笑喧哗，不许打闹。
5. 安装材料的使用，应在不影响安装结果的前提下注意节约，杜绝浪费。
6. 安装过程如有设备破损须报告指导教师，并填写设备损坏登记簿。
7. 安装完毕后，须将设备、用具等整理清洁，按原来的位置摆设放置，清扫工作现场。</td></tr>
<tr><td></td><td></td></tr>
<tr><td></td><td></td></tr>
<tr><td></td><td></td></tr>
<tr><td></td><td></td></tr>
<tr><td></td><td></td></tr>
<tr><td></td><td></td></tr>
<tr><td></td><td></td></tr>
<tr><td></td><td></td></tr>
<tr><td></td><td></td></tr>
<tr><td></td><td></td></tr>
<tr><td></td><td></td></tr>
<tr><td></td><td></td></tr>
<tr><td></td><td></td></tr>
<tr><td></td><td></td></tr>
<tr><td></td><td></td></tr>
<tr><td></td><td></td></tr>
<tr><td></td><td></td></tr>
</table>

续表

实施说明：

工程现场导线暗敷设的操作工序如下：

(1) 按施工图确定灯具、插座、开关、配电箱等设备的水平位置和高度。

(2) 确定导线敷设的路径，包括电源进出线、穿过墙壁或楼板的位置。

(3) 进行弯管、焊接和锯断管路，配合土建进行预埋管路。

(4) 预埋管内穿入 ϕ1.2mm 钢丝引线，并用纱布堵好管口防止沙土杂物进入管口。

(5) 扫管穿线。

(6) 连接导线及分支。

(7) 检查线路安装质量。

(8) 完成灯座、插座、开关及用电设备的接线。

(9) 检查线路是否满足设计要求。

(10) 灯具试亮，装灯具。

(11) 绝缘测量。

(12) 通电试验，全面验收。

2.1.5　工程现场照明线路验收规范

实施评价	班级		第（　　）组	组长签字	
	教师签字		日期		
	评语：				

2.1.3.5 安装线路的检查单

<table>
<tr><td>学习场</td><td colspan="5">安装家居照明线路</td></tr>
<tr><td>学习情境 2</td><td colspan="3">安装一房一厅照明线路</td><td>学时</td><td>5 分钟</td></tr>
<tr><td>典型工作步骤 3 描述</td><td colspan="5">在长 1500mm、宽 1500mm、高 2400mm 的一房一厅套房内，客厅安装 1 个能实现两地控制的吸顶灯，房间安装 1 个单控的镜前灯和 1 个五孔普通插座，实施暗线布置安装。</td></tr>
<tr><td>序号</td><td>检 查 项 目</td><td colspan="2">检 查 标 准</td><td>学生自查</td><td>教师检查</td></tr>
<tr><td>1</td><td>照明线路接线原则</td><td colspan="2">火线进开关，零线进灯头。</td><td></td><td></td></tr>
<tr><td>2</td><td>两地控制一吸顶灯线路</td><td colspan="2">能在安装现场指出两地控制一灯安装线路火线和零线走向。</td><td></td><td></td></tr>
<tr><td>3</td><td>暗装单相三极插座接线原则</td><td colspan="2">左零右火接地在上。</td><td></td><td></td></tr>
<tr><td></td><td></td><td colspan="2"></td><td></td><td></td></tr>
<tr><td></td><td></td><td colspan="2"></td><td></td><td></td></tr>
<tr><td></td><td></td><td colspan="2"></td><td></td><td></td></tr>
<tr><td></td><td></td><td colspan="2"></td><td></td><td></td></tr>
<tr><td></td><td></td><td colspan="2"></td><td></td><td></td></tr>
<tr><td></td><td></td><td colspan="2"></td><td></td><td></td></tr>
</table>

<table>
<tr><td rowspan="3">检查评价</td><td>班级</td><td></td><td>第（　　）组</td><td>组长签字</td><td></td></tr>
<tr><td>教师签字</td><td></td><td>日期</td><td colspan="2"></td></tr>
<tr><td colspan="5">评语：</td></tr>
</table>

2.1.4　检查线路

2.1.4.1　检查线路的资讯单

<table>
<tr><td>学习场</td><td colspan="3">安装家居照明线路</td></tr>
<tr><td>学习情境 2</td><td>安装一房一厅照明线路</td><td>学时</td><td>5 分钟</td></tr>
<tr><td>典型工作步骤 4 描述</td><td colspan="3">用万用表欧姆挡检查一房一厅所有照明线路能否实现设计要求。用兆欧表测量绝缘电阻，检查导线和设备对地绝缘电阻，以及导线间、设备间、导线与设备间绝缘电阻是否大于等于 0.5MΩ，满足通电条件。</td></tr>
<tr><td>搜集资讯的方式</td><td colspan="3">（学生填写）</td></tr>
<tr><td>资讯描述</td><td colspan="3">（学生填写）
2.1.6　查线与检测绝缘电阻视频</td></tr>
<tr><td>对学生的要求</td><td colspan="3"></td></tr>
<tr><td>参考资料</td><td colspan="3"></td></tr>
</table>

2.1.4.2 检查线路的计划单

<table>
<tr><td colspan="2">学习场</td><td colspan="3">安装家居照明线路</td></tr>
<tr><td colspan="2">学习情境 2</td><td>安装一房一厅照明线路</td><td>学时</td><td>10 分钟</td></tr>
<tr><td colspan="2">典型工作步骤 4 描述</td><td colspan="3">用万用表欧姆挡检查一房一厅所有照明线路能否实现设计要求。用兆欧表测量绝缘电阻，检查导线和设备对地绝缘电阻，以及导线间、设备间、导线与设备间绝缘电阻是否大于等于 0.5MΩ，满足通电条件。</td></tr>
<tr><td colspan="2">计划制订的方式</td><td colspan="3">小组讨论</td></tr>
<tr><td>序号</td><td colspan="2">工 作 步 骤</td><td colspan="2">注 意 事 项</td></tr>
<tr><td colspan="5">检查线路是否满足设计要求：</td></tr>
<tr><td>1</td><td colspan="2">短接吸顶灯和镜前灯安装处的火线和零线。</td><td colspan="2" rowspan="7"></td></tr>
<tr><td>2</td><td colspan="2">将万用表转换开关旋至欧姆挡×1 挡，进行欧姆调零。</td></tr>
<tr><td>3</td><td colspan="2">确保电源箱总开关，吸顶灯、镜前灯、普通插座线路电源开关均已断开。</td></tr>
<tr><td>4</td><td colspan="2">检查两地控制一吸顶灯线路：①断开线路开关；②万用表红表笔接至电源箱吸顶灯线路空开出线端火线，万用表黑表笔接至电源箱零线汇流排吸顶灯线路零线处，万用表指示“∞”；③合上任意一个双控开关，观察万用表，万用表指示“0”；④再断开任意一个双控开关，观察万用表，万用表指示“∞”；⑤可判断两地控制一吸顶灯线路能实现设计要求。</td></tr>
<tr><td>5</td><td colspan="2">检查镜前灯线路：①断开线路开关；②万用表红表笔接至电源箱镜前灯线路空开出线端火线，万用表黑表笔接至电源箱零线汇流排镜前灯线路零线处，万用表指示“∞”；③合上开关，观察万用表，万用表指示“0”；④再断开开关，观察万用表，万用表指示“∞”；⑤可判断镜前灯线路能实现设计要求。</td></tr>
<tr><td>6</td><td colspan="2">检查插座线路：①插座处，火线、零线、地线三线短接。②万用表红表笔接至电源箱普通插座线路空开出线端火线，万用表黑表笔接至电源箱零线汇流排普通插座线路零线处，万用表指示“0”；红表笔仍接至电源箱普通插座线路空开出线端火线，将万用表黑表笔接至电源箱地线汇流排普通插座线路地线处，万用表指示“0”。③可判断普通插座线路能实现设计要求。</td></tr>
<tr><td>7</td><td colspan="2">线路实现设计要求：将万用表转换开关旋至“off”挡或交流电压最大挡位。若线路不能实现设计要求，则进一步检查线路，排除故障。</td></tr>
</table>

续表

<table>
<tr><th>序号</th><th>工 作 步 骤</th><th>注 意 事 项</th></tr>
<tr><td colspan="3">进行线路绝缘电阻测试（线路已满足设计要求）：</td></tr>
<tr><td>1</td><td>断开灯具底座处的火线和零线，安装各回路灯具。</td><td rowspan="9">1. 确保兆欧表是良好的。
2. 顺时针由慢而快转动兆欧表手柄，转速达 120r/min 左右时，保持匀速转动，1 分钟后边摇边读数，绝缘电阻大于等于 0.5MΩ 时为合格。测量完毕，边慢摇边拆线，然后将被测设备放电。兆欧表未停止转动之前或被测设备未放电之前，严禁用手触及。拆线时，也不要触及导线金属部分。</td></tr>
<tr><td>2</td><td>申请借用兆欧表。</td></tr>
<tr><td>3</td><td>对兆欧表进行开路和短路试验。</td></tr>
<tr><td>4</td><td>确保电源箱总开关断开，合上吸顶灯、镜前灯、普通插座线路电源开关。</td></tr>
<tr><td>5</td><td>合上吸顶灯、镜前灯线路开关。</td></tr>
<tr><td>6</td><td>测量火线与零线间的绝缘电阻。将兆欧表“L”端子接电源箱总开关出线端火线，“E”端子接电源箱零线汇流排。</td></tr>
<tr><td>7</td><td>测量火线对地绝缘电阻。将兆欧表“L”端子接电源箱总开关出线端火线，“E”端子接电源箱地线汇流排。</td></tr>
<tr><td>8</td><td>测量零线对地绝缘电阻。将兆欧表“L”端子接电源箱总开关出线端零线，“E”端子接电源箱地线汇流排。</td></tr>
<tr><td>9</td><td>归还兆欧表。所有绝缘电阻均大于等于 0.5MΩ，线路满足通电条件，将兆欧表放回原位。</td></tr>
</table>

<table>
<tr><td rowspan="3">计划评价</td><td>班级</td><td></td><td>第（　　）组</td><td>组长签字</td><td></td></tr>
<tr><td>教师签字</td><td></td><td>日期</td><td colspan="2"></td></tr>
<tr><td colspan="5">评语：</td></tr>
</table>

2.1.4.3　检查线路的决策单

<table>
<tr><td>学习场</td><td colspan="6">安装家居照明线路</td></tr>
<tr><td>学习情境 2</td><td colspan="4">安装一房一厅照明线路</td><td>学时</td><td>5 分钟</td></tr>
<tr><td>典型工作步骤 4 描述</td><td colspan="6">用万用表欧姆挡检查一房一厅所有照明线路能否实现设计要求。用兆欧表测量绝缘电阻，检查导线和设备对地绝缘电阻，以及导线间、设备间、导线与设备间绝缘电阻是否大于等于 0.5MΩ，满足通电条件。</td></tr>
<tr><td colspan="7">计　划　对　比</td></tr>
<tr><td>序号</td><td>可行性</td><td>经济性</td><td>可操作性</td><td>安全性</td><td>实施难度</td><td>综合评价</td></tr>
<tr><td>1</td><td></td><td></td><td></td><td></td><td></td><td></td></tr>
<tr><td>2</td><td></td><td></td><td></td><td></td><td></td><td></td></tr>
<tr><td>3</td><td></td><td></td><td></td><td></td><td></td><td></td></tr>
<tr><td>4</td><td></td><td></td><td></td><td></td><td></td><td></td></tr>
<tr><td>5</td><td></td><td></td><td></td><td></td><td></td><td></td></tr>
<tr><td>6</td><td></td><td></td><td></td><td></td><td></td><td></td></tr>
<tr><td>7</td><td></td><td></td><td></td><td></td><td></td><td></td></tr>
<tr><td></td><td></td><td></td><td></td><td></td><td></td><td></td></tr>
<tr><td></td><td></td><td></td><td></td><td></td><td></td><td></td></tr>
<tr><td></td><td></td><td></td><td></td><td></td><td></td><td></td></tr>
<tr><td></td><td></td><td></td><td></td><td></td><td></td><td></td></tr>
<tr><td rowspan="3">决策评价</td><td>班级</td><td></td><td>第（　　）组</td><td>组长签字</td><td colspan="2"></td></tr>
<tr><td>教师签字</td><td></td><td>日期</td><td colspan="3"></td></tr>
<tr><td colspan="6">评语：</td></tr>
</table>

2.1.4.4　检查线路的实施单

学习场	安装家居照明线路		
学习情境 2	安装一房一厅照明线路	学时	50 分钟
典型工作步骤 4 描述	用万用表欧姆挡检查一房一厅所有照明线路能否实现设计要求。用兆欧表测量绝缘电阻，检查导线和设备对地绝缘电阻，以及导线间、设备间、导线与设备间绝缘电阻是否大于等于 0.5MΩ，满足通电条件。		

序号	实 施 步 骤	注 意 事 项
检查线路是否满足设计要求：		
进行线路绝缘电阻测试（线路已满足设计要求）：		
实施说明：		

实施评价	班级		第（　　）组	组长签字	
	教师签字		日期		
	评语：				

2.1.4.5 检查线路的检查单

<table>
<tr><td colspan="2">学习场</td><td colspan="4">安装家居照明线路</td></tr>
<tr><td colspan="2">学习情境 2</td><td colspan="2">安装一房一厅照明线路</td><td>学时</td><td>10 分钟</td></tr>
<tr><td colspan="2">典型工作步骤 4 描述</td><td colspan="4">用万用表欧姆挡检查一房一厅所有照明线路能否实现设计要求。用兆欧表测量绝缘电阻，检查导线和设备对地绝缘电阻，以及导线间、设备间、导线与设备间绝缘电阻是否大于等于 0.5MΩ，满足通电条件。</td></tr>
<tr><td>序号</td><td>检 查 项 目</td><td colspan="2">检 查 标 准</td><td>学生自查</td><td>教师检查</td></tr>
<tr><td>1</td><td>万用表检查线路</td><td colspan="2">会用万用表欧姆挡检查两地控制一灯线路是否满足设计要求。</td><td></td><td></td></tr>
<tr><td>2</td><td>兆欧表测量绝缘电阻</td><td colspan="2">会用兆欧表测量火线对地、零线对地和火线零线之间的绝缘电阻。</td><td></td><td></td></tr>
<tr><td>3</td><td>绝缘电阻合格的标准</td><td colspan="2">绝缘电阻≥0.5MΩ。</td><td></td><td></td></tr>
<tr><td></td><td></td><td colspan="2"></td><td></td><td></td></tr>
<tr><td></td><td></td><td colspan="2"></td><td></td><td></td></tr>
<tr><td></td><td></td><td colspan="2"></td><td></td><td></td></tr>
<tr><td></td><td></td><td colspan="2"></td><td></td><td></td></tr>
<tr><td></td><td></td><td colspan="2"></td><td></td><td></td></tr>
</table>

<table>
<tr><td rowspan="3">检查评价</td><td>班级</td><td></td><td>第（ ）组</td><td>组长签字</td><td></td></tr>
<tr><td>教师签字</td><td></td><td>日期</td><td colspan="2"></td></tr>
<tr><td colspan="5">评语：</td></tr>
</table>

学习情境 2-28

2.1.5　测试验收线路

2.1.5.1　测试验收线路的资讯单

学习场	安装家居照明线路		
学习情境 2	安装一房一厅照明线路	学时	5 分钟
典型工作步骤 5 描述	列出安全用电注意事项。教师监护，学生操作，测试验收一房一厅照明线路。		
搜集资讯的方式	（学生填写）		
资讯描述	（学生填写） 安全用电注意事项：		
对学生的要求	如有疑问，先组内交流，最后向指导教师咨询。		
参考资料			

2.1.5.2　测试验收线路的计划单

<table>
<tr><td colspan="2">学习场</td><td colspan="6">安装家居照明线路</td></tr>
<tr><td colspan="2">学习情境 2</td><td colspan="4">安装一房一厅照明线路</td><td>学时</td><td>10 分钟</td></tr>
<tr><td colspan="2">典型工作步骤 5 描述</td><td colspan="6">列出安全用电注意事项。教师监护，学生操作，测试验收一房一厅照明线路。</td></tr>
<tr><td colspan="2">计划制订的方式</td><td colspan="6">小组讨论</td></tr>
<tr><td>序号</td><td colspan="2">工 作 步 骤</td><td colspan="5">具体工作内容或作用</td></tr>
<tr><td></td><td colspan="2"></td><td colspan="5"></td></tr>
<tr><td></td><td colspan="2"></td><td colspan="5"></td></tr>
<tr><td></td><td colspan="2"></td><td colspan="5"></td></tr>
<tr><td></td><td colspan="2"></td><td colspan="5"></td></tr>
<tr><td></td><td colspan="2"></td><td colspan="5"></td></tr>
<tr><td></td><td colspan="2"></td><td colspan="5"></td></tr>
<tr><td></td><td colspan="2"></td><td colspan="5"></td></tr>
<tr><td></td><td colspan="2"></td><td colspan="5"></td></tr>
<tr><td></td><td colspan="2"></td><td colspan="5"></td></tr>
<tr><td></td><td colspan="2"></td><td colspan="5"></td></tr>
<tr><td></td><td colspan="2"></td><td colspan="5"></td></tr>
<tr><td></td><td colspan="2"></td><td colspan="5"></td></tr>
<tr><td></td><td colspan="2"></td><td colspan="5"></td></tr>
<tr><td colspan="2" rowspan="3">计划评价</td><td>班级</td><td></td><td>第（　　）组</td><td>组长签字</td><td colspan="2"></td></tr>
<tr><td>教师签字</td><td></td><td>日期</td><td colspan="3"></td></tr>
<tr><td colspan="6">评语：</td></tr>
</table>

学习情境 2-30

2.1.5.3 测试验收线路的决策单

学习场	安装家居照明线路					
学习情境 2	安装一房一厅照明线路			学时	5 分钟	
典型工作步骤 5 描述	列出安全用电注意事项。教师监护，学生操作，测试验收一房一厅照明线路。					
计　划　对　比						
序号	可行性	经济性	可操作性	安全性	实施难度	综合评价
1						
2						
3						
4						
5						
6						
7						
8						
9						
10						
决策评价	班级		第（　　）组	组长签字		
	教师签字		日期			
	评语：					

2.1.5.4　测试验收线路的实施单

学习场	安装家居照明线路		
学习情境 2	安装一房一厅照明线路	学时	15 分钟
典型工作步骤 5 描述	列出安全用电注意事项。教师监护，学生操作，测试验收一房一厅照明线路。		

序号	实 施 步 骤	具体工作内容、作用或注意事项
1	合上实训室总配电箱开关。	房屋内电源箱门上指示灯亮，表示电源正常。
2	确保吸顶灯、镜前灯线路开关断开。	防止带负荷合闸，养成良好的安全用电习惯。
3	合上电源箱总开关。	
4	合上吸顶灯、镜前灯、插座线路电源开关。	
5	检查吸顶灯线路。	依次合上吸顶灯 2 个双控开关，吸顶灯正常亮、灭，实现两地控制一灯。
6	检查镜前灯线路。	分别合上、断开镜前灯开关，镜前灯正常亮、灭，实现单控。
7	检查插座线路。	用电源插座测试仪检查。
8	所有线路合格，断开吸顶灯、镜前灯控制开关。	检查线路合格后，断开吸顶灯、镜前灯控制开关，吸顶灯、镜前灯灭，以防止带负荷拉闸，养成良好的安全用电习惯。
9	断开吸顶灯、镜前灯、插座线路电源开关。	
10	断开电源箱总开关。	断开电源箱总开关和所有线路电源开关。确保拆除线路时，不会带电操作，养成良好的安全用电习惯。
11	测试验收线路结束。	填写照明电路验收表（附录 2）。
12	拆除各线路电源侧火线、零线、地线。	
13	拆除灯具，整理恢复原状归位。	注意找齐灯具的螺丝、固定螺钉。

续表

序号	实施步骤	具体工作内容、作用或注意事项
14	拆除开关、插座，整理恢复原状归位。	注意找齐开关的螺丝、固定螺钉。
15	拆除吸顶灯、镜前灯、插座线路上的导线。	拆除过程，要注意安全，避免操作人员受伤；不要用力过猛，防止损坏管线、板材等。
16	将所有实训设备材料归位，整齐摆放。	
17	清扫工作现场。	
实施说明：教师可根据实训实际现场条件进一步调整、完善具体实施步骤。		

<table>
<tr><td rowspan="3">实施评价</td><td>班级</td><td></td><td>第（　　）组</td><td>组长签字</td><td></td></tr>
<tr><td>教师签字</td><td></td><td>日期</td><td colspan="2"></td></tr>
<tr><td colspan="5">评语：</td></tr>
</table>

2.1.5.5　测试验收线路的检查单

<table>
<tr><td>学习场</td><td colspan="5">安装家居照明线路</td></tr>
<tr><td>学习情境 2</td><td colspan="3">安装一房一厅照明线路</td><td>学时</td><td>5 分钟</td></tr>
<tr><td>典型工作步骤 5 描述</td><td colspan="5">列出安全用电注意事项。教师监护，学生操作，测试验收一房一厅照明线路。</td></tr>
<tr><td>序号</td><td>检 查 项 目</td><td colspan="2">检 查 标 准</td><td>学生自查</td><td>教师检查</td></tr>
<tr><td>1</td><td>安全用电常识</td><td colspan="2">能说出 3～5 点安全用电常识。</td><td></td><td></td></tr>
<tr><td>2</td><td>检测电源</td><td colspan="2">会用万用表交流电压挡测量电源电压。</td><td></td><td></td></tr>
<tr><td>3</td><td>测试验收线路操作过程</td><td colspan="2">能正确操作通电过程。</td><td></td><td></td></tr>
<tr><td></td><td></td><td colspan="2"></td><td></td><td></td></tr>
<tr><td></td><td></td><td colspan="2"></td><td></td><td></td></tr>
<tr><td></td><td></td><td colspan="2"></td><td></td><td></td></tr>
<tr><td></td><td></td><td colspan="2"></td><td></td><td></td></tr>
<tr><td></td><td></td><td colspan="2"></td><td></td><td></td></tr>
</table>

<table>
<tr><td rowspan="3">检查评价</td><td>班级</td><td></td><td>第（　　）组</td><td>组长签字</td><td></td></tr>
<tr><td>教师签字</td><td></td><td>日期</td><td colspan="2"></td></tr>
<tr><td colspan="5">评语：</td></tr>
</table>

学习情境 2-34

2.2　安装一房一厅照明线路评价单

<table>
<tr><td>学习场</td><td colspan="4">安装家居照明线路</td></tr>
<tr><td>学习情境 2</td><td colspan="2">安装一房一厅照明线路</td><td>学时</td><td>480 分钟</td></tr>
<tr><td>典型工作过程描述</td><td colspan="4">绘制原理图—设计安装位置—安装线路—检查线路—测试验收线路</td></tr>
<tr><td>评价项目</td><td>评价子项目配分</td><td>学生自评</td><td>组内评价</td><td>教师评价</td></tr>
<tr><td>绘制原理图
（10 分）</td><td>1. 资讯 2 分；2. 计划 2 分；3. 决策 1 分；4. 实施 3 分；5. 检查 1 分；6. 评价 1 分。</td><td></td><td></td><td></td></tr>
<tr><td>设计安装位置
（10 分）</td><td>1. 资讯 2 分；2. 计划 2 分；3. 决策 1 分；4. 实施 3 分；5. 检查 1 分；6. 评价 1 分。</td><td></td><td></td><td></td></tr>
<tr><td>安装线路
（35 分）</td><td>1. 资讯 5 分；2. 计划 5 分；3. 决策 5 分；4. 实施 10 分；5. 检查 5 分；6. 评价 5 分。</td><td></td><td></td><td></td></tr>
<tr><td>检查线路
（26 分）</td><td>1. 资讯 2 分；2. 计划 4 分；3. 决策 2 分；4. 实施 10 分；5. 检查 6 分；6. 评价 2 分。</td><td></td><td></td><td></td></tr>
<tr><td>测试验收线路
（19 分）</td><td>1. 资讯 2 分；2. 计划 5 分；3. 决策 2 分；4. 实施 6 分；5. 检查 2 分；6. 评价 2 分。</td><td></td><td></td><td></td></tr>
<tr><td>成绩
（学生签名：　）</td><td>1. 资讯 13 分；2. 计划 18 分；3. 决策 11 分；4. 实施 32 分；5. 检查 15 分；6. 评价 11 分。</td><td></td><td></td><td></td></tr>
<tr><td rowspan="3">评价的评价</td><td>班级</td><td></td><td>第（　）组</td><td>组长签字</td></tr>
<tr><td>教师签字</td><td></td><td>日期</td><td></td></tr>
<tr><td colspan="4">评语：</td></tr>
</table>

2.3 材料工具清单

学习场	安装家居照明线路				
学习情境 2	安装一房一厅照明线路			学时	480 分钟
典型工作过程描述	绘制原理图—设计安装位置—安装线路—检查线路—测试验收线路				
序号	名称	作用	数量	型号规格	使用者
1	镜前灯	照明		灯源长度为 0.61m，T5 普通直管（LED），功率为 10W	
2	吸顶灯	照明		输入电源：220V，50Hz 交流；功率 20W，吸顶节能灯尺寸约为 300mm × 300mm；家装类	
3	BLV 线	导线		直径 2.5mm	
4	1 开双控开关	控制灯具接通或断开电源		86 面板，家装类暗装	
5	1 开 1 控开关	控制灯具接通或断开电源		86 面板，家装类暗装	
6	单相三极插座	给用电器提供电源		86 面板，家装类暗装	
7	开关、插座底盒	固定开关、插座		86 面板，家装类暗装	
8	卡扣	固定底盒		定制，松菱电气	
9	螺丝	固定底盒		固定螺丝	
10	PVC 管	布线		直径 20mm	
11	PVC 直通管接头	两根 PVC 管之间“一”字连接		直径 20mm	
12	PVC 90°两通直角弯管	两根 PVC 管之间直角连接		直径 20mm	

续表

序号	名　称	作　　用	数量	型 号 规 格	使用者
13	电工工具	安装线路		1. 大、小十字螺丝刀一把。 2. 大、小一字螺丝刀一把。 3. 四合一多功能剥线钳（压线钳，剪削钳，去皮钳）。 4. 30cm 钢尺一把。 5. 160mm 规格尖嘴钳一把，斜口钳一把。 6. 电工腰带一根	
14	其他工具	安装线路		1. 剪管刀一把。 2. 万用表一只。 3. ϕ20 PVC 弯管弹簧一根	
15	尼龙扎带	固定管线		HDS-100M，长度 200mm	
16	电工绝缘胶布	导线绝缘恢复		公牛 PVC 电气绝缘胶带；9m 防水耐高温高压阻燃电工电线彩黑色胶布	
17	兆欧表	测量导线对地、两导线间的绝缘电阻		500V	
18	电源插座测试仪	检测插座接线		GN-J01	

班级		第（　　）组	组长签字	
教师签字		日期		

2.4　教学反馈单

学习场		安装家居照明线路		
学习情境 2		安装一房一厅照明线路	学时	480 分钟
典型工作过程描述		绘制原理图—设计安装位置—安装线路—检查线路—测试验收线路		
调查项目	序号	调 查 内 容	理由描述	
您对本次课程教学的改进意见：				
调查信息	被调查人姓名		调查日期	

Learning scenario 2
Lighting circuit installation of one-bedroom apartments

2.0 Learning worksheet

<table>
<tr><td>Learning field</td><td colspan="6">Installation of household lighting circuits</td></tr>
<tr><td>Learning scenario 2</td><td colspan="3">Lighting circuit installation of one-bedroom apartments</td><td colspan="2">Teaching time</td><td>480 minutes</td></tr>
<tr><td>Description of the typical working processes</td><td colspan="6">Schematic diagram drawing – installation position design – circuit installation– circuit inspection – circuit testing and acceptance</td></tr>
<tr><td>Learning objectives</td><td colspan="6">1. Be able to lay lighting circuits of one-bedroom apartments.
2. Comply with construction codes for electrical engineering.
3. Develop an awareness of electricity safety.</td></tr>
<tr><td>Task description</td><td colspan="6">1. According to the given system diagram, draw a working schematic diagram, a layout plan, and an installation and wiring diagram of the lighting circuits of a one-bedroom apartment.
2. Perform concealed wiring and installation of lighting circuits in a one-bedroom apartment (length: 1,500 mm, width: 1,500 mm, height: 2,400 mm, walls are made of 2 mm galvanized mesh panels). Requirements: ① Install a two-site control ceiling lamp in the living room; ② Install a single-control mirror lamp and a five-pole ordinary socket in the room; ③ The task must be completed within one day.</td></tr>
<tr><td>Teaching schedule</td><td>Information: 30 minutes</td><td>Planning: 50 minutes</td><td>Decision: 25 minutes</td><td>Implementation: 315 minutes</td><td>Check: 35 minutes</td><td>Assessment: 25 minutes</td></tr>
<tr><td>Requirements for students</td><td colspan="6">1. Prior to the practical training, familiarize yourself with the learning worksheet and teaching guidance.
2. Complete the practical training task of the day following the instructions promptly.
3. Always be quiet in the practical training room; keep your voice down while communicating with group members; laughing, making noise, or any other action irrelevant to the task is not allowed lest the practical training of others be disturbed.
4. During the practical training, copying of others' practical training records is not allowed. Otherwise, a new record is required. In case of any doubt, ask your instructor for guidance before proceeding.
5. The practical training room must be cleaned daily by the student on duty; the room must be kept tidy; the power supply must be turned off, and doors and windows must be closed.</td></tr>
<tr><td>References</td><td colspan="6">Unified Standard for Building Drawings (GB/T 50001–2017)
Code for Acceptance of Construction Quality of Building Electrical Engineering (GB 50303–2015)</td></tr>
</table>

2.1 Teaching guidance

Learning field	Installation of household lighting circuits	Learning scenario 2	Lighting circuit installation of one-bedroom apartments	Reference frame	Task description: concealed lighting circuit installation of one-bedroom apartments	
General working processes / Typical working processes	Information	Planning	Decision	Implementation	Check	Assessment
Schematic diagram drawing	Based on the given system diagram, draw the circuit schematic diagrams of a two-site control ceiling lamp, a single-control mirror lamp, and an ordinary socket; determine individual working responsibility; complete 2.1.1.1 Information sheet for schematic diagram drawing.	Through group discussion, consultation with experts, etc., develop a plan to draw a working schematic diagram of the circuit of a two-site control lamp; complete 2.1.1.2 Planning sheet for schematic diagram drawing.	Analyse, compare, and assess the merits and shortcomings of each plan, rate them, and select the optimal plan based on feasibility, economy, operability, and implementation difficulty.	Draw the circuit schematic diagrams of a two-site control ceiling lamp, a single-control mirror lamp, and an ordinary socket through group discussion and other means; complete 2.1.1.4 Implementation sheet for schematic diagram drawing.	Conduct self-check by students and check by the teacher according to the check items and check criteria included in 2.1.1.5 Check sheet for schematic diagram drawing.	Conduct self-assessment, peer assessment, and teacher assessment according to the assessment points of subitems and complete 2.2 Assessment sheet for lighting circuit installation of one-bedroom apartments.
Installation position design	Identify the given structure size of the one-bedroom apartment on-site; propose positions where lamps, switches and sockets can be installed; complete 2.1.2.1 Information sheet for installation position design.	Prepare a positioning plan for the lighting circuit of a one-bedroom apartment through group discussion and other means; complete 2.1.2.2 Planning sheet for installation position design.	Analyse, compare, and assess the merits and shortcomings of each plan, rate them, and select the optimal plan based on feasibility, economy, operability, safety, and implementation difficulty.	According to the actual location of the concealed output pipe from the power supply box on-site, determine the optimal layout and draw a lighting circuit layout plan of a one-bedroom apartment finalized by the group based on on-site inspection and group discussion. Installation height instructions: Installation positions of switches shall be 1.2 - 1.4 m above the ground; no requirements are set for the distance between switches and the door frame due to the actual constraints at the working site; the bottom edge of the air-conditioning socket shall be 2 m above the ground and that of the ordinary socket shall be 0.3 m above the ground; the mirror lamp holder shall be 1.8 m above the ground; other lamps shall be installed as ceiling lamps.	Conduct self-check by students and check by the teacher according to the check items and check criteria included in 2.1.2.5 Check sheet for installation position design.	Conduct self-assessment, peer assessment, and teacher assessment according to the assessment points of subitems and complete 2.2 Assessment sheet for lighting circuit installation of one-bedroom apartments.

Continue

Learning field	Installation of house-hold lighting circuits	Learning scenario 2	Lighting circuit in-stallation of one-bedroom apartments	Reference frame	Task description: concealed lighting circuit installation of one-bedroom apartments	
General working processes / Typical working processes	Information	Planning	Decision	Implementation	Check	Assessment
Circuit installation	Determine individual working responsibility. Perform concealed wiring and installation of lighting circuits in a one-bedroom apartment (length: 1,500 mm, width: 1,500 mm, height: 2,400 mm, walls are made of 2 mm galvanized mesh panels). According to the finalized layout plan, draw an installation and wiring diagram; present the advantages and disadvantages of concealed wiring; identify safety symbols; develop an awareness of electricity safety; complete 2.1.3.1 Information sheet for circuit installation.	Prepare an installation plan for the lighting circuit of a one-bedroom apartment through group discussion and other means; complete 2.1.3.2 Planning sheet for circuit installation.	Analyse, compare, and assess the merits and shortcomings of each plan, rate them, and select the optimal plan based on feasibility, economy, operability, safety, and implementation difficulty.	Complete the list of materials and tools according to the installation and wiring diagram; the material clerk is responsible for receiving lamps, piping and other auxiliary materials. First, fix the switch, the socket bottom box and the lamp holder; then deploy and fix the PVC pipe; use a wire threader to thread the live wire, neutral wire, and earth wire of each circuit; connect the switch socket and complete the circuit installation.	Conduct self-check by students and check by the teacher according to the check items and check criteria included in 2.1.3.5 Check sheet for circuit installation.	Conduct self-assessment, peer assessment, and teacher assessment according to the assessment points of subitems and complete 2.2 Assessment sheet for lighting circuit installation of one-bedroom apartments.

Continue

Learning field	Installation of household lighting circuits	Learning scenario 2	Lighting circuit installation of one-bedroom apartments	Reference frame	Task description: concealed lighting circuit installation of one-bedroom apartments	
General working processes / Typical working processes	Information	Planning	Decision	Implementation	Check	Assessment
Circuit inspection	The resistance range of a multimeter can be used to measure whether the circuit is on or off; a megohmmeter can be used to measure the insulation resistance. In general, to meet the energized conditions, the ground insulation resistance of wires and equipment, as well as the insulation resistance between wires, between equipment, and between wires and equipment, shall be greater than or equal to 0.5 MΩ.	Prepare an inspection plan for the lighting circuit of a one-bedroom apartment through group discussion and other means; complete 2.1.4.2 Planning sheet for circuit inspection.	Analyse, compare, and assess the merits and shortcomings of each plan, rate them, and select the optimal plan based on feasibility, economy, operability, safety, and implementation difficulty.	Use the ×1 resistance range of the multimeter to determine whether the installed lighting circuit can meet the design requirements. Use the megohmmeter to measure the ground insulation resistance of the live and neutral wires, and that between the live and neutral wires.	Conduct self-check by students and check by the teacher according to the check items and check criteria included in 2.1.4.5 Check sheet for circuit inspection.	Conduct self-assessment, peer assessment, and teacher assessment according to the assessment points of subitems and complete 2.2 Assessment sheet for lighting circuit installation of one-bedroom apartments.

Continue

Learning field	Installation of household lighting circuits	Learning scenario 2	Lighting circuit installation of one-bedroom apartments	Reference frame	Task description: concealed lighting circuit installation of one-bedroom apartments	
General working processes / Typical working processes	Information	Planning	Decision	Implementation	Check	Assessment
Circuit testing and acceptance	Through online search, group discussion, etc., list precautions for electricity safety. Under the supervision of teacher, students use the master power distribution box – sub distribution box (room power supply box) in the practical training room to provide power and connect the circuits of the one-bedroom apartment to perform circuit testing and acceptance.	Prepare a circuit testing and acceptance plan for the lighting circuit of a one-bedroom apartment through group discussion and other means; complete 2.1.5.2 Planning sheet for circuit testing and acceptance.	Analyse, compare, and assess the merits and shortcomings of each plan, rate them, and select the optimal plan based on feasibility, economy, operability, safety, and implementation difficulty.	Turn on the power supply; sequentially inspect the ceiling lamp, the mirror lamp, and the socket circuit; complete the circuit testing and acceptance; fill in the Acceptance sheet for lighting circuit (see Appendix 2). Finally, arrange and clean the working site.	Conduct self-check by students and check by the teacher according to the check items and check criteria included in 2.1.5.5 Check sheet for circuit testing and acceptance.	Conduct self-assessment, peer assessment, and teacher assessment according to the assessment points of subitems and complete 2.2 Assessment sheet for lighting circuit installation of one-bedroom apartments.

2.1.1 Schematic diagram drawing

2.1.1.1 Information sheet for schematic diagram drawing

<table>
<tr><td>Learning field</td><td colspan="3">Installation of household lighting circuits</td></tr>
<tr><td>Learning scenario 2</td><td>Lighting circuit installation of one-bedroom apartments</td><td>Teaching time</td><td>5 minutes</td></tr>
<tr><td>Description of the typical working step 1</td><td colspan="3">Based on the given system diagram, draw the circuit schematic diagrams of a two-site control ceiling lamp, a single-control mirror lamp, and an ordinary socket.</td></tr>
<tr><td>Information collection methods</td><td colspan="3">Online search, group discussion, etc.</td></tr>
<tr><td>Information description</td><td colspan="3">1. System diagram of household power supply (Figure. 2.1.1)
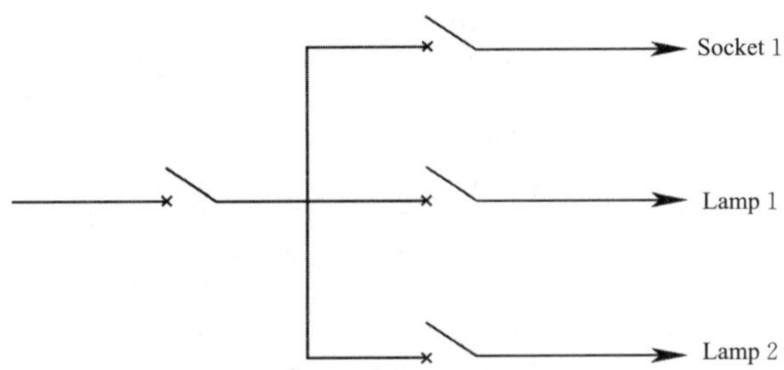

Figure 2.1.1　System diagram of household power supply

2. Drawing

3. Complete the task assignment table (Table 2.1.1)

Table 2.1.1　Task assignment table
<table>
<tr><th>Division of labor</th><th>Positions</th><th>Number of students</th><th>Students' name</th><th>Notes</th></tr>
<tr><td>Team/Group leader</td><td>Group leader</td><td>1</td><td></td><td>Responsible for the organization and management of the group</td></tr>
<tr><td>Design</td><td>Designer</td><td></td><td></td><td>Responsible for the design of the group's lighting circuits</td></tr>
<tr><td>Drafting</td><td>Draftsperson</td><td></td><td></td><td>Responsible for the drawing of the group's lighting circuits</td></tr>
</table>
</td></tr>
<tr><td>Requirements for students</td><td colspan="3">Search for relevant knowledge online. In case of any doubt, discuss with your group members, then ask your instructor for guidance.</td></tr>
<tr><td>References</td><td colspan="3"></td></tr>
</table>

2.1.1.2 Planning sheet for schematic diagram drawing

<table>
<tr><td>Learning field</td><td colspan="5">Installation of household lighting circuits</td></tr>
<tr><td>Learning scenario 2</td><td colspan="2">Lighting circuit installation of one-bedroom apartments</td><td>Teaching time</td><td colspan="2">5 minutes</td></tr>
<tr><td>Description of the typical working step 1</td><td colspan="5">Based on the given system diagram, draw the circuit schematic diagrams of a two-site control ceiling lamp, a single-control mirror lamp, and an ordinary socket.</td></tr>
<tr><td>Planning methods</td><td colspan="5">Group discussion and consultation with experts</td></tr>
<tr><td>Number</td><td colspan="2">Working steps</td><td colspan="3">Notice</td></tr>
<tr><td>1</td><td colspan="2">Prepare the drawing tools.</td><td colspan="3"></td></tr>
<tr><td>2</td><td colspan="2">Determine the graphic symbols of lamps and switches.</td><td colspan="3"></td></tr>
<tr><td>3</td><td colspan="2">Determine the layout of lamps and switches and draw the graphic symbols on paper.</td><td colspan="3"></td></tr>
<tr><td>4</td><td colspan="2">Draw a working schematic diagram of the circuit of a two-site control ceiling lamp.</td><td colspan="3">Master the correct wiring of using two dual-control switches to control a two-site control lamp.</td></tr>
<tr><td>5</td><td colspan="2">Draw a working schematic diagram of the circuit of a single-control mirror lamp.</td><td colspan="3"></td></tr>
<tr><td>6</td><td colspan="2">Draw a working schematic diagram of the circuit of an ordinary socket.</td><td colspan="3"></td></tr>
<tr><td rowspan="3">Plan assessment</td><td>Class</td><td></td><td>Group ( )</td><td>Group leader's signature</td><td></td></tr>
<tr><td>Teacher's signature</td><td></td><td>Date</td><td colspan="2"></td></tr>
<tr><td colspan="5">Comments:</td></tr>
</table>

2.1.1.3 Decision sheet for schematic diagram drawing

<table>
<tr><td colspan="2">Learning field</td><td colspan="5">Installation of household lighting circuits</td></tr>
<tr><td colspan="2">Learning scenario 2</td><td colspan="2">Lighting circuit installation of one-bedroom apartments</td><td>Teaching time</td><td colspan="2">5 minutes</td></tr>
<tr><td colspan="2">Description of the typical working step 1</td><td colspan="5">Based on the given system diagram, draw the circuit schematic diagrams of a two-site control ceiling lamp, a single-control mirror lamp, and an ordinary socket.</td></tr>
<tr><td colspan="7">Plan comparison</td></tr>
<tr><td>Number</td><td colspan="2">Feasibility</td><td>Economy</td><td>Operability</td><td>Implementation difficulty</td><td>Integrated assessment</td></tr>
<tr><td>1</td><td colspan="2"></td><td></td><td></td><td></td><td></td></tr>
<tr><td>2</td><td colspan="2"></td><td></td><td></td><td></td><td></td></tr>
<tr><td>3</td><td colspan="2"></td><td></td><td></td><td></td><td></td></tr>
<tr><td>4</td><td colspan="2"></td><td></td><td></td><td></td><td></td></tr>
<tr><td>5</td><td colspan="2"></td><td></td><td></td><td></td><td></td></tr>
<tr><td>6</td><td colspan="2"></td><td></td><td></td><td></td><td></td></tr>
<tr><td>7</td><td colspan="2"></td><td></td><td></td><td></td><td></td></tr>
<tr><td>8</td><td colspan="2"></td><td></td><td></td><td></td><td></td></tr>
<tr><td>9</td><td colspan="2"></td><td></td><td></td><td></td><td></td></tr>
<tr><td>10</td><td colspan="2"></td><td></td><td></td><td></td><td></td></tr>
<tr><td rowspan="3">Decision assessment</td><td colspan="2">Class</td><td></td><td>Group ( )</td><td>Group leader's signature</td><td></td></tr>
<tr><td colspan="2">Teacher's signature</td><td></td><td>Date</td><td colspan="2"></td></tr>
<tr><td colspan="6">Comments:</td></tr>
</table>

2.1.1.4 Implementation sheet for schematic diagram drawing

<table>
<tr><td colspan="2">Learning field</td><td colspan="4">Installation of household lighting circuits</td></tr>
<tr><td colspan="2">Learning scenario 2</td><td colspan="2">Lighting circuit installation of one-bedroom apartments</td><td>Teaching time</td><td>20 minutes</td></tr>
<tr><td colspan="2">Description of the typical working step 1</td><td colspan="4">Based on the given system diagram, draw the circuit schematic diagrams of a two-site control ceiling lamp, a single-control mirror lamp, and an ordinary socket.</td></tr>
<tr><td>Number</td><td colspan="2">Implementation steps</td><td colspan="3">Working schematic diagram</td></tr>
<tr><td>1</td><td colspan="2"></td><td colspan="3" rowspan="12">Working schematic diagram of the circuit of a two-site control lamp:

Working schematic diagram of the circuit of a single-control mirror lamp:

Working schematic diagram of the circuit of an ordinary socket:</td></tr>
<tr><td>2</td><td colspan="2"></td></tr>
<tr><td>3</td><td colspan="2"></td></tr>
<tr><td>4</td><td colspan="2"></td></tr>
<tr><td>5</td><td colspan="2"></td></tr>
<tr><td></td><td colspan="2"></td></tr>
<tr><td></td><td colspan="2"></td></tr>
<tr><td></td><td colspan="2"></td></tr>
<tr><td></td><td colspan="2"></td></tr>
<tr><td></td><td colspan="2"></td></tr>
<tr><td></td><td colspan="2"></td></tr>
<tr><td></td><td colspan="2"></td></tr>
<tr><td colspan="6">Implementation note:</td></tr>
</table>

<table>
<tr><td rowspan="3">Implementation assessment</td><td>Class</td><td></td><td>Group ( )</td><td>Group leader's signature</td><td></td></tr>
<tr><td>Teacher's signature</td><td></td><td>Date</td><td colspan="2"></td></tr>
<tr><td colspan="5">Comments:</td></tr>
</table>

2.1.1.5 Check sheet for schematic diagram drawing

<table>
<tr><td colspan="2">Learning field</td><td colspan="4">Installation of household lighting circuits</td></tr>
<tr><td colspan="2">Learning scenario 2</td><td>Lighting circuit installation of one-bedroom apartments</td><td>Teaching time</td><td colspan="2">10 minutes</td></tr>
<tr><td colspan="2">Description of the typical working step 1</td><td colspan="4">Based on the given system diagram, draw the circuit schematic diagrams of a two-site control ceiling lamp, a single-control mirror lamp, and an ordinary socket.</td></tr>
<tr><td>Number</td><td>Check items</td><td>Check criteria</td><td colspan="2">Self-check by students</td><td>Check by the teacher</td></tr>
<tr><td>1</td><td>The structure of one-way dual-control switches</td><td>Be able to present the components of a one-way dual-control switch: one moving contact and two static contacts.</td><td colspan="2"></td><td></td></tr>
<tr><td>2</td><td>Schematic diagram of the circuit of a two-site control lamp</td><td>Be able to draw a schematic diagram of the circuit of a two-site control lamp.</td><td colspan="2"></td><td></td></tr>
<tr><td>3</td><td>Schematic diagram of an ordinary socket circuit</td><td>Be able to draw a schematic diagram of an ordinary socket circuit.</td><td colspan="2"></td><td></td></tr>
<tr><td></td><td></td><td></td><td colspan="2"></td><td></td></tr>
<tr><td></td><td></td><td></td><td colspan="2"></td><td></td></tr>
<tr><td></td><td></td><td></td><td colspan="2"></td><td></td></tr>
<tr><td></td><td></td><td></td><td colspan="2"></td><td></td></tr>
<tr><td colspan="2" rowspan="3">Check assessment</td><td>Class</td><td></td><td>Group ( )</td><td>Group leader's signature</td></tr>
<tr><td>Teacher's signature</td><td></td><td>Date</td><td></td></tr>
<tr><td colspan="4">Comments:</td></tr>
</table>

2.1.2 Installation position design

2.1.2.1 Information sheet for installation position design

Learning field	Installation of household lighting circuits		
Learning scenario 2	Lighting circuit installation of one-bedroom apartments	Teaching time	5 minutes
Description of the typical working step 2	In a one-bedroom apartment (length: 1,500 mm, width: 1,500 mm, height: 2,400 mm), install a two-site control ceiling lamp in the living room; install a single-control mirror lamp and a five-pole ordinary socket in the bedroom; design the installation positions of the switches, sockets, and lamps.		
Information collection methods	(To be completed by the student)		
Information description	(To be completed by the student; present all the layout plans proposed by the group with schematic diagrams)		
Requirements for students	In case of any doubt, discuss with your group members, then ask your instructor for guidance.		
References			

2.1.2.2 Planning sheet for installation position design

Learning field	Installation of household lighting circuits		
Learning scenario 2	Lighting circuit installation of one-bedroom apartments	Teaching time	5 minutes
Description of the typical working step 2	In a one-bedroom apartment (length: 1,500 mm, width: 1,500 mm, height: 2,400 mm), install a two-site control ceiling lamp in the living room; install a single-control mirror lamp and a five-pole ordinary socket in the bedroom; design the installation positions of the switches, sockets, and lamps.		
Planning methods	Group discussion, consultation with teachers		

Number	Working steps	Notice

Plan assessment	Class		Group ( )	Group leader's signature	
	Teacher's signature		Date		
	Comments:				

2.1.2.3 Decision sheet for installation position design

<table>
<tr><td colspan="2">Learning field</td><td colspan="5">Installation of household lighting circuits</td></tr>
<tr><td colspan="2">Learning scenario 2</td><td colspan="2">Lighting circuit installation of one-bedroom apartments</td><td>Teaching time</td><td colspan="2">5 minutes</td></tr>
<tr><td colspan="2">Description of the typical working step 2</td><td colspan="5">In a one-bedroom apartment (length: 1,500 mm, width: 1,500 mm, height: 2,400 mm), install a two – site control ceiling lamp in the living room; install a single-control mirror lamp and a five-pole ordinary socket in the bedroom; design the installation positions of the switches, sockets, and lamps.</td></tr>
<tr><td colspan="7">Plan comparison</td></tr>
<tr><td>Number</td><td>Feasibility</td><td>Economy</td><td>Operability</td><td>Safety</td><td>Implementation difficulty</td><td>Integrated assessment</td></tr>
<tr><td>1</td><td></td><td></td><td></td><td></td><td></td><td></td></tr>
<tr><td>2</td><td></td><td></td><td></td><td></td><td></td><td></td></tr>
<tr><td>3</td><td></td><td></td><td></td><td></td><td></td><td></td></tr>
<tr><td>4</td><td></td><td></td><td></td><td></td><td></td><td></td></tr>
<tr><td>5</td><td></td><td></td><td></td><td></td><td></td><td></td></tr>
<tr><td>6</td><td></td><td></td><td></td><td></td><td></td><td></td></tr>
<tr><td>7</td><td></td><td></td><td></td><td></td><td></td><td></td></tr>
<tr><td></td><td></td><td></td><td></td><td></td><td></td><td></td></tr>
<tr><td></td><td></td><td></td><td></td><td></td><td></td><td></td></tr>
<tr><td></td><td></td><td></td><td></td><td></td><td></td><td></td></tr>
<tr><td colspan="2" rowspan="3">Decision assessment</td><td>Class</td><td></td><td>Group ( )</td><td>Group leader's signature</td><td></td></tr>
<tr><td>Teacher's signature</td><td></td><td>Date</td><td></td><td></td></tr>
<tr><td colspan="5">Comments:</td></tr>
</table>

2.1.2.4 Implementation sheet for installation position design

<table>
<tr><td>Learning field</td><td colspan="3">Installation of household lighting circuits</td></tr>
<tr><td>Learning scenario 2</td><td>Lighting circuit installation of one-bedroom apartments</td><td>Teaching time</td><td>10 minutes</td></tr>
<tr><td>Description of the typical working step 2</td><td colspan="3">In a one-bedroom apartment (length: 1,500 mm, width: 1,500 mm, height: 2,400 mm), install a two-site control ceiling lamp in the living room; install a single-control mirror lamp and a five-pole ordinary socket in the bedroom; design the installation positions of the switches, sockets, and lamps.</td></tr>
</table>

<table>
<tr><th>Number</th><th>Implementation steps</th><th>Notice</th></tr>
<tr><td>1</td><td>On-site inspection.</td><td rowspan="9">Seek optimal layout according to the actual location of the concealed out-put pipe from the power supply box on-site.</td></tr>
<tr><td>2</td><td>Discuss the circuit installation positions of the two-site control ceiling lamp and its switch in the living room.</td></tr>
<tr><td>3</td><td>Determine the installation positions of the switch and the lamp in the living room.</td></tr>
<tr><td>4</td><td>Discuss the installation positions of the single-control mirror lamp and the five-pole ordinary socket in the bedroom.</td></tr>
<tr><td>5</td><td>Determine the installation positions of the switch, the lamp, and the socket in the bedroom.</td></tr>
<tr><td></td><td></td></tr>
<tr><td></td><td></td></tr>
<tr><td></td><td></td></tr>
<tr><td></td><td></td></tr>
</table>

Continue

Implementation note:

1. Draw the layout plan of the lighting circuits of the one-bedroom apartment finalized by the group in the house structure diagram below (Figure 2.1.2).

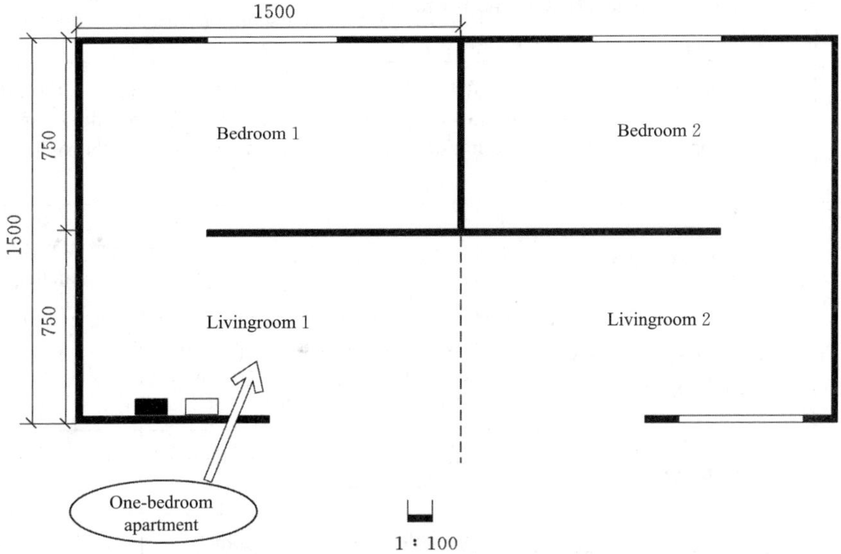

Figure 2.1.2 House structure diagram (I)

2. Installation height instructions:

(1) Installation positions of switches shall be 1.2 - 1.4 m above the ground; no requirements are set for the distance between switches and the door frame due to the actual constraints at the working site;

(2) The bottom edge of the air-conditioning socket shall be 2 m above the ground, and that of the ordinary socket shall be 0.3 m above the ground;

(3) The mirror lamp holder shall be 1.8 m above the ground; other lamps shall be installed as ceiling lamps.

Implementation assessment	Class		Group ( )	Group leader's signature	
	Teacher's signature		Date		
	Comments:				

2.1.2.5 Check sheet for installation position design

<table>
<tr><td>Learning field</td><td colspan="5">Installation of household lighting circuits</td></tr>
<tr><td>Learning scenario 2</td><td colspan="2">Lighting circuit installation of one-bedroom apartments</td><td colspan="2">Teaching time</td><td>5 minutes</td></tr>
<tr><td>Description of the typical working step 2</td><td colspan="5">In a one-bedroom apartment (length: 1,500 mm, width: 1,500 mm, height: 2,400 mm), install a two-site control ceiling lamp in the living room; install a single-control mirror lamp and a five-pole ordinary socket in the bedroom; design the installation positions of the switches, sockets, and lamps.</td></tr>
<tr><td>Number</td><td>Check items</td><td colspan="2">Check criteria</td><td>Self-check by students</td><td>Check by the teacher</td></tr>
<tr><td>1</td><td>Graphic symbols of single-tube fluorescent lamps (mirror lamps)</td><td colspan="2">Be able to draw the graphic symbols of single-tube fluorescent lamps (mirror lamps).</td><td></td><td></td></tr>
<tr><td>2</td><td>Graphic symbols of ceiling lamps</td><td colspan="2">Be able to draw graphic symbols of ceiling lamps.</td><td></td><td></td></tr>
<tr><td>3</td><td>Graphic symbols of concealed single-pole switches</td><td colspan="2">Be able to draw the graphic symbols of concealed single-pole switches.</td><td></td><td></td></tr>
<tr><td>4</td><td>Graphic symbols of concealed dual-control switches</td><td colspan="2">Be able to draw the graphic symbols of concealed dual-control switches.</td><td></td><td></td></tr>
<tr><td>5</td><td>Graphic symbols of concealed single-phase three-pole sockets (with grounding)</td><td colspan="2">Be able to draw the graphic symbols of concealed single-phase three-pole sockets (with grounding) .</td><td></td><td></td></tr>
<tr><td></td><td></td><td colspan="2"></td><td></td><td></td></tr>
<tr><td></td><td></td><td colspan="2"></td><td></td><td></td></tr>
<tr><td></td><td></td><td colspan="2"></td><td></td><td></td></tr>
<tr><td></td><td></td><td colspan="2"></td><td></td><td></td></tr>
<tr><td rowspan="3">Check assessment</td><td>Class</td><td></td><td>Group ( )</td><td>Group leader's signature</td><td></td></tr>
<tr><td>Teacher's signature</td><td></td><td>Date</td><td colspan="2"></td></tr>
<tr><td colspan="5">Comments:</td></tr>
</table>

2.1.3 Circuit installation

2.1.3.1 Information sheet for circuit installation

<table>
<tr><td>Learning field</td><td colspan="3">Installation of household lighting circuits</td></tr>
<tr><td>Learning scenario 2</td><td>Lighting circuit installation of one-bedroom apartments</td><td>Teaching time</td><td>10 minutes</td></tr>
<tr><td>Description of the typical working step 3</td><td colspan="3">Perform concealed wiring and installation in a one-bedroom apartment (length: 1,500 mm, width: 1,500 mm, height: 2,400 mm): install a two-site control ceiling lamp in the living room; install a single-control mirror lamp and a five-pole ordinary socket in the bedroom.</td></tr>
<tr><td>Information collection methods</td><td colspan="3">Consult reference books and materials, online search, group discussion, etc.</td></tr>
<tr><td>Information description</td><td colspan="3">1. Determine individual working responsibility, as shown in Table 2.1.2.

Table 2.1.2 Task assignment table
<table>
<tr><th>Division of labor</th><th>Positions</th><th>Number of students</th><th>Students' name</th><th>Notes</th></tr>
<tr><td>Team/Group leader</td><td>Group leader</td><td>1</td><td></td><td>Responsible for the organization and management of the group</td></tr>
<tr><td>Safety</td><td>Safety officer</td><td>1</td><td></td><td>Responsible for predicting and preventing safety issues during the group's practical training</td></tr>
<tr><td>Design</td><td>Designer</td><td>1</td><td></td><td>Responsible for the design and drawing of the group's lighting circuits</td></tr>
<tr><td>Construction</td><td>Constructor</td><td>1</td><td></td><td>Responsible for the installation of the group's lighting circuits</td></tr>
<tr><td>Materials</td><td>Material clerk</td><td>1</td><td></td><td>Responsible for the management of the group's construction materials</td></tr>
<tr><td>Supervision</td><td>Supervisor</td><td>1</td><td></td><td>Responsible for supervising the implementation of the implementation steps</td></tr>
</table>
(1) A practical training class consists of 45 students, divided into 8 groups, with 5 or 6 students in each group. Student numbers may be adjusted according to the actual situation (part-time positions may be set).
(2) Division of labor and collaboration should be applied within each group to jointly complete the assigned task.
(3) The teaching process is task-oriented, with the group as the basic unit for class organization and work implementation.
2. Perform concealed wiring and installation of lighting circuits in a one-bedroom apartment (length: 1,500 mm, width: 1,500 mm, height: 2,400 mm, walls are made of 2 mm galvanized mesh panels). According to the finalized layout plan, draw an installation and wiring diagram in the house structure diagram below (Figure 2.1.3 and Figure 2.1.4).</td></tr>
</table>

Continue

Information description	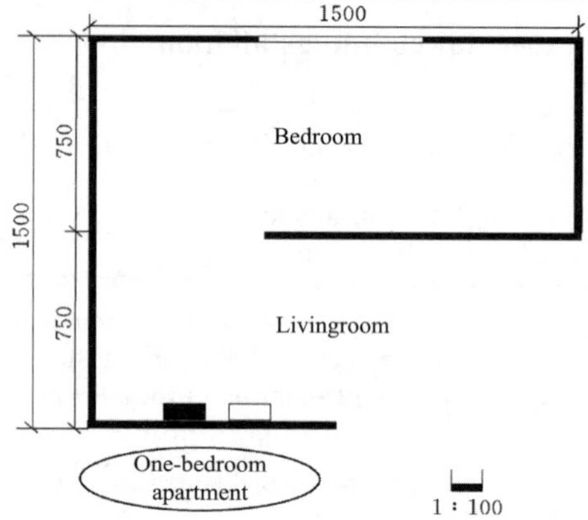 Figure 2.1.3　House structure diagram (Ⅱ) 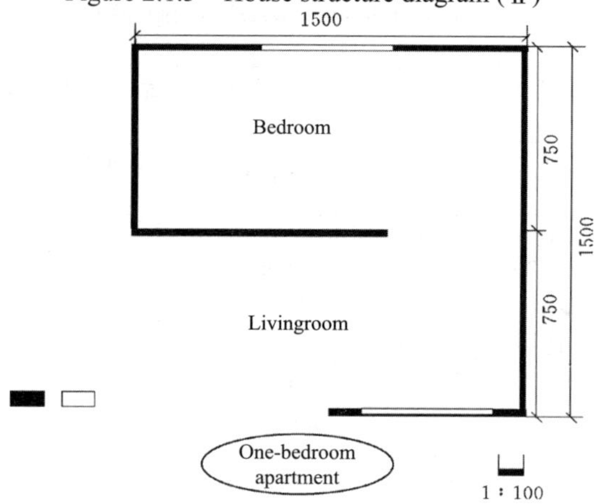 Figure 2.1.4　House structure diagram (Ⅲ) 3. Advantages and disadvantages of concealed wiring. 2.1.1　Safety symbols 2.1.2　Jiangshan Yundi E2-1-2401 wall diagram 2.1.3　Installation and wiring diagram of bedroom lighting circuit 2.1.4　Installation and wiring diagram of kitchen lighting circuit
Requirements for students	In case of any doubt, discuss with your group members, then ask your instructor for guidance.
References	

2.1.3.2 Planning sheet for circuit installation

Learning field	Installation of household lighting circuits		
Learning scenario 2	Lighting circuit installation of one-bedroom apartments	Teaching time	20 minutes
Description of the typical working step 3	Perform concealed wiring and installation in a one-bedroom apartment (length: 1,500 mm, width: 1,500 mm, height: 2,400 mm): install a two-site control ceiling lamp in the living room; install a single-control mirror lamp and a five-pole ordinary socket in the bedroom.		
Planning methods	Group discussion		

Number	Working steps	Notice
		1. Ensure that the main switch of the power supply box and the power switch of each circuit are disconnected. 2. Complete the list of materials and tools according to the installation and wiring diagram; the material clerk is responsible for receiving lamps, piping, and other auxiliary materials. 3. Check whether the installation materials are intact and available. 4. Based on the installation and wiring diagram and installation height instructions, determine the horizontal position and height of lamps, sockets, switches, distribution boxes, and other equipment, and fix the bottom boxes of switches or sockets, as well as the lamp holders. 5. Determine the PVC pipe path of each circuit (when developing working steps, the determination sequence of circuit pipes of the ceiling lamp, the mirror lamp, and the sockets shall be reflected). 6. Pipe bends shall be made at bends. 7. Lay pipes (when developing working steps, the pipe laying sequence of circuit pipes of the ceiling lamp, the mirror lamp, and the sockets shall be reflected).

Continue

<table>
<tr><th>Number</th><th>Working steps</th><th>Notice</th></tr>
<tr><td></td><td></td><td rowspan="8">8. Pipe cleaning and wire threading (when developing working steps, the threading sequence of the circuits of the ceiling lamp, the mirror lamp, and the sockets shall be reflected).
9. Connect the wires and branches.
10. Complete the wiring of the lamp holders, the sockets, and the switches.</td></tr>
<tr><td></td><td></td></tr>
<tr><td></td><td></td></tr>
<tr><td></td><td></td></tr>
<tr><td></td><td></td></tr>
<tr><td></td><td></td></tr>
<tr><td></td><td></td></tr>
<tr><td></td><td></td></tr>
</table>

<table>
<tr><td rowspan="3">Plan assessment</td><td>Class</td><td></td><td>Group ( )</td><td>Group leader's signature</td><td></td></tr>
<tr><td>Teacher's signature</td><td></td><td>Date</td><td colspan="2"></td></tr>
<tr><td colspan="5">Comments:</td></tr>
</table>

2.1.3.3 Decision sheet for circuit installation

<table>
<tr><td colspan="2">Learning field</td><td colspan="5">Installation of household lighting circuits</td></tr>
<tr><td colspan="2">Learning scenario 2</td><td colspan="3">Lighting circuit installation of one-bedroom apartments</td><td>Teaching time</td><td>5 minutes</td></tr>
<tr><td colspan="2">Description of the typical working step 3</td><td colspan="5">Perform concealed wiring and installation in a one-bedroom apartment (length: 1,500 mm, width: 1,500 mm, height: 2,400 mm): install a two-site control ceiling lamp in the living room; install a single-control mirror lamp and a five-pole ordinary socket in the bedroom.</td></tr>
<tr><td colspan="7">Plan comparison</td></tr>
<tr><td>Number</td><td>Feasibility</td><td>Economy</td><td>Operability</td><td>Safety</td><td>Implementation difficulty</td><td>Integrated assessment</td></tr>
<tr><td>1</td><td></td><td></td><td></td><td></td><td></td><td></td></tr>
<tr><td>2</td><td></td><td></td><td></td><td></td><td></td><td></td></tr>
<tr><td>3</td><td></td><td></td><td></td><td></td><td></td><td></td></tr>
<tr><td>4</td><td></td><td></td><td></td><td></td><td></td><td></td></tr>
<tr><td>5</td><td></td><td></td><td></td><td></td><td></td><td></td></tr>
<tr><td>6</td><td></td><td></td><td></td><td></td><td></td><td></td></tr>
<tr><td>7</td><td></td><td></td><td></td><td></td><td></td><td></td></tr>
<tr><td>8</td><td></td><td></td><td></td><td></td><td></td><td></td></tr>
<tr><td>9</td><td></td><td></td><td></td><td></td><td></td><td></td></tr>
<tr><td>10</td><td></td><td></td><td></td><td></td><td></td><td></td></tr>
<tr><td colspan="2" rowspan="3">Decision assessment</td><td>Class</td><td></td><td>Group ( )</td><td>Group leader's signature</td><td></td></tr>
<tr><td>Teacher's signature</td><td></td><td>Date</td><td colspan="2"></td></tr>
<tr><td colspan="5">Comments:</td></tr>
</table>

2.1.3.4 Implementation sheet for circuit installation

<table>
<tr><td>Learning field</td><td colspan="4">Installation of household lighting circuits</td></tr>
<tr><td>Learning scenario 2</td><td colspan="2">Lighting circuit installation of one-bedroom apartments</td><td>Teaching time</td><td>220 minutes</td></tr>
<tr><td>Description of the typical working step 3</td><td colspan="4">Perform concealed wiring and installation in a one-bedroom apartment (length: 1,500 mm, width: 1,500 mm, height: 2,400 mm): install a two-site control ceiling lamp in the living room; install a single-control mirror lamp and a five-pole ordinary socket in the bedroom.</td></tr>
<tr><td>Number</td><td colspan="3">Implementation steps</td><td>Notice</td></tr>
<tr><td></td><td colspan="3"></td><td rowspan="17">1. Be careful to identify whether the lamps shall be connected to the earth wire; facing the socket panel, comply with the wiring principle of "neutral wire on the left, live wire on the right, earth wire on the top".
2. Dress code. Wear practical training clothing and sports shoes for construction. No slippers, skirts, short clothes, bare feet, bare shoulders, or disheveled hair is allowed at the construction site.
3. Pay attention to construction safety. It is not allowed to place tools in the distribution box or on its top; nor shall tools be placed on high places such as the roof beam or column of the room; no one is allowed to sit on the roof beam, column or other high places; when an operator is standing on the stool or ladder for installation, the safety officer must stand nearby to watch over the operator; no unauthorized power-on test shall be conducted during construction.
4. Well-mannered construction. Keep your voice down while communicating with group members; laughing, making noise, or any other action irrelevant to the task is not allowed.
5. On the premise of not affecting the installation effect, installation materials shall be used properly to eliminate waste.
6. In case of any damage to the equipment during installation, report it to the instructor and complete the register for equipment damage.
7. Following the installation, the equipment and tools shall be cleaned and put back in place, and the working site shall be cleaned.</td></tr>
<tr><td></td><td colspan="3"></td></tr>
<tr><td></td><td colspan="3"></td></tr>
<tr><td></td><td colspan="3"></td></tr>
<tr><td></td><td colspan="3"></td></tr>
<tr><td></td><td colspan="3"></td></tr>
<tr><td></td><td colspan="3"></td></tr>
<tr><td></td><td colspan="3"></td></tr>
<tr><td></td><td colspan="3"></td></tr>
<tr><td></td><td colspan="3"></td></tr>
<tr><td></td><td colspan="3"></td></tr>
<tr><td></td><td colspan="3"></td></tr>
<tr><td></td><td colspan="3"></td></tr>
<tr><td></td><td colspan="3"></td></tr>
<tr><td></td><td colspan="3"></td></tr>
<tr><td></td><td colspan="3"></td></tr>
<tr><td></td><td colspan="3"></td></tr>
</table>

Continue

Implementation note:

Operation process of concealed wiring on-site:

(1) Determine the horizontal position and height of lamps, sockets, switches, power distribution boxes, and other equipment according to the construction diagram.

(2) Determine the wiring path, including the locations of the power inlet and outlet and the wire passing through the wall or floor.

(3) Bend, weld, and saw the pipe, and embed the pipe to fit the civil construction.

(4) Thread the embedded pipe with a steel wire lead of ϕ 1.2 mm, and plug the mouth of the pipe with gauze to prevent sand and debris from entering.

(5) Pipe cleaning and wire threading.

(6) Connect the wires and branches.

(7) Inspect the installation quality of the circuit.

(8) Complete the wiring of lamp holders, sockets, switches, and appliances.

(9) Check whether the circuit has met the design requirements.

(10) Test whether the lamps can normally function; install the lamps.

(11) Measure the insulation.

(12) Carry out power-on testing and full acceptance.

2.1.5 Acceptance criteria for lighting circuits at construction site

Implementation assessment	Class		Group ( )	Group leader's signature	
	Teacher's signature		Date		
	Comments:				

2.1.3.5 Check sheet for circuit installation

<table>
<tr><td colspan="2">Learning field</td><td colspan="3">Installation of household lighting circuits</td></tr>
<tr><td colspan="2">Learning scenario 2</td><td>Lighting circuit installation of one-bedroom apartments</td><td>Teaching time</td><td>5 minutes</td></tr>
<tr><td colspan="2">Description of the typical working step 3</td><td colspan="3">Perform concealed wiring and installation in a one-bedroom apartment (length: 1,500 mm, width: 1,500 mm, height: 2,400 mm): install a two-site control ceiling lamp in the living room; install a single-control mirror lamp and a five-pole ordinary socket in the bedroom.</td></tr>
<tr><td>Number</td><td>Check items</td><td>Check criteria</td><td>Self-check by students</td><td>Check by the teacher</td></tr>
<tr><td>1</td><td>Wiring principle of a lighting circuit</td><td>Live wire connected into the switch, neutral wire into the lamp holder.</td><td></td><td></td></tr>
<tr><td>2</td><td>Circuit of a two-site control ceiling lamp</td><td>Be able to identify the directions of the live wire and neutral wire of the installed two-site control lamp circuit at the installation site.</td><td></td><td></td></tr>
<tr><td>3</td><td>Wiring principle of a concealed single-phase three-pole socket</td><td>Neutral wire on the left, live wire on the right, earth wire on the top.</td><td></td><td></td></tr>
<tr><td></td><td></td><td></td><td></td><td></td></tr>
<tr><td></td><td></td><td></td><td></td><td></td></tr>
<tr><td></td><td></td><td></td><td></td><td></td></tr>
<tr><td></td><td></td><td></td><td></td><td></td></tr>
<tr><td></td><td></td><td></td><td></td><td></td></tr>
<tr><td></td><td></td><td></td><td></td><td></td></tr>
</table>

<table>
<tr><td rowspan="3">Check assessment</td><td>Class</td><td></td><td>Group ( )</td><td>Group leader's signature</td><td></td></tr>
<tr><td>Teacher's signature</td><td></td><td>Date</td><td colspan="2"></td></tr>
<tr><td colspan="5">Comments:</td></tr>
</table>

2.1.4 Circuit inspection

2.1.4.1 Information sheet for circuit inspection

Learning field	Installation of household lighting circuits		
Learning scenario 2	Lighting circuit installation of one-bedroom apartments	Teaching time	5 minutes
Description of the typical working step 4	Use the resistance range of the multimeter to determine whether all the lighting circuits of the one-bedroom apartment have met the design requirements. Use the megohmmeter to measure the insulation resistance and determine whether the energized conditions are met: the ground insulation resistance of wires and equipment, as well as the insulation resistance between wires, between equipment, and between wires and equipment, shall be greater than or equal to 0.5 MΩ.		
Information collection methods	(To be completed by the student)		
Information description	(To be completed by the student) 2.1.6 Video of wiring inspection and testing of insulation resistance		
Requirements for students			
References			

Reap the rewards of your endeavors, strive for strength you're proud of, treat people with sincerity and honesty

2.1.4.2　Planning sheet for circuit inspection

<table>
<tr><td>Learning field</td><td colspan="4">Installation of household lighting circuits</td></tr>
<tr><td>Learning scenario 2</td><td colspan="2">Lighting circuit installation of one-bedroom apartments</td><td>Teaching time</td><td>10 minutes</td></tr>
<tr><td>Description of the typical working step 4</td><td colspan="4">Use the resistance range of the multimeter to determine whether all the lighting circuits of the one-bedroom apartment have met the design requirements. Use the megohmmeter to measure the insulation resistance and determine whether the energized conditions are met: the ground insulation resistance of wires and equipment, as well as the insulation resistance between wires, between equipment, and between wires and equipment, shall be greater than or equal to 0.5 MΩ.</td></tr>
<tr><td>Planning methods</td><td colspan="4">Group discussion</td></tr>
<tr><td>Number</td><td colspan="3">Working steps</td><td>Notice</td></tr>
<tr><td colspan="5">Inspect whether the circuits meet the following design requirements:</td></tr>
<tr><td>1</td><td colspan="3">Short-circuit the live and neutral wires at the installation positions of the ceiling and mirror lamps.</td><td rowspan="5"></td></tr>
<tr><td>2</td><td colspan="3">Rotate the changeover switch of the multimeter to the resistance range ×1 for zero adjustments.</td></tr>
<tr><td>3</td><td colspan="3">Ensure that the main switch of the power supply box and the power switches of the ceiling lamp, the mirror lamp, and the ordinary socket circuit are disconnected.</td></tr>
<tr><td>4</td><td colspan="3">Inspect the circuit of the two-site control ceiling lamp. ① Disconnect the switch of the circuit. ② Connect the red probe of the multimeter to the outlet live wire of the air switch in the ceiling lamp circuit of the power supply box; connect the black probe of the multimeter to the neutral wire of the ceiling lamp circuit in the bus bar of the power supply box's neutral wire; the multimeter shall indicate "∞". ③ Turn on either of the dual-control switches and observe the multimeter; the pointer shall indicate "0". ④ Then disconnect either of the dual-control switches and observe the multimeter; the pointer shall indicate "∞". ⑤ Assess if the circuit of the two-site control ceiling lamp meets the design requirements.</td></tr>
<tr><td>5</td><td colspan="3">Inspect the circuit of the mirror lamp. ① Disconnect the switch of the circuit. ② Connect the red probe of the multimeter to the outlet live wire of the air switch in the mirror lamp circuit of the power supply box; connect the black probe of the multimeter to the neutral wire of the mirror lamp circuit in the bus bar of the power supply box's neutral wire; the multimeter shall indicate "∞". ③ Turn on the switch and observe the multimeter; the pointer shall indicate "0". ④ Then disconnect the switch and observe the multimeter; the pointer shall indicate "∞". ⑤ Assess if the circuit of the mirror lamp meets the design requirements.</td></tr>
</table>

Continue

Number	Working steps	Notice
Inspect whether the circuits meet the following design requirements:		
6	Inspect the socket circuit: ① Short-circuit the live, neutral and earth wires at the socket location. ② Connect the red probe of the multimeter to the outlet live wire of the air switch in the ordinary socket circuit of the power supply box; connect the black probe of the multimeter to the neutral wire of the ordinary socket circuit in the bus bar of the power supply box's neutral wire; the multimeter shall indicate "0". Connect the red probe of the multimeter to the outlet live wire of the air switch in the ordinary socket circuit of the power supply box; connect the black probe of the multimeter to the earth wire of the ordinary socket circuit in the bus bar of the power supply box's earth wire; the multimeter shall indicate "0". ③ Assess if the circuit of the ordinary socket meets the design requirements.	
7	When the circuit has met the design requirements, rotate the change-over switch of the multimeter to "off" or the maximum range of AC voltage. If the circuit fails to meet the design requirements, inspect the circuit again for troubleshooting.	
Carry out circuit testing of insulation resistance (when the circuit has met the design requirements):		
1	Disconnect the live and neutral wires of the lamp holder and install the lamp of each circuit.	1. Ensure that the megohmmeter is in good condition. 2. Rotate clockwise the megohmmeter handle from slow to fast; maintain uniform rotation when the speed reaches around 120 r/min; one minute later, read the megohmmeter while continuing the rotation. When the insulation resistance is greater than or equal to 0.5 MΩ, the measurement meets the requirements. Following the measurement, remove the wire while rotating the handle slowly, and then discharge the checked equipment. Before the megohmmeter stops rotating or the checked equipment is discharged, it is strictly prohibited to touch it with your hand. While removing the wire, do not touch the metal part of the wire.
2	Apply for the use of a megohmmeter.	
3	Use the megohmmeter for open-circuit and short-circuit checks.	
4	Be sure to disconnect the main switch of the power supply box and turn on the power switches of the ceiling lamp, the mirror lamp, and the ordinary socket circuit.	
5	Turn on the circuit switches of the ceiling and mirror lamps.	
6	Measure the insulation resistance between the live wire and the neutral wire; connect the "L" terminal of the megohmmeter to the outlet live wire of the main switch of the power supply box and the "E" terminal to the bus bar of the neutral wire of the power supply box.	
7	Measure the ground insulation resistance of the live wire; connect the "L" terminal of the megohmmeter to the outlet live wire of the main switch of the power supply box and the "E" terminal to the bus bar of the earth wire of the power supply box.	
8	Measure the ground insulation resistance of the neutral wire; connect the "L" terminal of the megohmmeter to the outlet neutral wire of the main switch of the power supply box and the "E" terminal to the bus bar of the earth wire of the power supply box.	

Continue

<table>
<tr><td>Number</td><td colspan="3">Working steps</td><td colspan="2">Notice</td></tr>
<tr><td colspan="6">Carry out circuit testing of insulation resistance (when the circuit has met the design requirements):</td></tr>
<tr><td>9</td><td colspan="3">Return the megohmmeter. All insulation resistances are greater than or equal to 0.5 MΩ, meaning the circuit has met the energized conditions. Put the megohmmeter back in place.</td><td colspan="2"></td></tr>
<tr><td rowspan="3">Plan assessment</td><td>Class</td><td></td><td>Group ( )</td><td>Group leader's signature</td><td></td></tr>
<tr><td>Teacher's signature</td><td></td><td>Date</td><td colspan="2"></td></tr>
<tr><td colspan="5">Comments:</td></tr>
</table>

2.1.4.3 Decision sheet for circuit inspection

Learning field		Installation of household lighting circuits				
Learning scenario 2		Lighting circuit installation of one-bedroom apartments		Teaching time	5 minutes	
Description of the typical working step 4		Use the resistance range of the multimeter to determine whether all the lighting circuits of the one-bedroom apartment have met the design requirements. Use the megohmmeter to measure the insulation resistance and determine whether the energized conditions are met: the ground insulation resistance of wires and equipment, as well as the insulation resistance between wires, between equipment, and between wires and equipment, shall be greater than or equal to 0.5 MΩ.				
Plan comparison						
Number	Feasibility	Economy	Operability	Safety	Implementation difficulty	Integrated assessment
1						
2						
3						
4						
5						
6						
7						
Decision assessment		Class		Group ( )	Group leader's signature	
		Teacher's signature		Date		
		Comments:				

2.1.4.4 Implementation sheet for circuit inspection

<table>
<tr><td>Learning field</td><td colspan="5">Installation of household lighting circuits</td></tr>
<tr><td>Learning scenario 2</td><td colspan="2">Lighting circuit installation of one-bedroom apartments</td><td>Teaching time</td><td colspan="2">50 minutes</td></tr>
<tr><td>Description of the typical working step 4</td><td colspan="5">Use the resistance range of the multimeter to determine whether all the lighting circuits of the one-bedroom apartment have met the design requirements. Use the megohmmeter to measure the insulation resistance and determine whether the energized conditions are met: the ground insulation resistance of wires and equipment, as well as the insulation resistance between wires, between equipment, and between wires and equipment, shall be greater than or equal to 0.5 MΩ.</td></tr>
<tr><td>Number</td><td colspan="2">Implementation steps</td><td colspan="3">Notice</td></tr>
<tr><td colspan="6">Inspect whether the circuits meet the following design requirements:</td></tr>
<tr><td></td><td colspan="2"></td><td colspan="3"></td></tr>
<tr><td></td><td colspan="2"></td><td colspan="3"></td></tr>
<tr><td></td><td colspan="2"></td><td colspan="3"></td></tr>
<tr><td></td><td colspan="2"></td><td colspan="3"></td></tr>
<tr><td></td><td colspan="2"></td><td colspan="3"></td></tr>
<tr><td></td><td colspan="2"></td><td colspan="3"></td></tr>
<tr><td></td><td colspan="2"></td><td colspan="3"></td></tr>
<tr><td colspan="6">Carry out circuit testing of insulation resistance (when the circuit has met the design requirements):</td></tr>
<tr><td></td><td colspan="2"></td><td colspan="3"></td></tr>
<tr><td></td><td colspan="2"></td><td colspan="3"></td></tr>
<tr><td></td><td colspan="2"></td><td colspan="3"></td></tr>
<tr><td></td><td colspan="2"></td><td colspan="3"></td></tr>
<tr><td></td><td colspan="2"></td><td colspan="3"></td></tr>
<tr><td></td><td colspan="2"></td><td colspan="3"></td></tr>
<tr><td></td><td colspan="2"></td><td colspan="3"></td></tr>
<tr><td colspan="6">Implementation note:</td></tr>
<tr><td rowspan="3">Implementation assessment</td><td>Class</td><td></td><td>Group ( )</td><td>Group leader's signature</td><td></td></tr>
<tr><td>Teacher's signature</td><td></td><td>Date</td><td colspan="2"></td></tr>
<tr><td colspan="5">Comments:</td></tr>
</table>

2.1.4.5 Check sheet for circuit inspection

<table>
<tr><td colspan="2">Learning field</td><td colspan="4">Installation of household lighting circuits</td></tr>
<tr><td colspan="2">Learning scenario 2</td><td>Lighting circuit installation of one-bedroom apartments</td><td>Teaching time</td><td colspan="2">10 minutes</td></tr>
<tr><td colspan="2">Description of the typical working step 4</td><td colspan="4">Use the resistance range of the multimeter to determine whether all the lighting circuits of the one-bedroom apartment have met the design requirements. Use the megohmmeter to measure the insulation resistance and determine whether the energized conditions are met: the ground insulation resistance of wires and equipment, as well as the insulation resistance between wires, between equipment, and between wires and equipment, shall be greater than or equal to 0.5 MΩ.</td></tr>
<tr><td>Number</td><td>Check items</td><td colspan="2">Check criteria</td><td>Self-check by students</td><td>Check by the teacher</td></tr>
<tr><td>1</td><td>Use a multimeter to inspect circuits</td><td colspan="2">Be able to use the resistance range of a multimeter to inspect whether circuits of two-site control lamps meet design requirements.</td><td></td><td></td></tr>
<tr><td>2</td><td>Use a megohmmeter to measure insulation resistance</td><td colspan="2">Be able to use a megohmmeter to measure the ground insulation resistance of the live wire and neutral wire, as well as the insulation resistance between the live wire and the neutral wire.</td><td></td><td></td></tr>
<tr><td>3</td><td>Standard for insulation resistance</td><td colspan="2">Insulation resistance ⩾ 0.5 MΩ.</td><td></td><td></td></tr>
<tr><td></td><td></td><td colspan="2"></td><td></td><td></td></tr>
<tr><td></td><td></td><td colspan="2"></td><td></td><td></td></tr>
<tr><td></td><td></td><td colspan="2"></td><td></td><td></td></tr>
<tr><td></td><td></td><td colspan="2"></td><td></td><td></td></tr>
<tr><td></td><td></td><td colspan="2"></td><td></td><td></td></tr>
<tr><td rowspan="3">Check assessment</td><td>Class</td><td></td><td>Group ( )</td><td>Group leader's signature</td><td></td></tr>
<tr><td>Teacher's signature</td><td></td><td>Date</td><td></td><td></td></tr>
<tr><td colspan="5">Comments:</td></tr>
</table>

2.1.5 Circuit testing and acceptance

2.1.5.1 Information sheet for circuit testing and acceptance

Learning field	Installation of household lighting circuits		
Learning scenario 2	Lighting circuit installation of one-bedroom apartments	Teaching time	5 minutes
Description of the typical working step 5	List precautions for electricity safety. Carry out testing and acceptance of lighting circuits of the one-bedroom apartment (implemented by student and supervised by teacher).		
Information collection methods	(To be completed by the student)		
Information description	(To be completed by the student) Precautions for electricity safety:		
Requirements for students	In case of any doubt, discuss with your group members, then ask your instructor for guidance.		
References			

2.1.5.2 Planning sheet for circuit testing and acceptance

Learning field	Installation of household lighting circuits		
Learning scenario 2	Lighting circuit installation of one-bedroom apartments	Teaching time	10 minutes
Description of the typical working step 5	List precautions for electricity safety. Carry out testing and acceptance of lighting circuits of the one-bedroom apartment (implemented by student and supervised by teacher).		
Planning methods	Group discussion		

Number	Working steps	Specific tasks or purposes

Plan assessment	Class		Group ( )	Group leader's signature	
	Teacher's signature		Date		
	Comments:				

2.1.5.3 Decision sheet for circuit testing and acceptance

<table>
<tr><td>Learning field</td><td colspan="6">Installation of household lighting circuits</td></tr>
<tr><td>Learning scenario 2</td><td colspan="3">Lighting circuit installation of one-bedroom apartments</td><td colspan="2">Teaching time</td><td>5 minutes</td></tr>
<tr><td>Description of the typical working step 5</td><td colspan="6">List precautions for electricity safety. Carry out testing and acceptance of lighting circuits of the one-bedroom apartment (implemented by student and supervised by teacher).</td></tr>
<tr><td colspan="7">Plan comparison</td></tr>
<tr><td>Number</td><td>Feasibility</td><td>Economy</td><td>Operability</td><td>Safety</td><td>Implementation difficulty</td><td>Integrated assessment</td></tr>
<tr><td>1</td><td></td><td></td><td></td><td></td><td></td><td></td></tr>
<tr><td>2</td><td></td><td></td><td></td><td></td><td></td><td></td></tr>
<tr><td>3</td><td></td><td></td><td></td><td></td><td></td><td></td></tr>
<tr><td>4</td><td></td><td></td><td></td><td></td><td></td><td></td></tr>
<tr><td>5</td><td></td><td></td><td></td><td></td><td></td><td></td></tr>
<tr><td>6</td><td></td><td></td><td></td><td></td><td></td><td></td></tr>
<tr><td>7</td><td></td><td></td><td></td><td></td><td></td><td></td></tr>
<tr><td>8</td><td></td><td></td><td></td><td></td><td></td><td></td></tr>
<tr><td>9</td><td></td><td></td><td></td><td></td><td></td><td></td></tr>
<tr><td>10</td><td></td><td></td><td></td><td></td><td></td><td></td></tr>
<tr><td colspan="2" rowspan="3">Decision assessment</td><td>Class</td><td></td><td>Group ( )</td><td>Group leader's signature</td><td></td></tr>
<tr><td>Teacher's signature</td><td></td><td>Date</td><td></td><td></td></tr>
<tr><td colspan="5">Comments:</td></tr>
</table>

2.1.5.4 Implementation sheet for circuit testing and acceptance

Learning field	Installation of household lighting circuits		
Learning scenario 2	Lighting circuit installation of one-bedroom apartments	Teaching time	15 minutes
Description of the typical working step 5	List precautions for electricity safety. Carry out testing and acceptance of lighting circuits of the one-bedroom apartment (implemented by student and supervised by teacher).		

Number	Implementation steps	Specific tasks, functions, or notice
1	Turn on the switch of the master power distribution box in the practical training room.	If the indicator light on the door of the power supply box in the room is on, it means the power supply is normal.
2	Ensure that the circuit switches of the ceiling and mirror lamps are disconnected.	Do not turn on the electric brake with load; develop good practices for electricity safety.
3	Turn on the main switch of the power supply box.	
4	Turn on the power switches of the ceiling lamp, the mirror lamp, and the socket circuit.	
5	Inspect the circuit of the ceiling lamp.	Turn on the two dual-control switches of the ceiling lamp sequentially. If the ceiling lamp can be turned on and off, it means the circuit of the two-site control lamp is successful.
6	Inspect the circuit of the mirror lamp.	Turn on and then disconnect the switch of the mirror lamp. If the lamp can be truned on and off, it means the single-control circuit is successful.
7	Inspect the socket circuit.	Use a power socket checker for inspection.
8	When all the inspected circuits meet requirements, disconnect the control switches of the ceiling and mirror lamps.	When all the inspected circuits meet requirements, disconnect the control switches of the ceiling and mirror lamps (the ceiling and mirror lamps shall go out); do not turn on the electric brake with load; develop good practices for electricity safety.
9	Disconnect the power switches of the ceiling lamp, the mirror lamp, and the socket circuit.	
10	Disconnect the main switch of the power supply box.	Disconnect the main switch of the power supply box and the power switches of all the circuits; ensure that no operation is conducted when removing the circuits; develop good practices for electricity safety.
11	Complete the circuit testing and acceptance.	Complete the acceptance sheet for lighting circuit (see Appendix 2).

Continue

Number	Implementation steps	Specific tasks, functions, or notice
12	Remove the live, neutral, and earth wires on the power side of each circuit.	
13	Remove the lamps; rearrange them and put them back in place.	Note: Find all the screws and setscrews of the lamps.
14	Remove the switches and sockets; rearrange them and put them back in place.	Note: Find all the screws and setscrews of the switches.
15	Remove the wires of the ceiling lamp, the mirror lamp, and the socket circuit.	During the disassembly process, pay attention to safety to prevent the operator from injury; do not use excessive force to prevent damage to pipelines, plates, etc.
16	Put all the equipment and materials used in the practical training back in place and arrange them neatly.	
17	Clean the working site.	

Implementation note: Teachers can adjust and improve the specific implementation steps according to the conditions of the practical training site.

<table>
<tr><td rowspan="3">Implementation assessment</td><td>Class</td><td></td><td>Group ( )</td><td>Group leader's signature</td><td></td></tr>
<tr><td>Teacher's signature</td><td></td><td>Date</td><td colspan="2"></td></tr>
<tr><td colspan="5">Comments:</td></tr>
</table>

2.1.5.5 Check sheet for circuit testing and acceptance

<table>
<tr><td colspan="2">Learning field</td><td colspan="4">Installation of household lighting circuits</td></tr>
<tr><td colspan="2">Learning scenario 2</td><td>Lighting circuit installation of one-bedroom apartments</td><td colspan="2">Teaching time</td><td>5 minutes</td></tr>
<tr><td colspan="2">Description of the typical working step 5</td><td colspan="4">List precautions for electricity safety. Carry out testing and acceptance of lighting circuits of the one-bedroom apartment (implemented by student and supervised by teacher).</td></tr>
<tr><td>Number</td><td>Check items</td><td colspan="2">Check criteria</td><td>Self-check by students</td><td>Check by the teacher</td></tr>
<tr><td>1</td><td>Common knowledge of electricity safety</td><td colspan="2">Be able to present three to five points of common knowledge about electricity safety.</td><td></td><td></td></tr>
<tr><td>2</td><td>Power supply testing</td><td colspan="2">Be able to use the AV voltage range of a multimeter to measure voltage supply.</td><td></td><td></td></tr>
<tr><td>3</td><td>Operation process of circuit testing and acceptance</td><td colspan="2">Be able to operate the power-on process properly.</td><td></td><td></td></tr>
<tr><td></td><td></td><td colspan="2"></td><td></td><td></td></tr>
<tr><td></td><td></td><td colspan="2"></td><td></td><td></td></tr>
<tr><td></td><td></td><td colspan="2"></td><td></td><td></td></tr>
<tr><td></td><td></td><td colspan="2"></td><td></td><td></td></tr>
<tr><td></td><td></td><td colspan="2"></td><td></td><td></td></tr>
<tr><td rowspan="3">Check assessment</td><td>Class</td><td></td><td>Group ( )</td><td>Group leader's signature</td><td></td></tr>
<tr><td>Teacher's signature</td><td></td><td>Date</td><td colspan="2"></td></tr>
<tr><td colspan="5">Comments:</td></tr>
</table>

2.2 Assessment sheet for lighting circuit installation of one-bedroom apartments

Learning field	Installation of household lighting circuits		
Learning scenario 2	Lighting circuit installation of one-bedroom apartments	Teaching time	480 minutes
Description of the typical working processes	Schematic diagram drawing – installation position design – circuit installation– circuit inspection – circuit testing and acceptance		

Assessment items	Assessment scores of subitems	Self-assessment by students	Intra-group assessment	Assessment by the teacher
Schematic diagram drawing (10 points)	1. Information: 2 points; 2. Planning: 2 points; 3. Decision: 1 point; 4. Implementation: 3 points; 5. Check: 1 point; 6. Assessment: 1 point.			
Installation position design (10 points)	1. Information: 2 points; 2. Planning: 2 points; 3. Decision: 1 point; 4. Implementation: 3 points; 5. Check: 1 point; 6. Assessment: 1 point.			
Circuit installation (35 points)	1. Information: 5 points; 2. Planning: 5 points; 3. Decision: 5 points; 4. Implementation: 10 points; 5. Check: 5 points; 6. Assessment: 5 points.			
Circuit inspection (26 points)	1. Information: 2 points; 2. Planning: 4 points; 3. Decision: 2 points; 4. Implementation: 10 points; 5. Check: 6 points; 6. Assessment: 2 points.			
Circuit testing and acceptance (19 points)	1. Information: 2 points; 2. Planning: 5 points; 3. Decision: 2 points; 4. Implementation: 6 points; 5. Check: 2 points; 6. Assessment: 2 points.			
Final result (student's signature: ____________)	1.Information: 13 points; 2. Planning: 18 points; 3. Decision: 11 points; 4. Implementation: 32 points; 5. Check: 15 points; 6. Assessment: 11 points.			

Assessment of the assessment	Class		Group ( )	Group leader's signature	
	Teacher's signature		Date		
	Comments:				

2.3 List of materials and tools

Learning field		Installation of household lighting circuits			
Learning scenario 2		Lighting circuit installation of one-bedroom apartments		Teaching time	480 minutes
Description of the typical working processes		Schematic diagram drawing – installation position design – circuit installation– circuit inspection – circuit testing and acceptance			
Number	Names	Functions	Quantities	Models and Specifications	Users
1	Mirror lamp	Lighting		Description of the lamp: length: 0.61 m; T5 ordinary straight tube (LED); power: 10 W	
2	Ceiling lamp	Lighting		Input power supply: 220 V, 50 Hz AC; power: 20 W; size of the ceiling energy-saving lamp: around 300 mm× 300 mm; household type	
3	BLV line	wire		Diameter: 2.5 mm	
4	One-way dual-control switch	Control the connection of a lamp or disconnect the power supply		86 panel, concealed household installation	
5	One-way single-control switch	Control the connection of a lamp or disconnect the power supply		86 panel, concealed household installation	
6	Single-phase three-pole socket	Provide power to electrical appliances		86 panel, concealed household installation	
7	Bottom box of a switch or socket	Fix the switch or socket		86 panel, concealed household installation	
8	Snap fit	Fix the bottom box		Customized, Songling Electric	
9	Screw	Fix the bottom box		Setscrew	
10	PVC pipe	Wiring		Diameter: 20 mm	
11	PVC straight-through pipe fitting	Two PVC pipes connected in a row		Diameter: 20 mm	
12	PVC 90° two-way right-angle bend	Two PVC pipes connected in a row		Diameter: 20 mm	

Continue

Number	Names	Functions	Quantities	Models and Specifications	Users
13	Electrician tools	Circuit installation		1. One large and one small cross screwdrivers; 2. One large and one small slotted screwdrivers; 3. Four-in-one multifunctional wire stripping plier (crimping plier, cutting plier, peeling plier); 4. One steel ruler (30 cm); 5. One needle-nose plier (160 mm), one diagonal plier; 6. One electrician tool belt.	
14	Other tools	Circuit installation		1. One pipe cutter; 2. One multimeter; 3. One PVC pipe bending spring (ϕ20).	
15	Nylon tie	Fix the piping		HDS-100M; length: 200 mm	
16	Electrical insulating tape	Recover the wire insulation		PVC black electrical insulating tape (brand: Bulls; length: 9 m; feature: waterproof, high temperature/voltage resistant, flame retardant)	
17	Megohmmeter	Measure the ground insulation resistance of the wires, as well as the insulation resistance between two wires		500 V	
18	Power socket checker	Check socket wiring		GN-J01	

Class		Group ( )	Group leader's signature	
Teacher's signature		Date		

2.4 Teaching feedback sheet

Learning field	Installation of household lighting circuits		
Learning scenario 2	Lighting circuit installation of one-bedroom apartments	Teaching time	480 minutes
Description of the typical working processes	Schematic diagram drawing – installation position design – circuit installation– circuit inspection – circuit testing and acceptance		

Survey items	Number	Survey contents	Description of the reasons

Your feedback on how to improve the teaching of this course:			
Survey information	Name of respondent	Date of survey	

学习情境 3

安装两房两厅照明线路

3.0 学习性工作任务单

<table>
<tr><td>学习场</td><td colspan="6">安装家居照明线路</td></tr>
<tr><td>学习情境 3</td><td colspan="3">安装两房两厅照明线路</td><td colspan="2">学时</td><td>960 分钟</td></tr>
<tr><td>典型工作过程描述</td><td colspan="6">绘制原理图—设计安装位置—安装线路—检查线路—测试验收线路</td></tr>
<tr><td>学习目标</td><td colspan="6">1. 能敷设两房两厅照明线路。
2. 遵守电气工程施工规范。
3. 树立安全用电意识。</td></tr>
<tr><td>任务描述</td><td colspan="6">1. 根据给定的电源箱系统图（附图 3.1），绘制两房两厅照明线路工作原理图、平面布置图和安装接线图。
2. 在两房两厅（长 3000mm、宽 1500mm、高 2400mm 的套房，墙壁全部采用 2mm 的镀锌网孔板）居室内进行照明线路暗线布置安装。
要求：①两房两厅每间房间需配置一独立电源开关供电的照明灯具，且至少有一照明能实现两地控制；②两房两厅居室需配置普通插座和空调插座各一个；③根据给定的要求，自由设计房间照明线路和插座安装位置并进行暗线敷设；④要求 2 天内完成任务；⑤可选的灯具、开关见附表 3.8。</td></tr>
<tr><td>学时安排</td><td>资讯
50 分钟</td><td>计划
100 分钟</td><td>决策
25 分钟</td><td>实施
710 分钟</td><td>检查
50 分钟</td><td>评价
25 分钟</td></tr>
<tr><td>对学生的要求</td><td colspan="6">1. 实训前必须熟悉工作任务单和教学引导文。
2. 按时、按步骤完成当天的实训任务。
3. 实训室应保持肃静，组员间沟通讨论应低音交流，不得谈笑喧哗，不许搞其他动作，以免影响他人实训。
4. 实训过程中，不得抄写他人的实训记录，否则，须重做。如有疑问，应向指导教师询问清楚后方可进行。
5. 每天安排值日生负责打扫实训室，保持室内整洁，注意关上电源、门窗。</td></tr>
<tr><td>参考资料</td><td colspan="6">《房屋建筑制图统一标准》（GB/T 50001—2017）
《建筑电气工程施工质量验收规范》（GB 50303—2015）</td></tr>
</table>

3.1 教学引导文

学习场	安装家居照明线路	学习情境3	安装两房两厅照明线路	参照系	工作内容：两房两厅居室内进行照明线路暗线布置安装。	
普适性工作过程 / 典型工作过程	资讯	计划	决策	实施	检查	评价
绘制原理图	确定工作岗位人员；根据给定的系统图（附图3.1）和要求绘制两房两厅照明线路工作原理图，即一共画出4个照明回路、2个插座回路的工作原理图，完成3.1.1.1绘制原理图的资讯单。	通过小组讨论和咨询专家等，拟定绘制两房两厅照明线路工作原理图的计划，完成3.1.1.2绘制原理图的计划单。	从可行性、经济性、可操作性、实施难易程度进行分析、比较、判断各计划的优点与不足，加以评分，选出最优计划。	通过小组讨论等，画出两房两厅照明线路的工作原理图，完成3.1.1.4绘制原理图的实施单。	按照3.1.1.5绘制原理图的检查单中的检查项目和检查标准，进行学生自查和教师检查。	根据评价子项目配分，进行自评、互评和教师评价，填写3.2安装两房两厅照明线路评价单。
设计安装位置	现场勘察给定两房两厅结构尺寸，确定每一个房间使用的灯具及其开关，提出灯具、开关和插座可安装的位置，完成3.1.2.1设计安装位置的资讯单。	通过小组讨论等，编制两房两厅照明线路的定位计划，完成3.1.2.2设计安装位置的计划单。	从可行性、经济性、可操作性、安全性、实施难易程度进行分析、比较、判断各计划的优点与不足，加以评分，选出最优计划。	现场勘察，小组讨论，根据现场从电源箱处暗敷输出管的实际位置进行最优布置，画出小组最终确定的两房两厅照明线路平面布置图。安装高度说明： 开关安装距地1.2～1.4m；因受工位实际情况限制，开关距门框不作要求；空调插座底边距地2m，普通插座底边距地0.3m；镜前灯、壁灯灯座距地1.8m，其他灯具按吸顶安装。	按照3.1.2.5设计安装位置的检查单中的检查项目和检查标准，进行学生自查和教师检查。	根据评价子项目配分，进行自评、互评和教师评价，填写3.2安装两房两厅照明线路评价单。

续表

学习场	安装家居照明线路	学习情境 3	安装两房两厅照明线路	参照系	工作内容：两房两厅居室内进行照明线路暗线布置安装。	
普适性工作过程 / 典型工作过程	资讯	计划	决策	实施	检查	评价
安装线路	确定各工作岗位人员。在两房两厅（长 3000mm、宽 1500mm、高 2400mm 的套房，墙壁全部采用 2mm 的镀锌网孔板）居室内进行照明线路暗线布置安装，根据确定的平面布置图，绘制安装接线图，回答暗敷设的优缺点，完成 3.1.3.1 安装线路的资讯单。	通过小组讨论等，编制两房两厅照明线路的安装计划，填报施工进度计划表(附录 4)，完成 3.1.3.2 安装线路的计划单。	从可行性、经济性、可操作性、安全性、实施难易程度进行分析、比较、判断各计划的优点与不足，加以评分，选出最优计划。	根据安装接线图，填写设备材料工具清单，由物料员领取灯具、管线和其他辅料，先固定开关、插座底盒和灯座，再布置和固定 PVC 管，利用穿线器穿好各回路的火线、零线、地线，连接开关插座，完成线路安装。	按照 3.1.3.5 安装线路的检查单中的检查项目和检查标准，进行学生自查和教师检查。	根据评价子项目配分，进行自评、互评和教师评价，填写 3.2 安装两房两厅照明线路评价单。
检查线路	万用表欧姆挡可测量线路通断与否。兆欧表可测量绝缘电阻；一般情况下，导线、设备对地绝缘电阻，导线间、设备间、导线与设备间绝缘电阻均大于等于 0.5MΩ，满足通电条件。	通过小组讨论等，编制两房两厅照明线路检查计划，完成 3.1.4.2 检查线路的计划单。	从可行性、经济性、可操作性、安全性、实施难易程度进行分析、比较、判断各计划的优点与不足，加以评分，选出最优计划。	用万用表欧姆挡×1 挡，检测安装的照明线路能否实现设计要求。用兆欧表测量火线对地绝缘电阻、零线对地绝缘电阻和火线与零线间的绝缘电阻。	按照 3.1.4.5 检查线路的检查单中的检查项目和检查标准，进行学生自查和教师检查。	根据评价子项目配分，进行自评、互评和教师评价，填写 3.2 安装两房两厅照明线路评价单。

学习情境 3-3

续表

学习场	安装家居照明线路	学习情境3	安装两房两厅照明线路	参照系	工作内容：两房两厅居室内进行照明线路暗线布置安装。	
普适性工作过程 典型工作过程	资讯	计划	决策	实施	检查	评价
测试验收线路	通过网上查询和小组讨论等，列出安全用电注意事项。教师作为监护人，同学作为操作人，通过实训室总配电箱—分配电箱（房间电源箱）提供电源，接通两房两厅线路，进行测试验收线路。	通过小组讨论等，编制两房两厅照明线路测试验收线路计划，完成3.1.5.2测试验收线路的计划单。	从可行性、经济性、可操作性、安全性、实施难易程度进行分析、比较、判断各计划的优点与不足，加以评分，选出最优计划。	依次通电检查各照明线路、插座线路，完成测试验收线路，填写照明电路验收表（附录2）。最后进行工作环境整理、整顿、清扫、清洁工作。	按照3.1.5.5测试验收线路的检查单中的检查项目和检查标准，进行学生自查和教师检查。	根据评价子项目配分，进行自评、互评和教师评价，填写3.2安装两房两厅照明线路评价单。

学习情境3-4

3.1.1　绘制原理图

3.1.1.1　绘制原理图的资讯单

<table>
<tr><td>学习场</td><td colspan="3">安装家居照明线路</td></tr>
<tr><td>学习情境 3</td><td>安装两房两厅照明线路</td><td>学时</td><td>5 分钟</td></tr>
<tr><td>典型工作步骤 1 描述</td><td colspan="3">根据给定的系统图，绘制 4 个照明线路和 2 个插座线路的工作原理图。</td></tr>
<tr><td>搜集资讯的方式</td><td colspan="3">上网查询、小组座谈</td></tr>
<tr><td>资讯描述</td><td colspan="3">1. 填写岗位分配表（表 3.1.1）
表 3.1.1　岗 位 分 配 表
<table>
<tr><td>类别</td><td>岗位</td><td>人数</td><td>姓名</td><td>备　　注</td></tr>
<tr><td>班组长</td><td>组长</td><td>1</td><td></td><td>负责小组的组织与管理</td></tr>
<tr><td>设计</td><td>设计员</td><td></td><td></td><td>负责小组照明线路的设计</td></tr>
<tr><td>绘图</td><td>绘图员</td><td></td><td></td><td>负责小组照明线路的绘制</td></tr>
</table>
2. 绘制</td></tr>
<tr><td>对学生的要求</td><td colspan="3">网上查询相关知识，如有疑问，先组内交流，最后向指导教师咨询。</td></tr>
<tr><td>参考资料</td><td colspan="3"></td></tr>
</table>

3.1.1.2 绘制原理图的计划单

<table>
<tr><td colspan="2">学习场</td><td colspan="5">安装家居照明线路</td></tr>
<tr><td colspan="2">学习情境 3</td><td colspan="3">安装两房两厅照明线路</td><td>学时</td><td>5 分钟</td></tr>
<tr><td colspan="2">典型工作步骤 1 描述</td><td colspan="5">根据给定的系统图，绘制 4 个照明线路和 2 个插座线路的工作原理图。</td></tr>
<tr><td colspan="2">计划制订的方式</td><td colspan="5">小组讨论、咨询专家</td></tr>
<tr><td>序号</td><td colspan="3">工 作 步 骤</td><td colspan="3">注 意 事 项</td></tr>
<tr><td>1</td><td colspan="3">准备画图工具。</td><td colspan="3"></td></tr>
<tr><td>2</td><td colspan="3">确定灯和开关图形符号。</td><td colspan="3"></td></tr>
<tr><td>3</td><td colspan="3">确定灯和开关布局，并在纸上画出图形符号。</td><td colspan="3"></td></tr>
<tr><td>4</td><td colspan="3">绘制两地控制一吸顶灯线路工作原理图。</td><td colspan="3">强化两个双控开关实现两地控制一灯的正确接线。</td></tr>
<tr><td>5</td><td colspan="3">绘制 3 个单控镜前灯线路工作原理图。</td><td colspan="3"></td></tr>
<tr><td>6</td><td colspan="3">绘制 1 个普通插座线路工作原理图。</td><td colspan="3"></td></tr>
<tr><td>7</td><td colspan="3">绘制 1 个空调插座线路工作原理图。</td><td colspan="3"></td></tr>
<tr><td colspan="2" rowspan="3">计划评价</td><td>班级</td><td></td><td>第（ ）组</td><td>组长签字</td><td></td></tr>
<tr><td>教师签字</td><td></td><td>日期</td><td colspan="2"></td></tr>
<tr><td colspan="5">评语：</td></tr>
</table>

学习情境 3-6

3.1.1.3　绘制原理图的决策单

<table>
<tr><td>学习场</td><td colspan="5">安装家居照明线路</td></tr>
<tr><td>学习情境 3</td><td colspan="3">安装两房两厅照明线路</td><td>学时</td><td>5 分钟</td></tr>
<tr><td>典型工作步骤 1
描述</td><td colspan="5">根据给定的系统图，绘制 4 个照明线路和 2 个插座线路的工作原理图。</td></tr>
<tr><td colspan="6">计　划　对　比</td></tr>
<tr><td>序号</td><td>可行性</td><td>经济性</td><td>可操作性</td><td>实施难度</td><td>综合评价</td></tr>
<tr><td>1</td><td></td><td></td><td></td><td></td><td></td></tr>
<tr><td>2</td><td></td><td></td><td></td><td></td><td></td></tr>
<tr><td>3</td><td></td><td></td><td></td><td></td><td></td></tr>
<tr><td>4</td><td></td><td></td><td></td><td></td><td></td></tr>
<tr><td>5</td><td></td><td></td><td></td><td></td><td></td></tr>
<tr><td>6</td><td></td><td></td><td></td><td></td><td></td></tr>
<tr><td>7</td><td></td><td></td><td></td><td></td><td></td></tr>
<tr><td>8</td><td></td><td></td><td></td><td></td><td></td></tr>
<tr><td>9</td><td></td><td></td><td></td><td></td><td></td></tr>
<tr><td>10</td><td></td><td></td><td></td><td></td><td></td></tr>
</table>

<table>
<tr><td rowspan="3">决策评价</td><td>班级</td><td></td><td>第（　　）组</td><td>组长签字</td><td></td></tr>
<tr><td>教师签字</td><td></td><td>日期</td><td colspan="2"></td></tr>
<tr><td colspan="5">评语：</td></tr>
</table>

学习情境3-7

3.1.1.4 绘制原理图的实施单

<table>
<tr><td colspan="2">学习场</td><td colspan="3">安装家居照明线路</td></tr>
<tr><td colspan="2">学习情境 3</td><td>安装两房两厅照明线路</td><td>学时</td><td>20 分钟</td></tr>
<tr><td colspan="2">典型工作步骤 1
描述</td><td colspan="3">根据给定的系统图，绘制 4 个照明线路和 2 个插座线路的工作原理图。</td></tr>
<tr><td>序号</td><td>实施步骤</td><td colspan="3">工作原理图</td></tr>
<tr><td>1</td><td></td><td colspan="3" rowspan="11"></td></tr>
<tr><td>2</td><td></td></tr>
<tr><td>3</td><td></td></tr>
<tr><td>4</td><td></td></tr>
<tr><td>5</td><td></td></tr>
<tr><td>6</td><td></td></tr>
<tr><td>7</td><td></td></tr>
<tr><td></td><td></td></tr>
<tr><td></td><td></td></tr>
<tr><td></td><td></td></tr>
<tr><td></td><td></td></tr>
<tr><td colspan="5">实施说明：</td></tr>
</table>

<table>
<tr><td rowspan="3">实施评价</td><td>班级</td><td></td><td>第（ ）组</td><td>组长签字</td></tr>
<tr><td>教师签字</td><td></td><td>日期</td><td></td></tr>
<tr><td colspan="4">评语：</td></tr>
</table>

3.1.1.5　绘制原理图的检查单

<table>
<tr><td colspan="2">学习场</td><td colspan="4">安装家居照明线路</td></tr>
<tr><td colspan="2">学习情境 3</td><td colspan="2">安装两房两厅照明线路</td><td>学时</td><td>10 分钟</td></tr>
<tr><td colspan="2">典型工作步骤 1 描述</td><td colspan="4">根据给定的系统图，绘制 4 个照明线路和 2 个插座线路的工作原理图。</td></tr>
<tr><td>序号</td><td>检 查 项 目</td><td colspan="2">检 查 标 准</td><td>学生自查</td><td>教师检查</td></tr>
<tr><td>1</td><td>1 开双控开关结构</td><td colspan="2">能说出 1 开双控开关由 1 个动触点和 2 个静触点组成。</td><td></td><td></td></tr>
<tr><td>2</td><td>两地控制一灯线路原理图</td><td colspan="2">能画出两地控制一灯线路原理图。</td><td></td><td></td></tr>
<tr><td>3</td><td>空调插座线路原理图</td><td colspan="2">能画出空调插座线路原理图。</td><td></td><td></td></tr>
<tr><td></td><td></td><td colspan="2"></td><td></td><td></td></tr>
<tr><td></td><td></td><td colspan="2"></td><td></td><td></td></tr>
<tr><td></td><td></td><td colspan="2"></td><td></td><td></td></tr>
<tr><td></td><td></td><td colspan="2"></td><td></td><td></td></tr>
</table>

<table>
<tr><td rowspan="3">检查评价</td><td>班级</td><td></td><td>第（　　）组</td><td>组长签字</td><td></td></tr>
<tr><td>教师签字</td><td></td><td>日期</td><td colspan="2"></td></tr>
<tr><td colspan="5">评语：</td></tr>
</table>

3.1.2 设计安装位置

3.1.2.1 设计安装位置的资讯单

学习场	安装家居照明线路		
学习情境 3	安装两房两厅照明线路	学时	15 分钟
典型工作步骤 2 描述	设计长 3000mm、宽 1500mm、高 2400mm 两房两厅的套房内照明线路开关、插座和灯具的安装位置。		
搜集资讯的方式	（学生填）		
资讯描述	确定每一个房间使用的灯具及其开关，用简图表示小组提出的所有平面布置图。（学生填）		
对学生的要求	如有疑问，先组内交流，最后向指导教师咨询。		
参考资料			

3.1.2.2　设计安装位置的计划单

学习场	安装家居照明线路				
学习情境 3	安装两房两厅照明线路		学时	15 分钟	
典型工作步骤 2 描述	设计长 3000mm、宽 1500mm、高 2400mm 两房两厅的套房内照明线路开关、插座和灯具的安装位置。				
计划制订的方式	小组讨论、咨询老师				
序号	工 作 步 骤		注 意 事 项		
计划评价	班级		第（　　）组	组长签字	
	教师签字		日期		
	评语：				

3.1.2.3 设计安装位置的决策单

<table>
<tr><td>学习场</td><td colspan="6">安装家居照明线路</td></tr>
<tr><td>学习情境 3</td><td colspan="4">安装两房两厅照明线路</td><td>学时</td><td>5 分钟</td></tr>
<tr><td>典型工作步骤 2 描述</td><td colspan="6">设计长 3000mm、宽 1500mm、高 2400mm 两房两厅的套房内照明线路开关、插座和灯具的安装位置。</td></tr>
<tr><td colspan="7">计 划 对 比</td></tr>
<tr><td>序号</td><td>可行性</td><td>经济性</td><td>可操作性</td><td>安全性</td><td>实施难度</td><td>综合评价</td></tr>
<tr><td>1</td><td></td><td></td><td></td><td></td><td></td><td></td></tr>
<tr><td>2</td><td></td><td></td><td></td><td></td><td></td><td></td></tr>
<tr><td>3</td><td></td><td></td><td></td><td></td><td></td><td></td></tr>
<tr><td>4</td><td></td><td></td><td></td><td></td><td></td><td></td></tr>
<tr><td>5</td><td></td><td></td><td></td><td></td><td></td><td></td></tr>
<tr><td>6</td><td></td><td></td><td></td><td></td><td></td><td></td></tr>
<tr><td>7</td><td></td><td></td><td></td><td></td><td></td><td></td></tr>
<tr><td>8</td><td></td><td></td><td></td><td></td><td></td><td></td></tr>
<tr><td>9</td><td></td><td></td><td></td><td></td><td></td><td></td></tr>
<tr><td>10</td><td></td><td></td><td></td><td></td><td></td><td></td></tr>
<tr><td rowspan="3">决策评价</td><td>班级</td><td></td><td>第（ ）组</td><td>组长签字</td><td colspan="2"></td></tr>
<tr><td>教师签字</td><td></td><td>日期</td><td colspan="3"></td></tr>
<tr><td colspan="6">评语：</td></tr>
</table>

3.1.2.4　设计安装位置的实施单

学习场	安装家居照明线路		
学习情境 3	安装两房两厅照明线路	学时	20 分钟
典型工作步骤 2 描述	设计长 3000mm、宽 1500mm、高 2400mm 两房两厅的套房内照明线路开关、插座和灯具的安装位置。		

序号	实 施 步 骤	注 意 事 项
		根据现场从电源箱处暗敷输出管的实际位置进行最优布置。

实施说明：

1. 在房屋结构图（图 3.1.1）中，画出小组最终设计的两房两厅照明线路平面布置图。

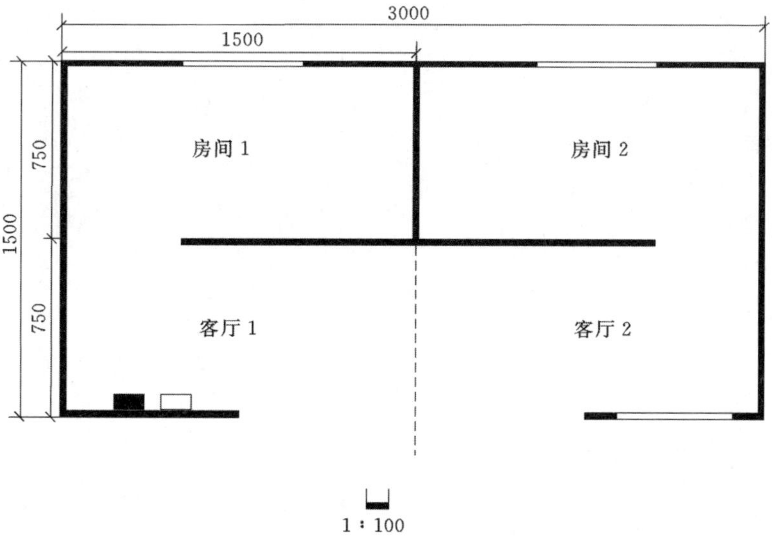

图 3.1.1　房屋结构图（四）

续表

<table>
<tr><td colspan="6">2. 安装高度说明。
（1）开关安装距地 1.2～1.4m；因受工位实际情况限制，开关距门框不作要求。
（2）空调插座底边距地 2m，普通插座底边距地 0.3m。
（3）镜前灯、壁灯灯座距地 1.8m，其他灯具按吸顶安装。</td></tr>
<tr><td rowspan="3">实施评价</td><td>班级</td><td></td><td>第（　　）组</td><td>组长签字</td><td></td></tr>
<tr><td>教师签字</td><td></td><td>日期</td><td colspan="2"></td></tr>
<tr><td colspan="5">评语：</td></tr>
</table>

3.1.2.5　设计安装位置的检查单

<table>
<tr><td colspan="2">学习场</td><td colspan="5">安装家居照明线路</td></tr>
<tr><td colspan="2">学习情境3</td><td colspan="2">安装两房两厅照明线路</td><td>学时</td><td colspan="2">10分钟</td></tr>
<tr><td colspan="2">典型工作步骤2描述</td><td colspan="5">设计长3000mm、宽1500mm、高2400mm两房两厅的套房内照明线路开关、插座和灯具的安装位置。</td></tr>
<tr><td>序号</td><td colspan="2">检 查 项 目</td><td colspan="2">检 查 标 准</td><td>学生自查</td><td>教师检查</td></tr>
<tr><td>1</td><td colspan="2">单管日光（镜前灯）图形符号</td><td colspan="2">能画出单管日光（镜前灯）图形符号。</td><td></td><td></td></tr>
<tr><td>2</td><td colspan="2">吸顶灯图形符号</td><td colspan="2">能画出吸顶灯图形符号。</td><td></td><td></td></tr>
<tr><td>3</td><td colspan="2">暗装单极开关图形符号</td><td colspan="2">能画出暗装单极开关图形符号。</td><td></td><td></td></tr>
<tr><td>4</td><td colspan="2">暗装双控开关图形符号</td><td colspan="2">能画出暗装双控开关图形符号。</td><td></td><td></td></tr>
<tr><td>5</td><td colspan="2">暗装单相三极插座（带接地）图形符号</td><td colspan="2">能画出暗装单相三极插座（带接地）图形符号。</td><td></td><td></td></tr>
<tr><td colspan="2" rowspan="3">检查评价</td><td>班级</td><td></td><td>第（　　）组</td><td>组长签字</td><td></td></tr>
<tr><td>教师签字</td><td></td><td>日期</td><td colspan="2"></td></tr>
<tr><td colspan="5">评语：</td></tr>
</table>

学习情境
3-15

3.1.3 安装线路

3.1.3.1 安装线路的资讯单

<table>
<tr><td>学习场</td><td colspan="3">安装家居照明线路</td></tr>
<tr><td>学习情境 3</td><td>安装两房两厅照明线路</td><td>学时</td><td>20 分钟</td></tr>
<tr><td>典型工作步骤 3 描述</td><td colspan="3">在长 3000mm、宽 1500mm、高 2400mm 两房两厅的套房内，根据自行设计的平面布置图和安装接线图，进行照明线路暗线布置安装。</td></tr>
<tr><td>搜集资讯的方式</td><td colspan="3">查阅图书资料、搜索网络、小组座谈等</td></tr>
<tr><td>资讯描述</td><td colspan="3">1. 确定各工作岗位人员（表 3.1.2）。
表 3.1.2 岗 位 分 配 表
<table>
<tr><th>类别</th><th>岗位</th><th>人数</th><th>姓名</th><th>备　　注</th></tr>
<tr><td>班组长</td><td>组长</td><td>1</td><td></td><td>负责小组的组织与管理</td></tr>
<tr><td>安全</td><td>安全员</td><td>1</td><td></td><td>负责小组实训过程中的相关安全问题的预测与保障</td></tr>
<tr><td>设计</td><td>设计员</td><td>1</td><td></td><td>负责小组照明线路设计及绘制</td></tr>
<tr><td>施工</td><td>施工员</td><td>1</td><td></td><td>负责小组照明线路的安装</td></tr>
<tr><td>物料</td><td>物料员</td><td>1</td><td></td><td>负责小组施工物料的管理</td></tr>
<tr><td>监理</td><td>监理员</td><td>1</td><td></td><td>负责监察实施步骤执行情况</td></tr>
</table>
（1）设：一个班 45 人，分为 8 个小组，每个小组 5～6 人。若人员有浮动可根据实际情况调节人数（可设兼职）。
（2）每个班组按照岗位不同，进行分工协作，共同完成分配的任务。
（3）教学过程中，以任务为导向，以团队为基本单元，开展课堂组织与工作实施。
2. 在两房两厅居室内进行照明线路暗线布置安装，根据确定的平面布置图，在下面的房屋结构图（图 3.1.2）中绘制安装接线图。</td></tr>
</table>

续表

资讯描述	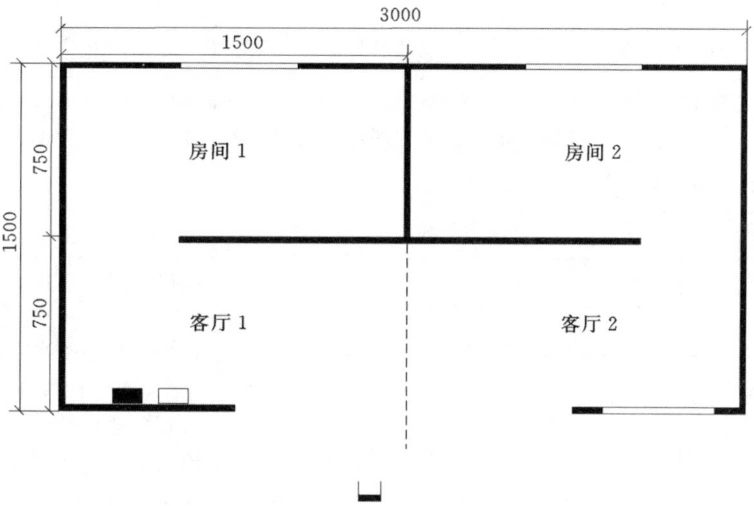 1∶100 图 3.1.2　房屋结构图（五） 3. 暗敷设布线的优缺点。 3.1.1　客厅照明线路安装接线图　　3.1.2　客厅网线、电话线安装接线图
对学生的要求	如有疑问，先组内交流，最后向指导教师咨询。
参考资料	

3.1.3.2　安装线路的计划单

学习场	安装家居照明线路		
学习情境 3	安装两房两厅照明线路	学时	30 分钟
典型工作步骤 3 描述	在长 3000mm、宽 1500mm、高 2400mm 两房两厅的套房内，根据自行设计的平面布置图和安装接线图，进行照明线路暗线布置安装。		
计划制订的方式	小组讨论		

序号	工作步骤	注意事项
		1. 确保电源箱总开关，各分支电源开关均已断开。 2. 根据安装接线图，填写设备材料工具清单，由物料员领取灯具、管线和其他辅料。 3. 检查安装物料是否完好，可用。 4. 编报施工进度计划表（附录 4）。 5. 安装线路。 （1）根据安装接线图和安装高度说明，确定灯具、插座、开关、配电箱等设备的水平位置和高度，固定开关、插座底盒和灯座。 （2）确定每个回路导线敷设 PVC 管的路径（编写工作步骤时，应能体现确定客厅 1、客厅 2、房间 1、房间 2、普通插座、空调插座线路管道路径的先后顺序）。 （3）管道拐弯处进行弯管。 （4）敷设管道（编写工作步骤时，应能体现敷设客厅 1、客厅 2、房间 1、房间 2、普通插座、空调插座线路管道的先后顺序）。 （5）扫管穿线（编写工作步骤时，应能体现客厅 1、客厅 2、房间 1、房间 2、普通插座、空调插座线路穿线的先后顺序）。 （6）连接导线及分支（编写工作步骤时，应能体现连接客厅 1、客厅 2、房间 1、房间 2、普通插座、空调插座线路的先后顺序）。 （7）完成灯座、插座、开关的接线。

计划评价	班级		第（　　）组	组长签字	
	教师签字		日期		
	评语：				

3.1.3.3　安装线路的决策单

<table>
<tr><td>学习场</td><td colspan="6">安装家居照明线路</td></tr>
<tr><td>学习情境 3</td><td colspan="4">安装两房两厅照明线路</td><td>学时</td><td>5 分钟</td></tr>
<tr><td>典型工作步骤 3 描述</td><td colspan="6">在长 3000mm、宽 1500mm、高 2400mm 两房两厅的套房内，根据自行设计的平面布置图和安装接线图，进行照明线路暗线布置安装。</td></tr>
<tr><td colspan="7">计　划　对　比</td></tr>
<tr><td>序号</td><td>可行性</td><td>经济性</td><td>可操作性</td><td>安全性</td><td>实施难度</td><td>综合评价</td></tr>
<tr><td>1</td><td></td><td></td><td></td><td></td><td></td><td></td></tr>
<tr><td>2</td><td></td><td></td><td></td><td></td><td></td><td></td></tr>
<tr><td>3</td><td></td><td></td><td></td><td></td><td></td><td></td></tr>
<tr><td>4</td><td></td><td></td><td></td><td></td><td></td><td></td></tr>
<tr><td>5</td><td></td><td></td><td></td><td></td><td></td><td></td></tr>
<tr><td>6</td><td></td><td></td><td></td><td></td><td></td><td></td></tr>
<tr><td>7</td><td></td><td></td><td></td><td></td><td></td><td></td></tr>
<tr><td>8</td><td></td><td></td><td></td><td></td><td></td><td></td></tr>
<tr><td>9</td><td></td><td></td><td></td><td></td><td></td><td></td></tr>
<tr><td>10</td><td></td><td></td><td></td><td></td><td></td><td></td></tr>
<tr><td rowspan="3">决策评价</td><td>班级</td><td></td><td>第（　　）组</td><td>组长签字</td><td colspan="2"></td></tr>
<tr><td>教师签字</td><td></td><td>日期</td><td colspan="3"></td></tr>
<tr><td colspan="6">评语：</td></tr>
</table>

3.1.3.4　安装线路的实施单

<table>
<tr><td>学习场</td><td colspan="5">安装家居照明线路</td></tr>
<tr><td>学习情境 3</td><td colspan="3">安装两房两厅照明线路</td><td>学时</td><td>610 分钟</td></tr>
<tr><td>典型工作步骤 3 描述</td><td colspan="5">在长 3000mm、宽 1500mm、高 2400mm 两房两厅的套房内，根据自行设计的平面布置图和安装接线图，进行照明线路暗线布置安装。</td></tr>
<tr><td>序号</td><td colspan="2">实 施 步 骤</td><td colspan="3">注 意 事 项</td></tr>
<tr><td></td><td colspan="2"></td><td colspan="3" rowspan="16">1. 注意领用的灯具是否要接地线；面对插座面板，遵守“左零右火接地在上”原则接线。
2. 着装规范。应穿实训服、运动鞋施工。不允许穿拖鞋、打赤脚、打赤膊、穿裙子、穿短装、披头散发等施工。
3. 注意施工安全。不允许将工具放置在房屋配电箱箱内、顶上和房屋屋顶梁、柱等高处；任何人不允许坐在房屋屋顶梁、柱等高处；站在凳子上和梯子上安装施工时，安全员必须站在旁边看护；在施工过程中，不得私自通电试验。
4. 文明施工。组员间沟通讨论应低音交流，不得谈笑喧哗，不许打闹。
5. 安装材料的使用，应在不影响安装结果的前提下注意节约，杜绝浪费。
6. 安装过程如有设备破损须报告指导教师，并填写设备损坏登记簿。
7. 安装完毕后，须将设备和用具等整理清洁，按原来的位置摆设放置，清扫工作现场。</td></tr>
<tr><td></td><td colspan="2"></td></tr>
<tr><td></td><td colspan="2"></td></tr>
<tr><td></td><td colspan="2"></td></tr>
<tr><td></td><td colspan="2"></td></tr>
<tr><td></td><td colspan="2"></td></tr>
<tr><td></td><td colspan="2"></td></tr>
<tr><td></td><td colspan="2"></td></tr>
<tr><td></td><td colspan="2"></td></tr>
<tr><td></td><td colspan="2"></td></tr>
<tr><td></td><td colspan="2"></td></tr>
<tr><td></td><td colspan="2"></td></tr>
<tr><td></td><td colspan="2"></td></tr>
<tr><td></td><td colspan="2"></td></tr>
<tr><td></td><td colspan="2"></td></tr>
<tr><td></td><td colspan="2"></td></tr>
<tr><td colspan="6">实施说明：</td></tr>
<tr><td rowspan="3">实施评价</td><td>班级</td><td></td><td>第（　　）组</td><td>组长签字</td><td></td></tr>
<tr><td>教师签字</td><td></td><td>日期</td><td colspan="2"></td></tr>
<tr><td colspan="5">评语：</td></tr>
</table>

学习情境 3-20

3.1.3.5　安装线路的检查单

<table>
<tr><td colspan="2">学习场</td><td colspan="4">安装家居照明线路</td></tr>
<tr><td colspan="2">学习情境 3</td><td colspan="2">安装两房两厅照明线路</td><td>学时</td><td>10 分钟</td></tr>
<tr><td colspan="2">典型工作步骤 3 描述</td><td colspan="4">在长 3000mm、宽 1500mm、高 2400mm 两房两厅的套房内，根据自行设计的平面布置图和安装接线图，进行照明线路暗线布置安装。</td></tr>
<tr><td>序号</td><td>检 查 项 目</td><td colspan="2">检 查 标 准</td><td>学生自查</td><td>教师检查</td></tr>
<tr><td>1</td><td>照明线路接线原则</td><td colspan="2">火线进开关，零线进灯头。</td><td></td><td></td></tr>
<tr><td>2</td><td>两地控制一吸顶灯线路</td><td colspan="2">能在安装现场指出两地控制一灯安装线路火线和零线走向。</td><td></td><td></td></tr>
<tr><td>3</td><td>暗装单相三极插座接线原则</td><td colspan="2">左零右火接地在上。</td><td></td><td></td></tr>
<tr><td></td><td></td><td colspan="2"></td><td></td><td></td></tr>
<tr><td></td><td></td><td colspan="2"></td><td></td><td></td></tr>
<tr><td></td><td></td><td colspan="2"></td><td></td><td></td></tr>
<tr><td rowspan="3">检查评价</td><td>班级</td><td></td><td>第（　　）组</td><td>组长签字</td><td></td></tr>
<tr><td>教师签字</td><td></td><td>日期</td><td colspan="2"></td></tr>
<tr><td colspan="5">评语：</td></tr>
</table>

学习情境 3-21

3.1.4　检查线路

3.1.4.1　检查线路的资讯单

学习场	安装家居照明线路		
学习情境 3	安装两房两厅照明线路	学时	5 分钟
典型工作步骤 4 描述	用万用表欧姆挡检查两房两厅所有照明线路能否实现设计要求。用兆欧表测量绝缘电阻，检查导线和设备对地绝缘电阻，以及导线间、设备间、导线与设备间绝缘电阻是否大于等于 0.5MΩ，满足通电条件。		
搜集资讯的方式	（学生填写）		
资讯描述	（学生填写）		
对学生的要求			
参考资料			

3.1.4.2　检查线路的计划单

学习场	安装家居照明线路		
学习情境 3	安装两房两厅照明线路	学时	20 分钟
典型工作步骤 4 描述	用万用表欧姆挡检查两房两厅所有照明线路能否实现设计要求。用兆欧表测量绝缘电阻，检查导线和设备对地绝缘电阻，以及导线间、设备间、导线与设备间绝缘电阻是否大于等于 0.5MΩ，满足通电条件。		
计划制订的方式	小组讨论		

序号	工作步骤	注意事项
检查线路是否满足设计要求：		

学习情境 3-23

续表

序号	工 作 步 骤	注 意 事 项
进行线路绝缘电阻测试（线路已满足设计要求）：		
		1. 确保兆欧表是良好的。 2. 顺时针由慢而快转动兆欧表手柄，转速达 120r/min 左右时，保持匀速转动，1min 后边摇边读数，绝缘电阻大于等于 0.5MΩ 时为合格。测量完毕，边慢摇边拆线，然后将被测设备放电。兆欧表未停止转动之前或被测设备未放电之前，严禁用手触及。拆线时，也不要触及导线金属部分。

计划评价	班级		第（　　）组	组长签字	
	教师签字		日期		
	评语：				

收获挥洒汗水的踏实，累积侃侃而谈的实力，满怀真心待人的坦诚

3.1.4.3　检查线路的决策单

<table>
<tr><td>学习场</td><td colspan="7">安装家居照明线路</td></tr>
<tr><td>学习情境 3</td><td colspan="4">安装两房两厅照明线路</td><td colspan="2">学时</td><td>5 分钟</td></tr>
<tr><td>典型工作步骤 4 描述</td><td colspan="7">用万用表欧姆挡检查两房两厅所有照明线路能否实现设计要求。用兆欧表测量绝缘电阻，检查导线和设备对地绝缘电阻，以及导线间、设备间、导线与设备间绝缘电阻是否大于等于 0.5MΩ，满足通电条件。</td></tr>
<tr><td colspan="8">计　划　对　比</td></tr>
<tr><td>序号</td><td>可行性</td><td>经济性</td><td colspan="2">可操作性</td><td>安全性</td><td>实施难度</td><td>综合评价</td></tr>
<tr><td>1</td><td></td><td></td><td colspan="2"></td><td></td><td></td><td></td></tr>
<tr><td>2</td><td></td><td></td><td colspan="2"></td><td></td><td></td><td></td></tr>
<tr><td>3</td><td></td><td></td><td colspan="2"></td><td></td><td></td><td></td></tr>
<tr><td>4</td><td></td><td></td><td colspan="2"></td><td></td><td></td><td></td></tr>
<tr><td>5</td><td></td><td></td><td colspan="2"></td><td></td><td></td><td></td></tr>
<tr><td>6</td><td></td><td></td><td colspan="2"></td><td></td><td></td><td></td></tr>
<tr><td>7</td><td></td><td></td><td colspan="2"></td><td></td><td></td><td></td></tr>
<tr><td>8</td><td></td><td></td><td colspan="2"></td><td></td><td></td><td></td></tr>
<tr><td>9</td><td></td><td></td><td colspan="2"></td><td></td><td></td><td></td></tr>
<tr><td>10</td><td></td><td></td><td colspan="2"></td><td></td><td></td><td></td></tr>
<tr><td rowspan="3">决策评价</td><td>班级</td><td></td><td colspan="2">第（　　）组</td><td>组长签字</td><td colspan="2"></td></tr>
<tr><td>教师签字</td><td></td><td colspan="2">日期</td><td colspan="3"></td></tr>
<tr><td colspan="7">评语：</td></tr>
</table>

学习情境 3-25

3.1.4.4　检查线路的实施单

<table>
<tr><td colspan="2">学习场</td><td colspan="3">安装家居照明线路</td></tr>
<tr><td colspan="2">学习情境 3</td><td>安装两房两厅照明线路</td><td>学时</td><td>40 分钟</td></tr>
<tr><td colspan="2">典型工作步骤 4 描述</td><td colspan="3">用万用表欧姆挡检查两房两厅所有照明线路能否实现设计要求。用兆欧表测量绝缘电阻，检查导线和设备对地绝缘电阻，以及导线间、设备间、导线与设备间绝缘电阻是否大于等于 0.5MΩ，满足通电条件。</td></tr>
<tr><td>序号</td><td colspan="2">实 施 步 骤</td><td colspan="2">注 意 事 项</td></tr>
<tr><td colspan="5">检查线路是否满足设计要求：</td></tr>
<tr><td></td><td colspan="2"></td><td colspan="2" rowspan="11"></td></tr>
<tr><td></td><td colspan="2"></td></tr>
<tr><td></td><td colspan="2"></td></tr>
<tr><td></td><td colspan="2"></td></tr>
<tr><td></td><td colspan="2"></td></tr>
<tr><td></td><td colspan="2"></td></tr>
<tr><td></td><td colspan="2"></td></tr>
<tr><td></td><td colspan="2"></td></tr>
<tr><td></td><td colspan="2"></td></tr>
<tr><td></td><td colspan="2"></td></tr>
<tr><td></td><td colspan="2"></td></tr>
</table>

续表

序号	实施步骤	注意事项
进行线路绝缘电阻测试（线路已满足设计要求）：		
实施说明：		

实施评价	班级		第（　　）组	组长签字	
	教师签字		日期		
	评语：				

3.1.4.5　检查线路的检查单

<table>
<tr><td colspan="2">学习场</td><td colspan="4">安装家居照明线路</td></tr>
<tr><td colspan="2">学习情境 3</td><td colspan="2">安装两房两厅照明线路</td><td>学时</td><td>10 分钟</td></tr>
<tr><td colspan="2">典型工作步骤 4 描述</td><td colspan="4">用万用表欧姆挡检查两房两厅所有照明线路能否实现设计要求。用兆欧表测量绝缘电阻，检查导线和设备对地绝缘电阻，以及导线间、设备间、导线与设备间绝缘电阻是否大于等于 0.5MΩ，满足通电条件。</td></tr>
<tr><td>序号</td><td>检查项目</td><td colspan="2">检查标准</td><td>学生自查</td><td>教师检查</td></tr>
<tr><td>1</td><td>万用表检查线路</td><td colspan="2">会用万用表欧姆挡检查两地控制一灯线路是否满足设计要求。</td><td></td><td></td></tr>
<tr><td>2</td><td>兆欧表测量绝缘电阻</td><td colspan="2">会用兆欧表测量火线对地、零线对地和火线零线之间的绝缘电阻。</td><td></td><td></td></tr>
<tr><td>3</td><td>绝缘电阻合格的标准</td><td colspan="2">绝缘电阻≥0.5MΩ。</td><td></td><td></td></tr>
<tr><td></td><td></td><td colspan="2"></td><td></td><td></td></tr>
<tr><td></td><td></td><td colspan="2"></td><td></td><td></td></tr>
<tr><td></td><td></td><td colspan="2"></td><td></td><td></td></tr>
<tr><td></td><td></td><td colspan="2"></td><td></td><td></td></tr>
<tr><td rowspan="3">检查评价</td><td>班级</td><td></td><td>第（　　）组</td><td>组长签字</td><td></td></tr>
<tr><td>教师签字</td><td></td><td>日期</td><td colspan="2"></td></tr>
<tr><td colspan="5">评语：</td></tr>
</table>

3.1.5　测试验收线路

3.1.5.1　测试验收线路的资讯单

学习场	安装家居照明线路		
学习情境3	安装两房两厅照明线路	学时	5分钟
典型工作步骤5描述	列出安全用电注意事项。教师监护，学生操作，测试验收两房两厅照明线路。		
搜集资讯的方式	（学生填写）		
资讯描述	（学生填写） 安全用电注意事项：		
对学生的要求	如有疑问，先组内交流，最后向指导教师咨询。		
参考资料			

3.1.5.2　测试验收线路的计划单

学习场	安装家居照明线路		
学习情境 3	安装两房两厅照明线路	学时	30 分钟
典型工作步骤 5 描述	列出安全用电注意事项。教师监护，学生操作，测试验收两房两厅照明线路。		
计划制订的方式	小组讨论		

序号	工 作 步 骤	具体工作内容或作用

计划评价	班级		第（　　）组	组长签字	
	教师签字		日期		
	评语：				

3.1.5.3　测试验收线路的决策单

<table>
<tr><td>学习场</td><td colspan="7">安装家居照明线路</td></tr>
<tr><td>学习情境3</td><td colspan="5">安装两房两厅照明线路</td><td>学时</td><td>5分钟</td></tr>
<tr><td>典型工作步骤5描述</td><td colspan="7">列出安全用电注意事项。教师监护，学生操作，测试验收两房两厅照明线路。</td></tr>
<tr><td colspan="8">计　划　对　比</td></tr>
<tr><td>序号</td><td>可行性</td><td>经济性</td><td>可操作性</td><td>安全性</td><td>实施难度</td><td colspan="2">综合评价</td></tr>
<tr><td>1</td><td></td><td></td><td></td><td></td><td></td><td colspan="2"></td></tr>
<tr><td>2</td><td></td><td></td><td></td><td></td><td></td><td colspan="2"></td></tr>
<tr><td>3</td><td></td><td></td><td></td><td></td><td></td><td colspan="2"></td></tr>
<tr><td>4</td><td></td><td></td><td></td><td></td><td></td><td colspan="2"></td></tr>
<tr><td>5</td><td></td><td></td><td></td><td></td><td></td><td colspan="2"></td></tr>
<tr><td>6</td><td></td><td></td><td></td><td></td><td></td><td colspan="2"></td></tr>
<tr><td>7</td><td></td><td></td><td></td><td></td><td></td><td colspan="2"></td></tr>
<tr><td>8</td><td></td><td></td><td></td><td></td><td></td><td colspan="2"></td></tr>
<tr><td>9</td><td></td><td></td><td></td><td></td><td></td><td colspan="2"></td></tr>
<tr><td>10</td><td></td><td></td><td></td><td></td><td></td><td colspan="2"></td></tr>
<tr><td rowspan="3">决策评价</td><td>班级</td><td></td><td>第（　　）组</td><td>组长签字</td><td colspan="3"></td></tr>
<tr><td>教师签字</td><td></td><td>日期</td><td colspan="4"></td></tr>
<tr><td colspan="7">评语：</td></tr>
</table>

学习情境 3-31

3.1.5.4　测试验收线路的实施单

学习场	安装家居照明线路		
学习情境3	安装两房两厅照明线路	学时	20分钟
典型工作步骤5描述	列出安全用电注意事项。教师监护，学生操作，测试验收两房两厅照明线路。		

序号	实 施 步 骤	具体工作内容、作用或注意事项

实施说明：（教师可根据实训现场条件进一步调整、完善具体实施步骤。）

实施评价	班级		第（　　）组	组长签字	
	教师签字		日期		
	评语：				

3.1.5.5　测试验收线路的检查单

学习场	安装家居照明线路				
学习情境3	安装两房两厅照明线路		学时	10分钟	
典型工作步骤5描述	列出安全用电注意事项。教师监护，学生操作，测试验收两房两厅照明线路。				
序号	检查项目	检查标准	学生自查	教师检查	
1	安全用电常识	能说出3～5点安全用电常识。			
2	检测电源	会用万用表交流电压挡测量电源电压。			
3	测试验收线路操作过程	能正确操作通电过程。			
检查评价	班级		第（　　）组	组长签字	
	教师签字		日期		
	评语：				

3.2　安装两房两厅照明线路评价单

<table>
<tr><td>学习场</td><td colspan="5">安装家居照明线路</td></tr>
<tr><td>学习情境 3</td><td colspan="2">安装两房两厅照明线路</td><td>学时</td><td colspan="2">960 分钟</td></tr>
<tr><td>典型工作过程描述</td><td colspan="5">绘制原理图—设计安装位置—安装线路—检查线路—测试验收线路</td></tr>
<tr><td>评价项目</td><td colspan="2">评价子项目配分</td><td>学生自评</td><td>组内评价</td><td>教师评价</td></tr>
<tr><td>绘制原理图
(10 分)</td><td colspan="2">1. 资讯 2 分；2. 计划 2 分；3. 决策 1 分；4. 实施 3 分；5. 检查 1 分；6. 评价 1 分。</td><td></td><td></td><td></td></tr>
<tr><td>设计安装位置
(10 分)</td><td colspan="2">1. 资讯 2 分；2. 计划 2 分；3. 决策 1 分；4. 实施 3 分；5. 检查 1 分；6. 评价 1 分。</td><td></td><td></td><td></td></tr>
<tr><td>安装线路
(35 分)</td><td colspan="2">1. 资讯 5 分；2. 计划 5 分；3. 决策 5 分；4. 实施 10 分；5. 检查 5 分；6. 评价 5 分。</td><td></td><td></td><td></td></tr>
<tr><td>检查线路
(26 分)</td><td colspan="2">1. 资讯 2 分；2. 计划 4 分；3. 决策 2 分；4. 实施 10 分；5. 检查 6 分；6. 评价 2 分。</td><td></td><td></td><td></td></tr>
<tr><td>测试验收线路
(19 分)</td><td colspan="2">1. 资讯 2 分；2. 计划 5 分；3. 决策 2 分；4. 实施 6 分；5. 检查 2 分；6. 评价 2 分。</td><td></td><td></td><td></td></tr>
<tr><td>成绩
(学生签名：　)</td><td colspan="2">1. 资讯 13 分；2. 计划 18 分；3. 决策 11 分；4. 实施 32 分；5. 检查 15 分；6. 评价 11 分。</td><td></td><td></td><td></td></tr>
<tr><td rowspan="3">评价的评价</td><td>班级</td><td></td><td>第（　）组</td><td>组长签字</td><td></td></tr>
<tr><td>教师签字</td><td></td><td>日期</td><td colspan="2"></td></tr>
<tr><td colspan="5">评语：</td></tr>
</table>

3.3　材料工具清单

学习场	安装家居照明线路				
学习情境 3	安装两房两厅照明线路			学时	960 分钟
典型工作过程描述	绘制原理图—设计安装位置—安装线路—检查线路—测试验收线路				
序号	名称	作用	数量	型号规格	使用者
班级		第（　　）组	组长签字		
教师签字		日期			

3.4 教学反馈单

<table>
<tr><td colspan="2">学习场</td><td colspan="3">安装家居照明线路</td></tr>
<tr><td colspan="2">学习情境 3</td><td>安装两房两厅照明线路</td><td>学时</td><td>960 分钟</td></tr>
<tr><td colspan="2">典型工作过程描述</td><td colspan="3">绘制原理图—设计安装位置—安装线路—检查线路—测试验收线路</td></tr>
<tr><td rowspan="10">调查项目</td><td>序号</td><td colspan="2">调 查 内 容</td><td>理 由 描 述</td></tr>
<tr><td></td><td colspan="2"></td><td></td></tr>
<tr><td></td><td colspan="2"></td><td></td></tr>
<tr><td></td><td colspan="2"></td><td></td></tr>
<tr><td></td><td colspan="2"></td><td></td></tr>
<tr><td></td><td colspan="2"></td><td></td></tr>
<tr><td></td><td colspan="2"></td><td></td></tr>
<tr><td></td><td colspan="2"></td><td></td></tr>
<tr><td></td><td colspan="2"></td><td></td></tr>
<tr><td></td><td colspan="2"></td><td></td></tr>
<tr><td colspan="5">您对本次课程教学的改进意见：</td></tr>
</table>

调查信息	被调查人姓名		调查日期	

Learning scenario 3
Lighting circuit installation of two-bedroom apartments

3.0 Learning worksheet

<table>
<tr><td>Learning field</td><td colspan="6">Installation of household lighting circuits</td></tr>
<tr><td>Learning scenario 3</td><td colspan="3">Lighting circuit installation of two-bedroom apartments</td><td colspan="2">Teaching time</td><td>960 minutes</td></tr>
<tr><td>Description of the typical working processes</td><td colspan="6">Schematic diagram drawing – installation position design – circuit installation– circuit inspection – circuit testing and acceptance</td></tr>
<tr><td>Learning objectives</td><td colspan="6">1. Be able to lay lighting circuits of two-bedroom apartments.
2. Comply with construction codes for electrical engineering.
3. Develop an awareness of electricity safety.</td></tr>
<tr><td>Task description</td><td colspan="6">1. According to the given system diagram of the power supply box (see Appendix Table 3.1), draw a working schematic diagram, a layout plan, and an installation and wiring diagram of the lighting circuits of a two-bedroom apartment;
2. Perform concealed wiring and installation of lighting circuits in a two-bedroom apartment (length: 3,000 mm, width: 1,500 mm, height: 2,400 mm, walls are made of 2 mm galvanized mesh panels).
Requirements: ① Each room of the apartment shall be equipped with a lighting lamp powered by an independent power switch; at least one lighting lamp is two-site control. ② The apartment shall be equipped with one ordinary socket and one air-conditioning socket. ③ Design installation positions of the lighting circuits and sockets on your own and perform concealed wiring according to the given requirements. ④ The task must be completed within two days. ⑤ Available lamps and switches are listed in Appendix Table 3.8.</td></tr>
<tr><td>Teaching schedule</td><td>Information: 50 minutes</td><td>Planning: 100 minutes</td><td>Decision: 25 minutes</td><td>Implementation: 710 minutes</td><td>Check: 50 minutes</td><td>Assessment: 25 minutes</td></tr>
<tr><td>Requirements for students</td><td colspan="6">1. Prior to the practical training, familiarize yourself with the learning worksheet and teaching guidance.
2. Complete the practical training task of the day following the instructions promptly.
3. Always be quiet in the practical training room; keep your voice down while communicating with group members; laughing, making noise, or any other action irrelevant to the task is not allowed lest the practical training of others be disturbed.
4. During the practical training, copying of others' practical training records is not allowed. Otherwise, a new record is required. In case of any doubt, ask your instructor for guidance before proceeding.
5. The practical training room must be cleaned daily by the student on duty; the room must be kept tidy; the power supply must be turned off, and doors and windows must be closed.</td></tr>
<tr><td>References</td><td colspan="6">Unified Standard for Building Drawings (GB/T 50001–2017)
Code for Acceptance of Construction Quality of Building Electrical Engineering (GB 50303–2015)</td></tr>
</table>

3.1 Teaching guidance

Learning field	Installation of household lighting circuits	Learning scenario 3	Lighting circuit installation of two-bedroom apartments	Reference frame	Task description: concealed lighting circuit installation of two-bedroom apartments	
General working processes / Typical working processes	Information	Planning	Decision	Implementation	Check	Assessment
Schematic diagram drawing	Determine individual working responsibility; based on the given system diagram (see Appendix Table 3.1) and requirements, draw working schematic diagrams of the lighting circuits of a two-bedroom apartment, that is, the working schematic diagrams of four lighting circuits and two socket circuits; complete 3.1.1.1 Information sheet for schematic diagram drawing.	Through group discussion, consultation with experts, etc., develop a plan to draw working schematic diagrams of the lighting circuits of a two-bedroom apartment; complete 3.1.1.2 Planning sheet for schematic diagram drawing.	Analyse, compare, and assess the merits and shortcomings of each plan, rate them, and select the optimal plan based on feasibility, economy, operability, and implementation difficulty.	Draw working schematic diagrams of the lighting circuits of a two-bedroom apartment through group discussion and other means; complete 3.1.1.4 Implementation sheet for schematic diagram drawing.	Self-checks by students and checks by teachers are to be conducted according to the check items and check criteria included in 3.1.1.5 Check sheet for schematic diagram drawing.	Conduct self-assessment, peer assessment, and teacher assessment according to the assessment points of subitems and complete 3.2 Assessment sheet for lighting circuit installation of two-bedroom apartments.

Continue

Learning field	Installation of household lighting circuits	Learning scenario 3	Lighting circuit installation of two-bedroom apartments	Reference frame	Task description: concealed lighting circuit installation of two-bedroom apartments	
General working processes / Typical working processes	Information	Planning	Decision	Implementation	Check	Assessment
Installation position design	Identify the given structure size of the two-bedroom apartment on-site; determine the lamps and switches to be used in each room; propose positions where lamps, switches and sockets can be installed; complete 3.1.2.1 Information sheet for installation position design.	Prepare a positioning plan for the lighting circuit of a two-bedroom apartment through group discussion and other means; complete 3.1.2.2 Planning sheet for installation position design.	Analyse, compare, and assess the merits and shortcomings of each plan, rate them, and select the optimal plan based on feasibility, economy, operability, safety, and implementation difficulty.	According to the actual location of the concealed output pipe from the power supply box on-site, determine the optimal layout and draw a lighting circuit layout plan of a two-bedroom apartment finalized by the group based on on-site inspection and group discussion. Installation height instructions: Installation positions of switches shall be 1.2 - 1.4 m above the ground; no requirements are set for the distance between switches and the door frame due to the actual constraints at the working site; the bottom edge of the air-conditioning socket shall be 2 m above the ground and that of the ordinary socket shall be 0.3 m above the ground; the holders of the mirror lamp and the wall lamp shall be 1.8 m above the ground; other lamps shall be installed as ceiling lamps.	Conduct self-check by students and check by the teacher according to the check items and check criteria included in 3.1.2.5 Check sheet for installation position design.	Conduct self-assessment, peer assessment, and teacher assessment according to the assessment points of subitems and complete 3.2 Assessment sheet for lighting circuit installation of two-bedroom apartments.

Continue

Learning field	Installation of household lighting circuits	Learning scenario 3	Lighting circuit installation of two-bedroom apartments	Reference frame	Task description: concealed lighting circuit installation of two-bedroom apartments	
General working processes / Typical working processes	Information	Planning	Decision	Implementation	Check	Assessment
Circuit installation	Determine individual working responsibility. Perform concealed wiring and installation of lighting circuits in a two-bedroom apartment (length: 3,000 mm, width: 1,500 mm, height: 2,400 mm, walls are made of 2 mm galvanized mesh panels). According to the finalized layout plan, draw an installation and wiring diagram; present the advantages and disadvantages of concealed wiring; complete 3.1.3.1 Information sheet for circuit installation.	Prepare an installation plan for the lighting circuit of a two-bedroom apartment through group discussion and other means; complete the construction schedule (see Appendix 4) and 3.1.3.2 Planning sheet for circuit installation.	Analyse, compare, and assess the merits and shortcomings of each plan, rate them, and select the optimal plan based on feasibility, economy, operability, safety, and implementation difficulty.	Complete the list of materials and tools according to the installation and wiring diagram; the material clerk is responsible for receiving lamps, piping and other auxiliary materials. First, fix the switch, the socket bottom box and the lamp holder; then deploy and fix the PVC pipe; use a wire threader to thread the live wire, neutral wire, and earth wire of each circuit; connect the switch socket and complete the circuit installation.	Conduct self-check by students and check by the teacher according to the check items and check criteria included in 3.1.3.5 Check sheet for circuit installation.	Conduct self-assessment, peer assessment, and teacher assessment according to the assessment points of subitems and complete 3.2 Assessment sheet for lighting circuit installation of two-bedroom apartments.

Continue

Learning field	Installation of household lighting circuits	Learning scenario 3	Lighting circuit installation of two-bedroom apartments	Reference frame	Task description: concealed lighting circuit installation of two-bedroom apartments	
General working processes / Typical working processes	Information	Planning	Decision	Implementation	Check	Assessment
Circuit inspection	The resistance range of a multimeter can be used to measure whether the circuit is on or off; a megohmmeter can be used to measure the insulation resistance. In general, to meet the energized conditions, the ground insulation resistance of wires and equipment, as well as the insulation resistance between wires, between equipment, and between wires and equipment, shall be greater than or equal to 0.5 MΩ.	Prepare an inspection plan for the lighting circuit of a two-bedroom apartment through group discussion and other means; complete 3.1.4.2 Planning sheet for circuit inspection.	Analyse, compare, and assess the merits and shortcomings of each plan, rate them, and select the optimal plan based on feasibility, economy, operability, safety, and implementation difficulty.	Use the ×1 resistance range of the multimeter to determine whether the installed lighting circuit can meet the design requirements. Use the megohmmeter to measure the ground insulation resistance of the live and neutral wires, and that between the live and neutral wires.	Conduct self-check by students and check by the teacher according to the check items and check criteria included in 3.1.4.5 Check sheet for circuit inspection.	Conduct self-assessment, peer assessment, and teacher assessment according to the assessment points of subitems and complete 3.2 Assessment sheet for lighting circuit installation of two-bedroom apartments.

Continue

Learning field	Installation of household lighting circuits	Learning scenario 3	Lighting circuit installation of two-bedroom apartments	Reference frame	Task description: concealed lighting circuit installation of two-bedroom apartments	
General working processes / Typical working processes	Information	Planning	Decision	Implementation	Check	Assessment
Circuit testing and acceptance	Through online search, group discussion, etc., list precautions for electricity safety. Under the supervision of teacher, students use the master power distribution box-sub distribution box (room power supply box) in the practical training room to provide power and connect the circuits of the two-bedroom apartment to perform circuit testing and acceptance.	Prepare a circuit testing and acceptance plan for the lighting circuit of a two-bedroom apartment through group discussion and other means; complete 3.1.5.2 Planning sheet for circuit testing and acceptance.	Analyse, compare, and assess the merits and shortcomings of each plan, rate them, and select the optimal plan based on feasibility, economy, operability, safety, and implementation difficulty.	Turn on the power supply-sequentially; inspect each lighting circuit and the socket circuit; complete the circuit testing and acceptance; fill in the acceptance sheet for lighting circuit (see Appendix 2). Finally, arrange and clean the working site.	Conduct self-check by students and check by the teacher according to the check items and check criteria included in 3.1.5.5 Check sheet for circuit testing and acceptance.	Conduct self-assessment, peer assessment, and teacher assessment according to the assessment points of subitems and complete 3.2 Assessment sheet for lighting circuit installation of two-bedroom apartments.

3.1.1 Schematic diagram drawing

3.1.1.1 Information sheet for schematic diagram drawing

<table>
<tr><td>Learning field</td><td colspan="3">Installation of household lighting circuits</td></tr>
<tr><td>Learning scenario 3</td><td>Lighting circuit installation of two-bedroom apartments</td><td>Teaching time</td><td>5 minutes</td></tr>
<tr><td>Description of the typical working step 1</td><td colspan="3">Based on the given system diagram, draw the working schematic diagrams of 4 lighting circuits and 2 socket circuits.</td></tr>
<tr><td>Information collection methods</td><td colspan="3">Online search, group discussion, etc.</td></tr>
<tr><td>Information description</td><td colspan="3">1. Complete the task assignment table (Table. 3.1.1)

Table 3.1.1 Task assignment table
<table>
<tr><th>Division of labor</th><th>Positions</th><th>Number of students</th><th>Students' name</th><th>Notes</th></tr>
<tr><td>Team/Group leader</td><td>Group leader</td><td>1</td><td></td><td>Responsible for the organization and management of the group</td></tr>
<tr><td>Design</td><td>Designer</td><td></td><td></td><td>Responsible for the design of the group's lighting circuits</td></tr>
<tr><td>Drafting</td><td>Draftsperson</td><td></td><td></td><td>Responsible for the drawing of the group's lighting circuits</td></tr>
</table>
2.Drawing</td></tr>
<tr><td>Requirements for students</td><td colspan="3">Search for relevant knowledge online. In case of any doubt, discuss with your group members, then ask your instructor for guidance.</td></tr>
<tr><td>References</td><td colspan="3"></td></tr>
</table>

3.1.1.2 Planning sheet for schematic diagram drawing

<table>
<tr><td colspan="2">Learning field</td><td colspan="5">Installation of household lighting circuits</td></tr>
<tr><td colspan="2">Learning scenario 3</td><td colspan="2">Lighting circuit installation of two-bedroom apartments</td><td colspan="2">Teaching time</td><td>5 minutes</td></tr>
<tr><td colspan="2">Description of the typical working step 1</td><td colspan="5">Based on the given system diagram, draw the working schematic diagrams of 4 lighting circuits and 2 socket circuits.</td></tr>
<tr><td colspan="2">Planning methods</td><td colspan="5">Group discussion and consultation with experts</td></tr>
<tr><td>Number</td><td colspan="2">Working steps</td><td colspan="4">Notice</td></tr>
<tr><td>1</td><td colspan="2">Prepare the drawing tools.</td><td colspan="4"></td></tr>
<tr><td>2</td><td colspan="2">Determine the graphic symbols of lamps and switches.</td><td colspan="4"></td></tr>
<tr><td>3</td><td colspan="2">Determine the layout of lamps and switches and draw the graphic symbols on paper.</td><td colspan="4"></td></tr>
<tr><td>4</td><td colspan="2">Draw a working schematic diagram of the circuit of a two-site control ceiling lamp.</td><td colspan="4">Master the correct wiring of using two dual-control switches to control a two-site control lamp.</td></tr>
<tr><td>5</td><td colspan="2">Draw working schematic diagrams of the circuits of three single-control mirror lamps.</td><td colspan="4"></td></tr>
<tr><td>6</td><td colspan="2">Draw a working schematic diagram of the circuit of an ordinary socket.</td><td colspan="4"></td></tr>
<tr><td>7</td><td colspan="2">Draw a working schematic diagram of the circuit of an air-conditioning socket.</td><td colspan="4"></td></tr>
<tr><td colspan="2" rowspan="3">Plan assessment</td><td>Class</td><td></td><td>Group ( )</td><td>Group leader's signature</td><td></td></tr>
<tr><td>Teacher's signature</td><td></td><td>Date</td><td colspan="2"></td></tr>
<tr><td colspan="5">Comments:</td></tr>
</table>

3.1.1.3 Decision sheet for schematic diagram drawing

<table>
<tr><td>Learning field</td><td colspan="5">Installation of household lighting circuits</td></tr>
<tr><td>Learning scenario 3</td><td colspan="3">Lighting circuit installation of two-bedroom apartments</td><td>Teaching time</td><td>5 minutes</td></tr>
<tr><td>Description of the typical working step 1</td><td colspan="5">Based on the given system diagram, draw the working schematic diagrams of 4 lighting circuits and 2 socket circuits.</td></tr>
<tr><td colspan="6">Plan comparison</td></tr>
<tr><td>Number</td><td>Feasibility</td><td>Economy</td><td>Operability</td><td>Implementation difficulty</td><td>Integrated assessment</td></tr>
<tr><td>1</td><td></td><td></td><td></td><td></td><td></td></tr>
<tr><td>2</td><td></td><td></td><td></td><td></td><td></td></tr>
<tr><td>3</td><td></td><td></td><td></td><td></td><td></td></tr>
<tr><td>4</td><td></td><td></td><td></td><td></td><td></td></tr>
<tr><td>5</td><td></td><td></td><td></td><td></td><td></td></tr>
<tr><td>6</td><td></td><td></td><td></td><td></td><td></td></tr>
<tr><td>7</td><td></td><td></td><td></td><td></td><td></td></tr>
<tr><td>8</td><td></td><td></td><td></td><td></td><td></td></tr>
<tr><td>9</td><td></td><td></td><td></td><td></td><td></td></tr>
<tr><td>10</td><td></td><td></td><td></td><td></td><td></td></tr>
<tr><td rowspan="3">Decision assessment</td><td>Class</td><td></td><td>Group ( )</td><td>Group leader's signature</td><td></td></tr>
<tr><td>Teacher's signature</td><td></td><td>Date</td><td colspan="2"></td></tr>
<tr><td colspan="5">Comments:</td></tr>
</table>

3.1.1.4 Implementation sheet for schematic diagram drawing

<table>
<tr><td>Learning field</td><td colspan="3">Installation of household lighting circuits</td></tr>
<tr><td>Learning scenario 3</td><td>Lighting circuit installation of two-bedroom apartments</td><td>Teaching time</td><td>20 minutes</td></tr>
<tr><td>Description of the typical working step 1</td><td colspan="3">Based on the given system diagram, draw the working schematic diagrams of 4 lighting circuits and 2 socket circuits.</td></tr>
</table>

<table>
<tr><td>Number</td><td>Implementation steps</td><td>Working schematic diagram</td></tr>
<tr><td>1</td><td></td><td rowspan="11"></td></tr>
<tr><td>2</td><td></td></tr>
<tr><td>3</td><td></td></tr>
<tr><td>4</td><td></td></tr>
<tr><td>5</td><td></td></tr>
<tr><td>6</td><td></td></tr>
<tr><td>7</td><td></td></tr>
<tr><td></td><td></td></tr>
<tr><td></td><td></td></tr>
<tr><td></td><td></td></tr>
<tr><td></td><td></td></tr>
<tr><td colspan="3">Implementation note:</td></tr>
</table>

<table>
<tr><td rowspan="3">Implementation assessment</td><td>Class</td><td></td><td>Group ( )</td><td>Group leader's signature</td><td></td></tr>
<tr><td>Teacher's signature</td><td></td><td>Date</td><td colspan="2"></td></tr>
<tr><td colspan="5">Comments:</td></tr>
</table>

3.1.1.5 Check sheet for schematic diagram drawing

<table>
<tr><td colspan="2">Learning field</td><td colspan="4">Installation of household lighting circuits</td></tr>
<tr><td colspan="2">Learning scenario 3</td><td colspan="2">Lighting circuit installation of two-bedroom apartments</td><td>Teaching time</td><td>10 minutes</td></tr>
<tr><td colspan="2">Description of the typical working step 1</td><td colspan="4">Based on the given system diagram, draw the working schematic diagrams of 4 lighting circuits and 2 socket circuits.</td></tr>
<tr><td>Number</td><td>Check items</td><td colspan="2">Check criteria</td><td>Self-check by students</td><td>Check by the teacher</td></tr>
<tr><td>1</td><td>The structure of one-way dual-control switches</td><td colspan="2">Be able to present the components of a one-way dual-control switch: one moving contact and two static contacts.</td><td></td><td></td></tr>
<tr><td>2</td><td>Schematic diagram of the circuit of a two-site control lamp</td><td colspan="2">Be able to draw a schematic diagram of the circuit of a two-site control lamp.</td><td></td><td></td></tr>
<tr><td>3</td><td>Schematic diagram of the circuit of an air-conditioning socket</td><td colspan="2">Be able to draw a schematic diagram of the circuit of an air-conditioning socket.</td><td></td><td></td></tr>
<tr><td></td><td></td><td colspan="2"></td><td></td><td></td></tr>
<tr><td></td><td></td><td colspan="2"></td><td></td><td></td></tr>
<tr><td></td><td></td><td colspan="2"></td><td></td><td></td></tr>
<tr><td></td><td></td><td colspan="2"></td><td></td><td></td></tr>
<tr><td rowspan="3">Check assessment</td><td>Class</td><td></td><td>Group ( )</td><td>Group leader's signature</td><td></td></tr>
<tr><td>Teacher's signature</td><td></td><td>Date</td><td></td><td></td></tr>
<tr><td colspan="5">Comments:</td></tr>
</table>

3.1.2 Installation position design

3.1.2.1 Information sheet for installation position design

Learning field	Installation of household lighting circuits		
Learning scenario 3	Lighting circuit installation of two-bedroom apartments	Teaching time	15 minutes
Description of the typical working step 2	Design the installation positions of the switches and sockets of lighting circuits, as well as the lamps, in a two-bedroom apartment (length: 3,000 mm, width: 1,500 mm, height: 2,400 mm).		
Information collection methods	(To be completed by the student)		
Information description	Determine the lamps and switches to be used in each room; present all the layout plans proposed by the group with schematic diagrams. (To be completed by the student)		
Requirements for students	In case of any doubt, discuss with your group members, then ask your instructor for guidance.		
References			

3.1.2.2 Planning sheet for installation position design

Learning field	Installation of household lighting circuits		
Learning scenario 3	Lighting circuit installation of two-bedroom apartments	Teaching time	15 minutes
Description of the typical working step 2	Design the installation positions of the switches and sockets of lighting circuits, as well as the lamps, in a two-bedroom apartment (length: 3,000 mm, width: 1,500 mm, height: 2,400 mm).		
Planning methods	Group discussion, consultation with teachers		

Number	Working steps	Notice

Plan assessment	Class		Group ( )	Group leader's signature	
	Teacher's signature		Date		
	Comments:				

3.1.2.3 Decision sheet for installation position design

<table>
<tr><td colspan="2">Learning field</td><td colspan="5">Installation of household lighting circuits</td></tr>
<tr><td colspan="2">Learning scenario 3</td><td colspan="2">Lighting circuit installation of two-bedroom apartments</td><td>Teaching time</td><td colspan="2">5 minutes</td></tr>
<tr><td colspan="2">Description of the typical working step 2</td><td colspan="5">Design the installation positions of the switches and sockets of lighting circuits, as well as the lamps, in a two-bedroom apartment (length: 3,000 mm, width: 1,500 mm, height: 2,400 mm).</td></tr>
<tr><td colspan="7">Plan comparison</td></tr>
<tr><td>Number</td><td>Feasibility</td><td>Economy</td><td>Operability</td><td>Safety</td><td>Implementation difficulty</td><td>Integrated assessment</td></tr>
<tr><td>1</td><td></td><td></td><td></td><td></td><td></td><td></td></tr>
<tr><td>2</td><td></td><td></td><td></td><td></td><td></td><td></td></tr>
<tr><td>3</td><td></td><td></td><td></td><td></td><td></td><td></td></tr>
<tr><td>4</td><td></td><td></td><td></td><td></td><td></td><td></td></tr>
<tr><td>5</td><td></td><td></td><td></td><td></td><td></td><td></td></tr>
<tr><td>6</td><td></td><td></td><td></td><td></td><td></td><td></td></tr>
<tr><td>7</td><td></td><td></td><td></td><td></td><td></td><td></td></tr>
<tr><td>8</td><td></td><td></td><td></td><td></td><td></td><td></td></tr>
<tr><td>9</td><td></td><td></td><td></td><td></td><td></td><td></td></tr>
<tr><td>10</td><td></td><td></td><td></td><td></td><td></td><td></td></tr>
<tr><td colspan="2" rowspan="3">Decision assessment</td><td>Class</td><td></td><td>Group ( )</td><td>Group leader’s signature</td><td></td></tr>
<tr><td>Teacher’s signature</td><td></td><td>Date</td><td></td><td></td></tr>
<tr><td colspan="5">Comments:</td></tr>
</table>

3.1.2.4 Implementation sheet for installation position design

Learning field	Installation of household lighting circuits		
Learning scenario 3	Lighting circuit installation of two-bedroom apartments	Teaching time	20 minutes
Description of the typical working step 2	Design the installation positions of the switches and sockets of lighting circuits, as well as the lamps, in a two-bedroom apartment (length: 3,000 mm, width: 1,500 mm, height: 2,400 mm).		

Number	Implementation steps	Notice
		Seek optimal layout according to the actual location of the concealed output pipe from the power supply box on-site.

Implementation note:

1. Draw the layout plan of the lighting circuits of the two-bedroom apartment finalized by the group in the house structure diagram below (Figure 3.1.1).

1 : 100

Figure 3.1.1 House structure diagram (Ⅳ)

Continue

<table>
<tr><td colspan="6">2. Installation height instructions.
(1) Installation positions of switches shall be 1.2 - 1.4 m above the ground; no requirements are set for the distance between switches and the door frame due to the actual constraints at the working site.
(2) The bottom edge of the air-conditioning socket shall be 2 m above the ground and that of the ordinary socket shall be 0.3 m above the ground.
(3) The holders of the mirror lamp and the wall lamp shall be 1.8 m above the ground; other lamps shall be installed as ceiling lamps.</td></tr>
<tr><td rowspan="3">Implementation assessment</td><td>Class</td><td></td><td>Group ( )</td><td>Group leader's signature</td><td></td></tr>
<tr><td>Teacher's signature</td><td></td><td>Date</td><td colspan="2"></td></tr>
<tr><td colspan="5">Comments:</td></tr>
</table>

3.1.2.5 Check sheet for installation position design

Learning field	Installation of household lighting circuits		
Learning scenario 3	Lighting circuit installation of two-bedroom apartments	Teaching time	10 minutes
Description of the typical working step 2	Design the installation positions of the switches and sockets of lighting circuits, as well as the lamps, in a two-bedroom apartment (length: 3,000 mm, width: 1,500 mm, height: 2,400 mm).		

Number	Check items	Check criteria	Self-check by students	Check by the teacher
1	Graphic symbols of single-tube fluorescent lamps (mirror lamps)	Be able to draw the graphic symbols of single-tube fluorescent lamps (mirror lamps).		
2	Graphic symbols of ceiling lamps	Be able to draw the graphic symbols of ceiling lamps.		
3	Graphic symbols of concealed single-pole switches	Be able to draw the graphic symbols of concealed single-pole switches.		
4	Graphic symbols of concealed dual-control switches	Be able to draw the graphic symbols of concealed dual-control switches.		
5	Graphic symbols of concealed single-phase three-pole sockets (with grounding)	Be able to draw the graphic symbols of concealed single-phase three-pole sockets (with grounding).		

Check assessment	Class		Group ( )	Group leader's signature	
	Teacher's signature		Date		
	Comments:				

3.1.3　Circuit installation

3.1.3.1　Information sheet for circuit installation

<table>
<tr><td>Learning field</td><td colspan="3">Installation of household lighting circuits</td></tr>
<tr><td>Learning scenario 3</td><td>Lighting circuit installation of two-bedroom apartments</td><td>Teaching time</td><td>20 minutes</td></tr>
<tr><td>Description of the typical working step 3</td><td colspan="3">Perform concealed wiring and installation of lighting circuits in a two-bedroom apartment (length: 3,000 mm, width: 1,500 mm, height: 2,400 mm) according to the self-designed layout plan and installation and wiring diagram.</td></tr>
<tr><td>Information collection methods</td><td colspan="3">Consult reference books and materials, online search, group discussion, etc.</td></tr>
<tr><td>Information description</td><td colspan="3">1. Determine individual working responsibility (Table 3.1.2).

Table 3.1.2　Task assignment table
<table>
<tr><th>Division of labor</th><th>Positions</th><th>Number of students</th><th>Students' name</th><th>Notes</th></tr>
<tr><td>Team/Group leader</td><td>Group leader</td><td>1</td><td></td><td>Responsible for the organization and management of the group</td></tr>
<tr><td>Safety</td><td>Safety officer</td><td>1</td><td></td><td>Responsible for predicting and preventing safety issues during the group's practical training</td></tr>
<tr><td>Design</td><td>Designer</td><td>1</td><td></td><td>Responsible for the design and drawing of the group's lighting circuits</td></tr>
<tr><td>Construction</td><td>Constructor</td><td>1</td><td></td><td>Responsible for the installation of the group's lighting circuits</td></tr>
<tr><td>Materials</td><td>Material clerk</td><td>1</td><td></td><td>Responsible for the management of the group's construction materials</td></tr>
<tr><td>Supervision</td><td>Supervisor</td><td>1</td><td></td><td>Responsible for supervising the implementation of the implementation steps</td></tr>
</table>
(1) A practical training class consists of 45 students, divided into 8 groups, with 5 or 6 students in each group. Student numbers may be adjusted according to the actual situation (part-time positions may be set).
(2) Division of labor and collaboration should be applied within each group to jointly complete the assigned task.
(3) The teaching process is task-oriented, with the group as the basic unit for class organization and work implementation.</td></tr>
</table>

Continue

Information description	2. Perform concealed wiring and installation of lighting circuits in a two-bedroom apartment. According to the finalized layout plan, draw an installation and wiring diagram in the house structure diagram below (Figure 3.1.2).  1 : 100 Figure 3.1.2 House structure diagram (V) 3. Advantages and disadvantages of concealed wiring. 3.1.1 Installation and wiring diagram of the lighting circuit of the living room 3.1.2 Installation and wiring diagram of network cables and telephone cables of the living room
Requirements for students	In case of any doubt, discuss with your group members, then ask your instructor for guidance.
References	

3.1.3.2 Planning sheet for circuit installation

<table>
<tr><td colspan="2">Learning field</td><td colspan="4">Installation of household lighting circuits</td></tr>
<tr><td colspan="2">Learning scenario 3</td><td>Lighting circuit installation of two-bedroom apartments</td><td colspan="2">Teaching time</td><td>30 minutes</td></tr>
<tr><td colspan="2">Description of the typical working step 3</td><td colspan="4">Perform concealed wiring and installation of lighting circuits in a two-bedroom apartment (length: 3,000 mm, width: 1,500 mm, height: 2,400 mm) according to the self-designed layout plan and installation and wiring diagram.</td></tr>
<tr><td colspan="2">Planning methods</td><td colspan="4">Group discussion</td></tr>
<tr><td>Number</td><td colspan="3">Working steps</td><td colspan="2">Notice</td></tr>
<tr><td></td><td colspan="3"></td><td colspan="2" rowspan="15">1. Ensure that the main switch of the power supply box and the power switch of each circuit are all disconnected.
2. Complete the list of materials and tools according to the installation and wiring diagram; the material clerk is responsible for receiving lamps, piping and other auxiliary materials.
3. Check whether the installation materials are intact and available.
4. Prepare the Construction Schedule (see Appendix 4).
5. Circuit installation:
(1) Based on the installation and wiring diagram and installation height instructions, determine the horizontal position and height of lamps, sockets, switches, distribution boxes and other equipment, and fix the bottom boxes of switches or sockets, as well as the lamp holders.
(2) Determine the PVC pipe path of each circuit (when developing working steps, the determination sequence of living room 1, living room 2, bedroom 1, bedroom 2, the ordinary socket and the air-conditioning socket shall be reflected).
(3) Pipe bends shall be made at bends.
(4) Lay pipes (when developing working steps, the pipe laying sequence of living room1, living room 2, bedroom 1, bedroom 2, the ordinary socket and the air-conditioning socket shall be reflected).</td></tr>
<tr><td></td><td colspan="3"></td></tr>
<tr><td></td><td colspan="3"></td></tr>
<tr><td></td><td colspan="3"></td></tr>
<tr><td></td><td colspan="3"></td></tr>
<tr><td></td><td colspan="3"></td></tr>
<tr><td></td><td colspan="3"></td></tr>
<tr><td></td><td colspan="3"></td></tr>
<tr><td></td><td colspan="3"></td></tr>
<tr><td></td><td colspan="3"></td></tr>
<tr><td></td><td colspan="3"></td></tr>
<tr><td></td><td colspan="3"></td></tr>
<tr><td></td><td colspan="3"></td></tr>
<tr><td></td><td colspan="3"></td></tr>
<tr><td></td><td colspan="3"></td></tr>
</table>

Continue

Number	Working steps	Notice
		(5) Pipe cleaning and wire threading (when developing working steps, the threading sequence of living room 1, living room 2, bedroom 1, bedroom 2, the ordinary socket and the air-conditioning socket shall be reflected). (6) Connect the wires and branches (when developing working steps, the connecting sequence of living room 1, living room 2, bedroom 1, bedroom 2, the ordinary socket and the air-conditioning socket shall be reflected). (7) Complete the wiring of the lamp holders, the sockets, and the switches.

<table>
<tr><td rowspan="3">Plan assessment</td><td>Class</td><td></td><td>Group ( )</td><td>Group leader's signature</td><td></td></tr>
<tr><td>Teacher's signature</td><td></td><td>Date</td><td colspan="2"></td></tr>
<tr><td colspan="5">Comments:</td></tr>
</table>

3.1.3.3 Decision sheet for circuit installation

<table>
<tr><td colspan="2">Learning field</td><td colspan="5">Installation of household lighting circuits</td></tr>
<tr><td colspan="2">Learning scenario 3</td><td colspan="3">Lighting circuit installation of two-bedroom apartments</td><td>Teaching time</td><td>5 minutes</td></tr>
<tr><td colspan="2">Description of the typical working step 3</td><td colspan="5">Perform concealed wiring and installation of lighting circuits in a two-bedroom apartment (length: 3,000 mm, width: 1,500 mm, height: 2,400 mm) according to the self-designed layout plan and installation and wiring diagram.</td></tr>
<tr><td colspan="7">Plan comparison</td></tr>
<tr><td>Number</td><td>Feasibility</td><td>Economy</td><td>Operability</td><td>Safety</td><td>Implementation difficulty</td><td>Integrated assessment</td></tr>
<tr><td>1</td><td></td><td></td><td></td><td></td><td></td><td></td></tr>
<tr><td>2</td><td></td><td></td><td></td><td></td><td></td><td></td></tr>
<tr><td>3</td><td></td><td></td><td></td><td></td><td></td><td></td></tr>
<tr><td>4</td><td></td><td></td><td></td><td></td><td></td><td></td></tr>
<tr><td>5</td><td></td><td></td><td></td><td></td><td></td><td></td></tr>
<tr><td>6</td><td></td><td></td><td></td><td></td><td></td><td></td></tr>
<tr><td>7</td><td></td><td></td><td></td><td></td><td></td><td></td></tr>
<tr><td>8</td><td></td><td></td><td></td><td></td><td></td><td></td></tr>
<tr><td>9</td><td></td><td></td><td></td><td></td><td></td><td></td></tr>
<tr><td>10</td><td></td><td></td><td></td><td></td><td></td><td></td></tr>
<tr><td colspan="2" rowspan="3">Decision assessment</td><td>Class</td><td></td><td>Group ( )</td><td>Group leader's signature</td><td></td></tr>
<tr><td>Teacher's signature</td><td></td><td>Date</td><td colspan="2"></td></tr>
<tr><td colspan="5">Comments:</td></tr>
</table>

3.1.3.4 Implementation sheet for circuit installation

Learning field	Installation of household lighting circuits		
Learning scenario 3	Lighting circuit installation of two-bedroom apartments	Teaching time	610 minutes
Description of the typical working step 3	Perform concealed wiring and installation of lighting circuits in a two-bedroom apartment (length: 3,000 mm, width: 1,500 mm, height: 2,400 mm) according to the self-designed layout plan and installation and wiring diagram.		

Number	Implementation steps	Notice
		1. Be careful to identify whether the lamps shall be connected to the earth wire; facing the socket panel, comply with the wiring principle of "neutral wire on the left, live wire on the right, earth wire on the top". 2. Dress code. Wear practical training clothing and sports shoes for construction. No slippers, skirts, short clothes, bare feet, bare shoulders, or disheveled hair is allowed at the construction site. 3. Pay attention to construction safety. It is not allowed to place tools in the distribution box or on its top; nor shall tools be placed on high places such as the roof beam or column of the room; no one is allowed to sit on the roof beam, column and other high places; when an operator is standing on the stool or ladder for installation, the safety officer must stand near-by to watch over the operator; no unauthorized power-on test shall be conducted during construction. 4. Well-mannered construction. Keep your voice down while com-municating with group members; laughing, making noise, or any other action irrelevant to the task is not allowed. 5. On the premise of not affecting the installation effect, installation materials shall be used properly to eliminate waste. 6. In case of any damage to the equipment during installation, report it to the instructor and com-plete the register for equipment damage. 7. Following the installation, the equipment and tools shall be cleaned and put back in place, and the working site shall be cleaned.

Continue

Number	Implementation steps	Notice
Implementation note:		

Implementation assessment	Class		Group ( )	Group leader's signature	
	Teacher's signature		Date		
	Comments:				

3.1.3.5 Check sheet for circuit installation

<table>
<tr><td colspan="2">Learning field</td><td colspan="4">Installation of household lighting circuits</td></tr>
<tr><td colspan="2">Learning scenario 3</td><td colspan="2">Lighting circuit installation of two-bedroom apartments</td><td>Teaching time</td><td>10 minutes</td></tr>
<tr><td colspan="2">Description of the typical working step 3</td><td colspan="4">Perform concealed wiring and installation of lighting circuits in a two-bedroom apartment (length: 3,000 mm, width: 1,500 mm, height: 2,400 mm) according to the self-designed layout plan and installation and wiring diagram.</td></tr>
<tr><td>Number</td><td colspan="2">Check items</td><td>Check criteria</td><td>Self-check by students</td><td>Check by the teacher</td></tr>
<tr><td>1</td><td colspan="2">Wiring principle of a lighting circuit</td><td>Live wire connected into the switch, neutral wire into the lamp holder.</td><td></td><td></td></tr>
<tr><td>2</td><td colspan="2">Circuit of a two-site control ceiling lamp</td><td>Be able to identify the directions of the live wire and neutral wire of the installed two-site control lamp circuit at the installation site.</td><td></td><td></td></tr>
<tr><td>3</td><td colspan="2">Wiring principle of a concealed single-phase three-pole socket</td><td>Neutral wire on the left, live wire on the right, earth wire on the top.</td><td></td><td></td></tr>
<tr><td></td><td colspan="2"></td><td></td><td></td><td></td></tr>
<tr><td></td><td colspan="2"></td><td></td><td></td><td></td></tr>
<tr><td></td><td colspan="2"></td><td></td><td></td><td></td></tr>
<tr><td rowspan="3">Check assessment</td><td>Class</td><td></td><td>Group ( )</td><td>Group leader's signature</td><td></td></tr>
<tr><td>Teacher's signature</td><td></td><td>Date</td><td colspan="2"></td></tr>
<tr><td colspan="5">Comments:</td></tr>
</table>

3.1.4 Circuit inspection

3.1.4.1 Information sheet for circuit inspection

Learning field	Installation of household lighting circuits		
Learning scenario 3	Lighting circuit installation of two-bedroom apartments	Teaching time	5 minutes
Description of the typical working step 4	Use the resistance range of the multimeter to determine whether all the lighting circuits of the two-bedroom apartment have met the design requirements. Use the megohmmeter to measure the insulation resistance and determine whether the energized conditions are met: the ground insulation resistance of wires and equipment, as well as the insulation resistance between wires, between equipment, and between wires and equipment, shall be greater than or equal to 0.5 MΩ.		
Information collection methods	(To be completed by the student)		
Information description	(To be completed by the student)		
Requirements for students			
References			

3.1.4.2 Planning sheet for circuit inspection

Learning field	Installation of household lighting circuits		
Learning scenario 3	Lighting circuit installation of two-bedroom apartments	Teaching time	20 minutes
Description of the typical working step 4	Use the resistance range of the multimeter to determine whether all the lighting circuits of the two-bedroom apartment have met the design requirements. Use the megohmmeter to measure the insulation resistance and determine whether the energized conditions are met: the ground insulation resistance of wires and equipment, as well as the insulation resistance between wires, between equipment, and between wires and equipment, shall be greater than or equal to 0.5 MΩ.		
Planning methods	Group discussion		

Number	Working steps	Notice
Inspect whether the circuits meet the following design requirements:		

Continue

Number	Working steps	Notice
Carry out circuit testing of insulation resistance (when the circuit has met the design requirements):		
		1. Ensure that the megohmmeter is in good condition. 2. Rotate clockwise the megohmmeter handle from slow to fast; maintain uniform rotation when the speed reaches around 120 r/min; one minute later, read the megohmmeter while continuing the rotation. When the insulation resistance is greater than or equal to 0.5 MΩ, the measurement meets the requirements. Following the measurement, remove the wire while rotating the handle slowly, and then discharge the checked equipment. Before the megohmmeter stops rotating or the checked equipment is discharged, it is strictly prohibited to touch it with your hand. While removing the wire, do not touch the metal part of the wire.

<table>
<tr><td rowspan="3">Plan assessment</td><td>Class</td><td></td><td>Group ( )</td><td>Group leader's signature</td><td></td></tr>
<tr><td>Teacher's signature</td><td></td><td>Date</td><td colspan="2"></td></tr>
<tr><td colspan="5">Comments:</td></tr>
</table>

3.1.4.3　Decision sheet for circuit inspection

<table>
<tr><td colspan="2">Learning field</td><td colspan="5">Installation of household lighting circuits</td></tr>
<tr><td colspan="2">Learning scenario 3</td><td colspan="3">Lighting circuit installation of two-bedroom apartments</td><td>Teaching time</td><td>5 minutes</td></tr>
<tr><td colspan="2">Description of the typical working step 4</td><td colspan="5">Use the resistance range of the multimeter to determine whether all the lighting circuits of the two-bedroom apartment have met the design requirements. Use the megohmmeter to measure the insulation resistance and determine whether the energized conditions are met: the ground insulation resistance of wires and equipment, as well as the insulation resistance between wires, between equipment, and between wires and equipment, shall be greater than or equal to 0.5 MΩ.</td></tr>
<tr><td colspan="7">Plan comparison</td></tr>
<tr><td>Number</td><td>Feasibility</td><td>Economy</td><td>Operability</td><td>Safety</td><td>Implementation difficulty</td><td>Integrated assessment</td></tr>
<tr><td>1</td><td></td><td></td><td></td><td></td><td></td><td></td></tr>
<tr><td>2</td><td></td><td></td><td></td><td></td><td></td><td></td></tr>
<tr><td>3</td><td></td><td></td><td></td><td></td><td></td><td></td></tr>
<tr><td>4</td><td></td><td></td><td></td><td></td><td></td><td></td></tr>
<tr><td>5</td><td></td><td></td><td></td><td></td><td></td><td></td></tr>
<tr><td>6</td><td></td><td></td><td></td><td></td><td></td><td></td></tr>
<tr><td>7</td><td></td><td></td><td></td><td></td><td></td><td></td></tr>
<tr><td>8</td><td></td><td></td><td></td><td></td><td></td><td></td></tr>
<tr><td>9</td><td></td><td></td><td></td><td></td><td></td><td></td></tr>
<tr><td>10</td><td></td><td></td><td></td><td></td><td></td><td></td></tr>
<tr><td colspan="2" rowspan="3">Decision assessment</td><td>Class</td><td></td><td>Group ( )</td><td>Group leader's signature</td><td></td></tr>
<tr><td>Teacher's signature</td><td></td><td>Date</td><td colspan="2"></td></tr>
<tr><td colspan="5">Comments:</td></tr>
</table>

3.1.4.4 Implementation sheet for circuit inspection

Learning field	Installation of household lighting circuits		
Learning scenario 3	Lighting circuit installation of two-bedroom apartments	Teaching time	40 minutes
Description of the typical working step 4	Use the resistance range of the multimeter to determine whether all the lighting circuits of the two-bedroom apartment have met the design requirements. Use the megohmmeter to measure the insulation resistance and determine whether the energized conditions are met: the ground insulation resistance of wires and equipment, as well as the insulation resistance between wires, between equipment, and between wires and equipment, shall be greater than or equal to 0.5 MΩ.		

Number	Implementation steps	Notice
Inspect whether the circuits meet the following design requirements:		

Continue

Number	Implementation steps	Notice
Carry out circuit testing of insulation resistance (when the circuit has met the design requirements):		
Implementation note:		

Implementation assessment	Class		Group ( )	Group leader's signature	
	Teacher's signature		Date		
	Comments:				

3.1.4.5 Check sheet for circuit inspection

Learning field	Installation of household lighting circuits		
Learning scenario 3	Lighting circuit installation of two-bedroom apartments	Teaching time	10 minutes
Description of the typical working step 4	Use the resistance range of the multimeter to determine whether all the lighting circuits of the two-bedroom apartment have met the design requirements. Use the megohmmeter to measure the insulation resistance and determine whether the energized conditions are met: the ground insulation resistance of wires and equipment, as well as the insulation resistance between wires, between equipment, and between wires and equipment, shall be greater than or equal to 0.5 MΩ.		

Number	Check items	Check criteria	Self-check by students	Check by the teacher
1	Use a multimeter to inspect circuits	Be able to use the resistance range of a multimeter to inspect whether circuits of two-site control lamps meet design requirements.		
2	Use a megohmmeter to measure insulation resistance	Be able to use a megohmmeter to measure the ground insulation resistance of the live wire and neutral wire, as well as the insulation resistance between the live wire and the neutral wire.		
3	Standard for insulation resistance	Insulation resistance ⩾ 0.5 MΩ.		

Check assessment	Class		Group ( )	Group leader's signature	
	Teacher's signature		Date		
	Comments:				

3.1.5　Circuit testing and acceptance

3.1.5.1　Information sheet for circuit testing and acceptance

<table>
<tr><td>Learning field</td><td colspan="3">Installation of household lighting circuits</td></tr>
<tr><td>Learning scenario 3</td><td>Lighting circuit installation of two-bedroom apartments</td><td>Teaching time</td><td>5 minutes</td></tr>
<tr><td>Description of the typical working step 5</td><td colspan="3">List precautions for electricity safety. Carry out testing and acceptance of lighting circuits of a two-bedroom apartment (implemented by student and supervised by teacher).</td></tr>
<tr><td>Information collection methods</td><td colspan="3">(To be completed by the student)</td></tr>
<tr><td>Information description</td><td colspan="3">(To be completed by the student)
Precautions for electricity safety:</td></tr>
<tr><td>Requirements for students</td><td colspan="3">In case of any doubt, discuss with your group members, then ask your instructor for guidance.</td></tr>
<tr><td>References</td><td colspan="3"></td></tr>
</table>

3.1.5.2 Planning sheet for circuit testing and acceptance

Learning field	Installation of household lighting circuits		
Learning scenario 3	Lighting circuit installation of two-bedroom apartments	Teaching time	30 minutes
Description of the typical working step 5	List precautions for electricity safety. Carry out testing and acceptance of lighting circuits of a two-bedroom apartment (implemented by student and supervised by teacher).		
Planning methods	Group discussion		

Number	Working steps	Specific tasks or purposes

Plan assessment	Class		Group ( )	Group leader's signature	
	Teacher's signature		Date		
	Comments:				

3.1.5.3 Decision sheet for circuit testing and acceptance

<table>
<tr><td>Learning field</td><td colspan="6">Installation of household lighting circuits</td></tr>
<tr><td colspan="2">Learning scenario 3</td><td colspan="2">Lighting circuit installation of two-bedroom apartments</td><td colspan="2">Teaching time</td><td>5 minutes</td></tr>
<tr><td colspan="2">Description of the typical working step 5</td><td colspan="5">List precautions for electricity safety. Carry out testing and acceptance of lighting circuits of a two-bedroom apartment (implemented by student and supervised by teacher).</td></tr>
<tr><td colspan="7">Plan comparison</td></tr>
<tr><td>Number</td><td>Feasibility</td><td>Economy</td><td>Operability</td><td>Safety</td><td>Implementation difficulty</td><td>Integrated assessment</td></tr>
<tr><td>1</td><td></td><td></td><td></td><td></td><td></td><td></td></tr>
<tr><td>2</td><td></td><td></td><td></td><td></td><td></td><td></td></tr>
<tr><td>3</td><td></td><td></td><td></td><td></td><td></td><td></td></tr>
<tr><td>4</td><td></td><td></td><td></td><td></td><td></td><td></td></tr>
<tr><td>5</td><td></td><td></td><td></td><td></td><td></td><td></td></tr>
<tr><td>6</td><td></td><td></td><td></td><td></td><td></td><td></td></tr>
<tr><td>7</td><td></td><td></td><td></td><td></td><td></td><td></td></tr>
<tr><td>8</td><td></td><td></td><td></td><td></td><td></td><td></td></tr>
<tr><td>9</td><td></td><td></td><td></td><td></td><td></td><td></td></tr>
<tr><td>10</td><td></td><td></td><td></td><td></td><td></td><td></td></tr>
<tr><td colspan="2" rowspan="3">Decision assessment</td><td>Class</td><td></td><td>Group ( )</td><td>Group leader's signature</td><td></td></tr>
<tr><td>Teacher's signature</td><td></td><td>Date</td><td colspan="2"></td></tr>
<tr><td colspan="5">Comments:</td></tr>
</table>

3.1.5.4 Implementation sheet for circuit testing and acceptance

Learning field	Installation of household lighting circuits		
Learning scenario 3	Lighting circuit installation of two-bedroom apartments	Teaching time	20 minutes
Description of the typical working step 5	List precautions for electricity safety. Carry out testing and acceptance of lighting circuits of a two-bedroom apartment (implemented by student and supervised by teacher).		

Number	Implementation steps	Specific tasks, functions, or notice

Implementation note: (Teachers can adjust and improve the specific implementation steps according to the conditions of the practical training site.)

Implementation assessment	Class		Group ( )	Group leader's signature	
	Teacher's signature		Date		
	Comments:				

3.1.5.5 Check sheet for circuit testing and acceptance

<table>
<tr><td colspan="2">Learning field</td><td colspan="4">Installation of household lighting circuits</td></tr>
<tr><td colspan="2">Learning scenario 3</td><td colspan="2">Lighting circuit installation of two-bedroom apartments</td><td>Teaching time</td><td>10 minutes</td></tr>
<tr><td colspan="2">Description of the typical working step 5</td><td colspan="4">List precautions for electricity safety. Carry out testing and acceptance of lighting circuits of a two-bedroom apartment (implemented by student and supervised by teacher).</td></tr>
<tr><td>Number</td><td>Check items</td><td colspan="2">Check criteria</td><td>Self-check by students</td><td>Check by the teacher</td></tr>
<tr><td>1</td><td>Common knowledge of electricity safety</td><td colspan="2">Be able to present three to five points of common knowledge about electricity safety.</td><td></td><td></td></tr>
<tr><td>2</td><td>Power supply testing</td><td colspan="2">Be able to use the AV voltage range of a multimeter to measure voltage supply.</td><td></td><td></td></tr>
<tr><td>3</td><td>Operation process of circuit testing and acceptance</td><td colspan="2">Be able to operate the power-on process properly.</td><td></td><td></td></tr>
<tr><td></td><td></td><td colspan="2"></td><td></td><td></td></tr>
<tr><td></td><td></td><td colspan="2"></td><td></td><td></td></tr>
<tr><td></td><td></td><td colspan="2"></td><td></td><td></td></tr>
<tr><td></td><td></td><td colspan="2"></td><td></td><td></td></tr>
<tr><td></td><td></td><td colspan="2"></td><td></td><td></td></tr>
<tr><td></td><td></td><td colspan="2"></td><td></td><td></td></tr>
<tr><td rowspan="3">Check assessment</td><td>Class</td><td></td><td>Group ( )</td><td>Group leader's signature</td><td></td></tr>
<tr><td>Teacher's signature</td><td></td><td>Date</td><td colspan="2"></td></tr>
<tr><td colspan="5">Comments:</td></tr>
</table>

3.2 Assessment sheet for lighting circuit installation of two-bedroom apartments

<table>
<tr><td>Learning field</td><td colspan="5">Installation of household lighting circuits</td></tr>
<tr><td>Learning scenario 3</td><td colspan="3">Lighting circuit installation of two-bedroom apartments</td><td>Teaching time</td><td>960 minutes</td></tr>
<tr><td>Description of the typical working processes</td><td colspan="5">Schematic diagram drawing – installation position design – circuit installation– circuit inspection – circuit testing and acceptance</td></tr>
<tr><td>Assessment items</td><td colspan="2">Assessment scores of subitems</td><td>Self-assessment by students</td><td>Intra-group assessment</td><td>Assessment by the teacher</td></tr>
<tr><td>Schematic diagram drawing (10 points)</td><td colspan="2">1. Information: 2 points; 2. Planning: 2 points; 3. Decision: 1 point; 4. Implementation: 3 points; 5. Check: 1 point; 6. Assessment: 1 point.</td><td></td><td></td><td></td></tr>
<tr><td>Installation position design (10 points)</td><td colspan="2">1. Information: 2 points; 2. Planning: 2 points; 3. Decision: 1 point; 4. Implementation: 3 points; 5. Check: 1 point; 6. Assessment: 1 point.</td><td></td><td></td><td></td></tr>
<tr><td>Circuit installation (35 points)</td><td colspan="2">1. Information: 5 points; 2. Planning: 5 points; 3. Decision: 5 points; 4. Implementation: 10 points; 5. Check: 5 points; 6. Assessment: 5 points.</td><td></td><td></td><td></td></tr>
<tr><td>Circuit inspection (26 points)</td><td colspan="2">1. Information: 2 points; 2. Planning: 4 points; 3. Decision: 2 points; 4. Implementation: 10 points; 5. Check: 6 points; 6. Assessment: 2 points.</td><td></td><td></td><td></td></tr>
<tr><td>Circuit testing and acceptance (19 points)</td><td colspan="2">1. Information: 2 points; 2. Planning: 5 points; 3. Decision: 2 points; 4. Implementation: 6 points; 5. Check: 2 points; 6. Assessment: 2 points.</td><td></td><td></td><td></td></tr>
<tr><td>Final result (student's signature: ________)</td><td colspan="2">1. Information: 13 points; 2. Planning: 18 points; 3. Decision: 11 points; 4. Implementation: 32 points; 5. Check: 15 points; 6. Assessment: 11 points.</td><td></td><td></td><td></td></tr>
<tr><td rowspan="3">Assessment of the assessment</td><td>Class</td><td></td><td>Group ( )</td><td>Group leader's signature</td><td></td></tr>
<tr><td>Teacher's signature</td><td></td><td>Date</td><td colspan="2"></td></tr>
<tr><td colspan="5">Comments:</td></tr>
</table>

3.3 List of materials and tools

Learning field		Installation of household lighting circuits			
Learning scenario 3		Lighting circuit installation of two-bedroom apartments		Teaching time	960 minutes
Description of the typical working processes		Schematic diagram drawing – installation position design – circuit installation – circuit inspection – circuit testing and acceptance			
Number	Names	Functions	Quantities	Models and Specifications	Users
Class		Group ( )	Group leader's signature		
Teacher's signature		Date			

3.4 Teaching feedback sheet

<table>
<tr><td colspan="2">Learning field</td><td colspan="4">Installation of household lighting circuits</td></tr>
<tr><td colspan="2">Learning scenario 3</td><td colspan="2">Lighting circuit installation of two-bed-room apartments</td><td>Teaching time</td><td>960 minutes</td></tr>
<tr><td colspan="2">Description of the typical working processes</td><td colspan="4">Schematic diagram drawing – installation position design – circuit installation – circuit inspection – circuit testing and acceptance</td></tr>
<tr><td rowspan="10">Survey items</td><td>Number</td><td colspan="3">Survey contents</td><td>Description of the reasons</td></tr>
<tr><td></td><td colspan="3"></td><td></td></tr>
<tr><td></td><td colspan="3"></td><td></td></tr>
<tr><td></td><td colspan="3"></td><td></td></tr>
<tr><td></td><td colspan="3"></td><td></td></tr>
<tr><td></td><td colspan="3"></td><td></td></tr>
<tr><td></td><td colspan="3"></td><td></td></tr>
<tr><td></td><td colspan="3"></td><td></td></tr>
<tr><td></td><td colspan="3"></td><td></td></tr>
<tr><td></td><td colspan="3"></td><td></td></tr>
<tr><td colspan="6">Your feedback on how to improve the teaching of this course:</td></tr>
<tr><td>Survey information</td><td>Name of respondent</td><td></td><td>Date of survey</td><td colspan="2"></td></tr>
</table>

学习情境 4

安装智能家居照明线路

4.0 学习性工作任务单

<table>
<tr><td>学习场</td><td colspan="6">安装家居照明线路</td></tr>
<tr><td>学习情境 4</td><td colspan="4">安装智能家居照明线路</td><td>学时</td><td>960 分钟</td></tr>
<tr><td>典型工作过程描述</td><td colspan="6">绘制原理图—设计安装位置—安装线路—检查线路—测试验收线路</td></tr>
<tr><td>学习目标</td><td colspan="6">1. 能安装无线智能家居照明线路。
2. 遵守电气工程施工规范。
3. 树立安全用电意识。</td></tr>
<tr><td>任务描述</td><td colspan="6">1. 根据给定的电源箱系统图（附图 3.1），绘制智能家居照明线路工作原理图、平面布置图和安装接线图。
2. 在两房两厅（长 3000mm、宽 1500mm、高 2400mm 的套房，墙壁全部采用 2mm 的镀锌网孔板）居室内进行无线智能家居照明线路暗线布置安装。要求：①两房两厅每间房间需配置一独立电源开关供电的无线智能照明；②两房两厅居室需配置智能普通插座和空调插座各一个；③根据给定的要求，自由设计房间照明线路和插座安装位置并进行暗线敷设；④要求 2.5 天内完成任务；⑤可选的智能灯具、开关见附表 3.8。</td></tr>
<tr><td>学时安排</td><td>资讯
50 分钟</td><td>计划
100 分钟</td><td>决策
25 分钟</td><td>实施
710 分钟</td><td>检查
50 分钟</td><td>评价
25 分钟</td></tr>
<tr><td>对学生的要求</td><td colspan="6">1. 实训前必须熟悉工作任务单和教学引导文。
2. 按时、按步骤完成当天的实训任务。
3. 实训室应保持肃静，组员间沟通讨论应低音交流，不得谈笑喧哗，不许搞其他动作，以免影响他人实训。
4. 实训过程中，不得抄写他人的实训记录，否则，须重做。如有疑问，应向指导教师询问清楚后方可进行。
5. 每天安排值日生负责打扫实训室，保持室内整洁，注意关上电源、门窗。</td></tr>
<tr><td>参考资料</td><td colspan="6">《房屋建筑制图统一标准》（GB/T 50001—2017）
《建筑电气工程施工质量验收规范》（GB 50303—2015）</td></tr>
</table>

4.1 教学引导文

学习场	安装家居照明线路	学习情境 4	安装智能家居照明线路	参照系	工作内容：两房两厅居室内进行无线智能照明线路暗线布置安装。	
普适性工作过程 典型工作过程	资讯	计划	决策	实施	检查	评价
绘制原理图	确定工作岗位人员；根据给定的系统图（附图 3.1）和要求绘制两房两厅照明线路工作原理图，即一共画出4个照明回路和2个插座回路的工作原理图，指出智能家居控制系统主要包括哪些系统，完成 4.1.1.1 绘制原理图的资讯单。	通过小组讨论和咨询专家等，拟定绘制两房两厅照明线路工作原理图的计划，完成 4.1.1.2 绘制原理图的计划单。	从可行性、经济性、可操作性、实施难易程度进行分析、比较、判断各计划的优点与不足，加以评分，选出最优计划。	通过小组讨论等，画出两房两厅照明线路的工作原理图，完成 4.1.1.4 绘制原理图的实施单。	按照 4.1.1.5 绘制原理图的检查单中的检查项目和检查标准，进行学生自查和教师检查。	根据评价子项目配分，进行自评、互评和教师评价，填写 4.2 安装智能家居照明线路评价单。
设计安装位置	现场勘察给定两房两厅结构尺寸，确定每一个房间使用的灯具及其开关，提出灯具、开关和插座可安装的位置，完成 4.1.2.1 设计安装位置的资讯单。	通过小组讨论等，编制两房两厅照明线路的定位计划，完成 4.1.2.2 设计安装位置的计划单。	从可行性、经济性、可操作性、安全性、实施难易程度进行分析、比较、判断各计划的优点与不足，加以评分，选出最优计划。	现场勘察，小组讨论，根据现场从电源箱处暗敷输出管的实际位置进行最优布置，画出小组最终确定的两房两厅照明线路平面布置图。安装高度说明： 开关安装距地 1.2～1.4m；因受工位实际情况限制，开关距门框不作要求；空调插座底边距地 2m，普通插座底边距地 0.3m；镜前灯、壁灯灯座距地 1.8m，其他灯具按吸顶安装。	按照 4.1.2.5 设计安装位置的检查单中的检查项目和检查标准，进行学生自查和教师检查。	根据评价子项目配分，进行自评、互评和教师评价，填写4.2安装智能家居照明线路评价单。

续表

学习场	安装家居照明线路	学习情境 4	安装智能家居照明线路	参照系	工作内容：两房两厅居室内进行无线智能照明线路暗线布置安装。	
普适性工作过程 典型工作过程	资讯	计划	决策	实施	检查	评价
安装线路	确定各工作岗位人员。在两房两厅（长 3000mm、宽 1500mm、高 2400mm 的套房，墙壁全部采用 2mm 的镀锌网孔板）居室内进行无线智能照明线路暗线布置安装，根据确定的平面布置图，绘制安装接线图，指出有线智能家居和无线智能家居的优缺点，完成 4.1.3.1 安装线路的资讯单。	通过小组讨论等，编制两房两厅照明线路的安装计划，填报施工进度计划表（附录 4）完，成 4.1.3.2 安装线路的计划单。	从可行性、经济性、可操作性、安全性、实施难易程度进行分析、比较、判断各计划的优点与不足，加以评分，选出最优计划。	根据安装接线图，填写设备材料工具清单，由物料员领取灯具、管线和其他辅料，先固定开关、插座底盒和灯座，再布置和固定 PVC 管，利用穿线器穿好各回路的火线、零线、地线，连接开关插座，完成线路安装。	按照 4.1.3.5 安装线路的检查单中的检查项目和检查标准，进行学生自查和教师检查。	根据评价子项目配分，进行自评、互评和教师评价，填写 4.2 安装智能家居照明线路评价单。
检查线路	万用表欧姆挡可测量线路通断与否。兆欧表可测量绝缘电阻；一般情况下，导线和设备对地绝缘电阻，导线间、设备间、导线与设备间绝缘电阻均大于等于 0.5MΩ，满足通电条件。	通过小组讨论等，编制两房两厅照明线路检查计划，完成 4.1.4.2 检查线路的计划单。	从可行性、经济性、可操作性、安全性、实施难易程度进行分析、比较、判断各计划的优点与不足，加以评分，选出最优计划。	用万用表欧姆挡×1挡，检测安装的照明线路能否实现设计要求。用兆欧表测量火线对地绝缘电阻、零线对地绝缘电阻和火线与零线间的绝缘电阻。	按照 4.1.4.5 检查线路的检查单中的检查项目和检查标准，进行学生自查和教师检查。	根据评价子项目配分，进行自评、互评和教师评价，填写 4.2 安装智能家居照明线路评价单。

续表

学习场	安装家居照明线路	学习情境4	安装智能家居照明线路	参照系	工作内容：两房两厅居室内进行无线智能照明线路暗线布置安装。	
普适性工作过程 / 典型工作过程	资讯	计划	决策	实施	检查	评价
测试验收线路	通过网上查询和小组讨论等，列出安全用电注意事项。教师作为监护人，同学作为操作人，通过实训室总配电箱—分配电箱（房间电源箱）提供电源，接通两房两厅线路，进行测试验收线路。	通过小组讨论等，编制两房两厅照明线路测试验收线路计划，完成4.1.5.2测试验收线路的计划单。	从可行性、经济性、可操作性、安全性、实施难易程度进行分析、比较、判断各计划的优点与不足，加以评分，选出最优计划。	依次通电检查各照明线路、插座线路，完成测试验收线路，填写照明电路验收表（附录2）。最后进行工作环境整理、整顿、清扫、清洁工作。	按照4.1.5.5测试验收线路的检查单中的检查项目和检查标准，进行学生自查和教师检查。	根据评价子项目配分，进行自评、互评和教师评价，填写4.2安装智能家居照明线路评价单。

学习情境4-4

4.1.1　绘制原理图

4.1.1.1　绘制原理图的资讯单

<table>
<tr><td>学习场</td><td colspan="3">安装家居照明线路</td></tr>
<tr><td>学习情境 4</td><td>安装智能家居照明线路</td><td>学时</td><td>5 分钟</td></tr>
<tr><td>典型工作步骤 1 描述</td><td colspan="3">根据给定的系统图，绘制 4 个照明线路和 2 个插座线路的工作原理图。</td></tr>
<tr><td>搜集资讯的方式</td><td colspan="3">上网查询、小组座谈</td></tr>
<tr><td>资讯描述</td><td colspan="3">1. 填写岗位分配表（表 4.1.1）。
表 4.1.1　岗 位 分 配 表
<table>
<tr><th>类别</th><th>岗位</th><th>人数</th><th>姓名</th><th>备　　注</th></tr>
<tr><td>班组长</td><td>组长</td><td>1</td><td></td><td>负责小组的组织与管理</td></tr>
<tr><td>设计</td><td>设计员</td><td></td><td></td><td>负责小组照明线路的设计</td></tr>
<tr><td>绘图</td><td>绘图员</td><td></td><td></td><td>负责小组照明线路的绘制</td></tr>
</table>
2. 绘制。
3. 列出你感兴趣的智能家居控制系统。</td></tr>
<tr><td>对学生的要求</td><td colspan="3">网上查询相关知识，如有疑问，先组内交流，最后向指导教师咨询。</td></tr>
<tr><td>参考资料</td><td colspan="3"></td></tr>
</table>

4.1.1.2 绘制原理图的计划单

<table>
<tr><td>学习场</td><td colspan="4">安装家居照明线路</td></tr>
<tr><td>学习情境 4</td><td colspan="2">安装智能家居照明线路</td><td>学时</td><td>5 分钟</td></tr>
<tr><td>典型工作步骤 1 描述</td><td colspan="4">根据给定的系统图，绘制 4 个照明线路和 2 个插座线路的工作原理图。</td></tr>
<tr><td>计划制订的方式</td><td colspan="4">小组讨论、咨询专家</td></tr>
<tr><td>序号</td><td colspan="2">工 作 步 骤</td><td colspan="2">注 意 事 项</td></tr>
<tr><td>1</td><td colspan="2">准备画图工具。</td><td colspan="2"></td></tr>
<tr><td>2</td><td colspan="2">确定灯和开关图形符号。</td><td colspan="2"></td></tr>
<tr><td>3</td><td colspan="2">确定灯和开关布局，并在纸上画出图形符号。</td><td colspan="2"></td></tr>
<tr><td>4</td><td colspan="2">绘制两地控制一吸顶灯线路工作原理图。</td><td colspan="2"></td></tr>
<tr><td>5</td><td colspan="2">绘制 3 个单控镜前灯线路工作原理图。</td><td colspan="2"></td></tr>
<tr><td>6</td><td colspan="2">绘制 1 个普通插座线路工作原理图。</td><td colspan="2"></td></tr>
<tr><td>7</td><td colspan="2">绘制 1 个空调插座线路工作原理图。</td><td colspan="2"></td></tr>
<tr><td></td><td colspan="2"></td><td colspan="2"></td></tr>
<tr><td></td><td colspan="2"></td><td colspan="2"></td></tr>
<tr><td></td><td colspan="2"></td><td colspan="2"></td></tr>
</table>

<table>
<tr><td rowspan="3">计划评价</td><td>班级</td><td></td><td>第（ ）组</td><td>组长签字</td><td></td></tr>
<tr><td>教师签字</td><td></td><td>日期</td><td colspan="2"></td></tr>
<tr><td colspan="5">评语：</td></tr>
</table>

4.1.1.3　绘制原理图的决策单

<table>
<tr><td>学习场</td><td colspan="3">安装家居照明线路</td></tr>
<tr><td>学习情境 4</td><td>安装智能家居照明线路</td><td>学时</td><td>5 分钟</td></tr>
<tr><td>典型工作步骤 1 描述</td><td colspan="3">根据给定的系统图，绘制 4 个照明线路和 2 个插座线路的工作原理图。</td></tr>
</table>

<table>
<tr><td colspan="6">计　划　对　比</td></tr>
<tr><td>序号</td><td>可行性</td><td>经济性</td><td>可操作性</td><td>实施难度</td><td>综合评价</td></tr>
<tr><td>1</td><td></td><td></td><td></td><td></td><td></td></tr>
<tr><td>2</td><td></td><td></td><td></td><td></td><td></td></tr>
<tr><td>3</td><td></td><td></td><td></td><td></td><td></td></tr>
<tr><td>4</td><td></td><td></td><td></td><td></td><td></td></tr>
<tr><td>5</td><td></td><td></td><td></td><td></td><td></td></tr>
<tr><td>6</td><td></td><td></td><td></td><td></td><td></td></tr>
<tr><td>7</td><td></td><td></td><td></td><td></td><td></td></tr>
<tr><td>8</td><td></td><td></td><td></td><td></td><td></td></tr>
<tr><td>9</td><td></td><td></td><td></td><td></td><td></td></tr>
<tr><td>10</td><td></td><td></td><td></td><td></td><td></td></tr>
</table>

<table>
<tr><td rowspan="3">决策评价</td><td>班级</td><td></td><td>第（　　）组</td><td>组长签字</td><td></td></tr>
<tr><td>教师签字</td><td></td><td>日期</td><td colspan="2"></td></tr>
<tr><td colspan="5">评语：</td></tr>
</table>

4.1.1.4 绘制原理图的实施单

学习场	安装家居照明线路		
学习情境 4	安装智能家居照明线路	学时	20 分钟
典型工作步骤 1 描述	根据给定的系统图，绘制 4 个照明线路和 2 个插座线路的工作原理图。		

序号	实 施 步 骤	工 作 原 理 图

实施说明：

实施评价	班级		第（　　）组	组长签字	
	教师签字		日期		
	评语：				

4.1.1.5　绘制原理图的检查单

<table>
<tr><td colspan="2">学习场</td><td colspan="4">安装家居照明线路</td></tr>
<tr><td colspan="2">学习情境 4</td><td colspan="2">安装智能家居照明线路</td><td>学时</td><td>10 分钟</td></tr>
<tr><td colspan="2">典型工作步骤 1 描述</td><td colspan="4">根据给定的系统图，绘制 4 个照明线路和 2 个插座线路的工作原理图。</td></tr>
<tr><td>序号</td><td>检查项目</td><td colspan="2">检查标准</td><td>学生自查</td><td>教师检查</td></tr>
<tr><td>1</td><td>1 开双控开关结构</td><td colspan="2">能说出 1 开双控开关由 1 个动触点和 2 个静触点组成。</td><td></td><td></td></tr>
<tr><td>2</td><td>两地控制一灯线路原理图</td><td colspan="2">能画出两地控制一灯线路原理图。</td><td></td><td></td></tr>
<tr><td>3</td><td>空调插座线路原理图</td><td colspan="2">能画出空调插座线路原理图。</td><td></td><td></td></tr>
<tr><td></td><td></td><td colspan="2"></td><td></td><td></td></tr>
<tr><td></td><td></td><td colspan="2"></td><td></td><td></td></tr>
<tr><td></td><td></td><td colspan="2"></td><td></td><td></td></tr>
<tr><td></td><td></td><td colspan="2"></td><td></td><td></td></tr>
<tr><td></td><td></td><td colspan="2"></td><td></td><td></td></tr>
<tr><td></td><td></td><td colspan="2"></td><td></td><td></td></tr>
<tr><td></td><td></td><td colspan="2"></td><td></td><td></td></tr>
<tr><td></td><td></td><td colspan="2"></td><td></td><td></td></tr>
<tr><td colspan="2" rowspan="3">检查评价</td><td>班级</td><td></td><td>第（　　）组</td><td>组长签字</td></tr>
<tr><td>教师签字</td><td></td><td>日期</td><td></td></tr>
<tr><td colspan="4">评语：</td></tr>
</table>

4.1.2 设计安装位置

4.1.2.1 设计安装位置的资讯单

学习场	安装家居照明线路		
学习情境 4	安装智能家居照明线路	学时	15 分钟
典型工作步骤 2 描述	设计长 3000mm、宽 1500mm、高 2400mm 两房两厅的套房内智能照明线路开关、插座和灯具的安装位置。		
搜集资讯的方式	（学生填）		
资讯描述	确定每一个房间使用的灯具及其开关，用简图表示小组提出的所有平面布置图。（学生填）		
对学生的要求	如有疑问，先组内交流，最后向指导教师咨询。		
参考资料			

4. 1. 2. 2　设计安装位置的计划单

学习场	安装家居照明线路			
学习情境 4	安装智能家居照明线路		学时	15 分钟
典型工作步骤 2 描述	设计长 3000mm、宽 1500mm、高 2400mm 两房两厅的套房内智能照明线路开关、插座和灯具的安装位置。			
计划制订的方式	小组讨论、咨询老师			

序号	工 作 步 骤	注 意 事 项

计划评价	班级		第（　　）组	组长签字	
	教师签字		日期		
	评语：				

4.1.2.3　设计安装位置的决策单

<table>
<tr><td>学习场</td><td colspan="6">安装家居照明线路</td></tr>
<tr><td>学习情境 4</td><td colspan="4">安装智能家居照明线路</td><td>学时</td><td>5 分钟</td></tr>
<tr><td>典型工作步骤 2 描述</td><td colspan="6">设计长 3000mm、宽 1500mm、高 2400mm 两房两厅的套房内智能照明线路开关、插座和灯具的安装位置。</td></tr>
<tr><td colspan="7">计　划　对　比</td></tr>
<tr><td>序号</td><td>可行性</td><td>经济性</td><td>可操作性</td><td>安全性</td><td>实施难度</td><td>综合评价</td></tr>
<tr><td>1</td><td></td><td></td><td></td><td></td><td></td><td></td></tr>
<tr><td>2</td><td></td><td></td><td></td><td></td><td></td><td></td></tr>
<tr><td>3</td><td></td><td></td><td></td><td></td><td></td><td></td></tr>
<tr><td>4</td><td></td><td></td><td></td><td></td><td></td><td></td></tr>
<tr><td>5</td><td></td><td></td><td></td><td></td><td></td><td></td></tr>
<tr><td>6</td><td></td><td></td><td></td><td></td><td></td><td></td></tr>
<tr><td>7</td><td></td><td></td><td></td><td></td><td></td><td></td></tr>
<tr><td>8</td><td></td><td></td><td></td><td></td><td></td><td></td></tr>
<tr><td>9</td><td></td><td></td><td></td><td></td><td></td><td></td></tr>
<tr><td>10</td><td></td><td></td><td></td><td></td><td></td><td></td></tr>
<tr><td rowspan="3">决策评价</td><td>班级</td><td></td><td>第（　　）组</td><td>组长签字</td><td colspan="2"></td></tr>
<tr><td>教师签字</td><td></td><td>日期</td><td colspan="3"></td></tr>
<tr><td colspan="6">评语：</td></tr>
</table>

4.1.2.4　设计安装位置的实施单

学习场	安装家居照明线路		
学习情境 4	安装智能家居照明线路	学时	20 分钟
典型工作步骤 2 描述	设计长 3000mm、宽 1500mm、高 2400mm 两房两厅的套房内智能照明线路开关、插座和灯具的安装位置。		

序号	实 施 步 骤	注 意 事 项
		根据现场从电源箱处暗敷输出管的实际位置进行最优布置。

续表

实施说明：

1. 在房屋结构图（图 4.1.1）中，画出小组最终设计的两房两厅照明线路平面布置图。

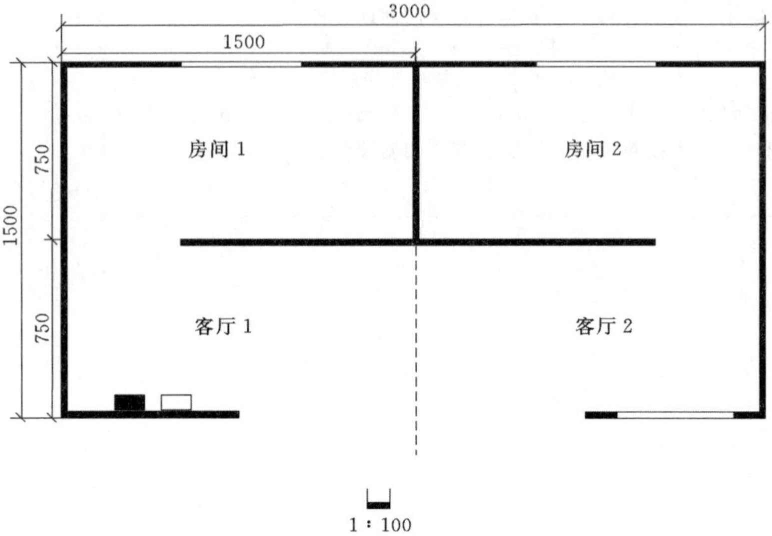

图 4.1.1　房屋结构图（六）

2. 安装高度说明。

（1）开关安装距地 1.2～1.4m。因受工位实际情况限制，开关距门框不作要求。

（2）空调插座底边距地 2m，普通插座底边距地 0.3m。

（3）镜前灯、壁灯灯座距地 1.8m，其他灯具按吸顶安装。

3. 智能开关插座与普通开关插座的安装位置有什么不同吗？

实施评价	班级		第（　　）组	组长签字	
	教师签字		日期		
	评语：				

4.1.2.5　设计安装位置的检查单

<table>
<tr><td colspan="2">学习场</td><td colspan="5">安装家居照明线路</td></tr>
<tr><td colspan="2">学习情境 4</td><td colspan="3">安装智能家居照明线路</td><td>学时</td><td>10 分钟</td></tr>
<tr><td colspan="2">典型工作步骤 2
描述</td><td colspan="5">设计长 3000mm、宽 1500mm、高 2400mm 两房两厅的套房内智能照明线路开关、插座和灯具的安装位置。</td></tr>
<tr><td>序号</td><td colspan="2">检 查 项 目</td><td colspan="2">检 查 标 准</td><td>学生自查</td><td>教师检查</td></tr>
<tr><td>1</td><td colspan="2">单管日光（镜前灯）图形符号</td><td colspan="2">能画出单管日光（镜前灯）图形符号。</td><td></td><td></td></tr>
<tr><td>2</td><td colspan="2">吸顶灯图形符号</td><td colspan="2">能画出吸顶灯图形符号。</td><td></td><td></td></tr>
<tr><td>3</td><td colspan="2">暗装单极开关图形符号</td><td colspan="2">能画出暗装单极开关图形符号。</td><td></td><td></td></tr>
<tr><td>4</td><td colspan="2">暗装双控开关图形符号</td><td colspan="2">能画出暗装双控开关图形符号。</td><td></td><td></td></tr>
<tr><td>5</td><td colspan="2">暗装单相三极插座（带接地）图形符号</td><td colspan="2">能画出暗装单相三极插座（带接地）图形符号。</td><td></td><td></td></tr>
<tr><td></td><td colspan="2"></td><td colspan="2"></td><td></td><td></td></tr>
<tr><td></td><td colspan="2"></td><td colspan="2"></td><td></td><td></td></tr>
<tr><td></td><td colspan="2"></td><td colspan="2"></td><td></td><td></td></tr>
<tr><td></td><td colspan="2"></td><td colspan="2"></td><td></td><td></td></tr>
<tr><td rowspan="3">检查评价</td><td>班级</td><td></td><td>第（　　）组</td><td>组长签字</td><td colspan="2"></td></tr>
<tr><td>教师签字</td><td></td><td>日期</td><td colspan="3"></td></tr>
<tr><td colspan="6">评语：</td></tr>
</table>

学习情境 4-15

4.1.3 安装线路

4.1.3.1 安装线路的资讯单

<table>
<tr><td>学习场</td><td colspan="3">安装家居照明线路</td></tr>
<tr><td>学习情境 4</td><td>安装智能家居照明线路</td><td>学时</td><td>20 分钟</td></tr>
<tr><td>典型工作步骤 3 描述</td><td colspan="3">在长 3000mm、宽 1500mm、高 2400mm 两房两厅的套房内，根据自行设计的平面布置图和安装接线图，进行智能照明线路暗线布置安装。</td></tr>
<tr><td>搜集资讯的方式</td><td colspan="3">查阅图书资料、搜索网络、小组座谈等</td></tr>
<tr><td>资讯描述</td><td colspan="3">1. 确定各工作岗位人员（表 4.1.2）。
表 4.1.2 岗 位 分 配 表
<table>
<tr><td>类别</td><td>岗位</td><td>人数</td><td>姓名</td><td>备　　注</td></tr>
<tr><td>班组长</td><td>组长</td><td>1</td><td></td><td>负责小组的组织与管理</td></tr>
<tr><td>安全</td><td>安全员</td><td>1</td><td></td><td>负责小组实训过程中的相关安全问题的预测与保障</td></tr>
<tr><td>设计</td><td>设计员</td><td>1</td><td></td><td>负责小组照明线路设计及绘制</td></tr>
<tr><td>施工</td><td>施工员</td><td>1</td><td></td><td>负责小组照明线路的安装</td></tr>
<tr><td>物料</td><td>物料员</td><td>1</td><td></td><td>负责小组施工物料的管理</td></tr>
<tr><td>监理</td><td>监理员</td><td>1</td><td></td><td>负责监察实施步骤执行情况</td></tr>
</table>
（1）设一个班 45 人，分为 8 个小组，每个小组 5～6 人。若人员有浮动。根据实际情况调节人数（可设兼职）。
（2）每个班组按照岗位不同，进行分工协作，共同完成分配的任务。
（3）教学过程中，以任务为导向，以团队为基本单元，开展课堂组织与工作实施。</td></tr>
</table>

续表

<table>
<tr>
<td>资讯描述

4.1.1　零火版智能开关接线原理图</td>
<td>
2. 根据确定的平面布置图，在下面的房屋结构图（图 4.1.2）中绘制安装接线图。

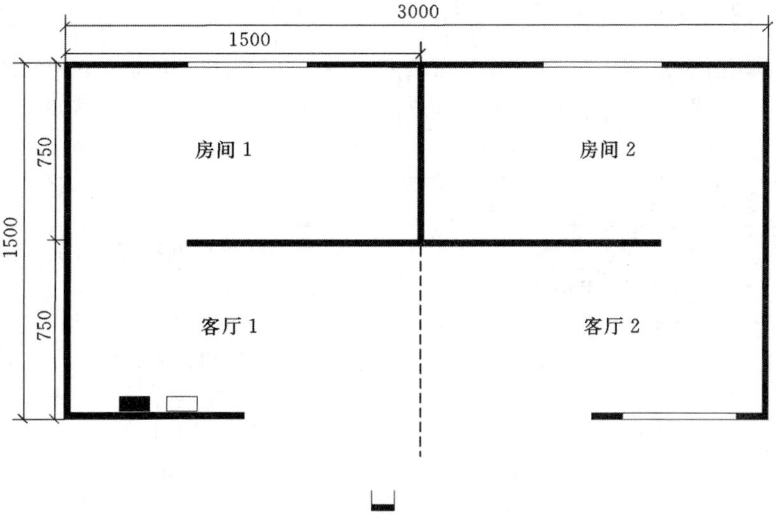

1∶100

图 4.1.2　房屋结构图（七）

3. 有线智能家居的优缺点：

4. 无线智能家居的优缺点：

5. 智能开关插座与普通开关插座的安装接线的不同点：
</td>
</tr>
<tr>
<td>对学生的要求</td>
<td>如有疑问，先组内交流，最后向指导教师咨询。</td>
</tr>
<tr>
<td>参考资料</td>
<td></td>
</tr>
</table>

4.1.3.2　安装线路的计划单

学习场	安装家居照明线路		
学习情境 4	安装智能家居照明线路	学时	30 分钟
典型工作步骤 3 描述	在长 3000mm、宽 1500mm、高 2400mm 两房两厅的套房内，根据自行设计的平面布置图和安装接线图，进行智能照明线路暗线布置安装。		
计划制订的方式	小组讨论		

序号	工作步骤	注意事项
		1. 确保电源箱总开关，各分支电源开关均已断开。 2. 根据安装接线图，填写设备材料工具清单，由物料员领取灯具、管线和其他辅料。 3. 检查安装物料是否完好，可用。 4. 编报施工进度计划表（附录 4）。 5. 安装线路。 （1）根据安装接线图和安装高度说明，确定灯具、插座、开关、配电箱等设备的水平位置和高度，固定开关、插座底盒和灯座。 （2）确定每个回路导线敷设 PVC 管的路径（编写工作步骤时，应能体现确定客厅 1、客厅 2、房间 1、房间 2、普通插座、空调插座线路管道路径的先后顺序）。 （3）管道拐弯处进行弯管。 （4）敷设管道（编写工作步骤时，应能体现敷设客厅 1、客厅 2、房间 1、房间 2、普通插座、空调插座线路管道的先后顺序）。 （5）扫管穿线（编写工作步骤时，应能体现客厅 1、客厅 2、房间 1、房间 2、普通插座、空调插座线路穿线的先后顺序）。 （6）连接导线及分支（编写工作步骤时，应能体现连接客厅 1、客厅 2、房间 1、房间 2、普通插座、空调插座线路的先后顺序）。 （7）完成灯座、插座、开关的接线。

计划评价	班级		第（　　）组	组长签字	
	教师签字		日期		
	评语：				

4.1.3.3 安装线路的决策单

<table>
<tr><td>学习场</td><td colspan="6">安装家居照明线路</td></tr>
<tr><td>学习情境 4</td><td colspan="3">安装智能家居照明线路</td><td>学时</td><td colspan="2">5 分钟</td></tr>
<tr><td>典型工作步骤 3 描述</td><td colspan="6">在长 3000mm、宽 1500mm、高 2400mm 两房两厅的套房内，根据自行设计的平面布置图和安装接线图，进行智能照明线路暗线布置安装。</td></tr>
<tr><td colspan="7">计 划 对 比</td></tr>
<tr><td>序号</td><td>可行性</td><td>经济性</td><td>可操作性</td><td>安全性</td><td>实施难度</td><td>综合评价</td></tr>
<tr><td>1</td><td></td><td></td><td></td><td></td><td></td><td></td></tr>
<tr><td>2</td><td></td><td></td><td></td><td></td><td></td><td></td></tr>
<tr><td>3</td><td></td><td></td><td></td><td></td><td></td><td></td></tr>
<tr><td>4</td><td></td><td></td><td></td><td></td><td></td><td></td></tr>
<tr><td>5</td><td></td><td></td><td></td><td></td><td></td><td></td></tr>
<tr><td>6</td><td></td><td></td><td></td><td></td><td></td><td></td></tr>
<tr><td>7</td><td></td><td></td><td></td><td></td><td></td><td></td></tr>
<tr><td>8</td><td></td><td></td><td></td><td></td><td></td><td></td></tr>
<tr><td>9</td><td></td><td></td><td></td><td></td><td></td><td></td></tr>
<tr><td>10</td><td></td><td></td><td></td><td></td><td></td><td></td></tr>
<tr><td rowspan="3">决策评价</td><td>班级</td><td></td><td>第（ ）组</td><td>组长签字</td><td colspan="2"></td></tr>
<tr><td>教师签字</td><td></td><td>日期</td><td colspan="3"></td></tr>
<tr><td colspan="6">评语：</td></tr>
</table>

4.1.3.4　安装线路的实施单

学习场	安装家居照明线路		
学习情境 4	安装智能家居照明线路	学时	610 分钟
典型工作步骤 3 描述	在长 3000mm、宽 1500mm、高 2400mm 两房两厅的套房内，根据自行设计的平面布置图和安装接线图，进行智能照明线路暗线布置安装。		

序号	实 施 步 骤	注 意 事 项
		1. 着装规范。应穿实训服、运动鞋施工。不允许穿拖鞋、打赤脚、打赤膊、穿裙子、穿短装、披头散发等施工。 2. 注意施工安全。不允许将工具放置在房屋配电箱箱内、顶上和房屋屋顶梁、柱等高处；在施工过程中，不得私自通电试验。 3. 文明施工。组员间沟通讨论应低音交流，不得谈笑喧哗，不许打闹。 4. 安装材料的使用，应在不影响安装结果的前提下注意节约，杜绝浪费。 5. 安装过程如有设备破损须报告指导教师，并填写设备损坏登记簿。 6. 安装完毕后，须将设备和用具等整理清洁，按原来的位置摆设放置，清扫工作现场。 4.1.2　智能开关双控接线及设置

实施说明：

实施评价	班级		第（　　）组	组长签字	
	教师签字		日期		
	评语：				

学习情境 4-20

4.1.3.5　安装线路的检查单

<table>
<tr><td>学习场</td><td colspan="5">安装家居照明线路</td></tr>
<tr><td>学习情境 4</td><td colspan="2">安装智能家居照明线路</td><td>学时</td><td colspan="2">10 分钟</td></tr>
<tr><td>典型工作步骤 3 描述</td><td colspan="5">在长 3000mm、宽 1500mm、高 2400mm 两房两厅的套房内，根据自行设计的平面布置图和安装接线图，进行智能照明线路暗线布置安装。</td></tr>
<tr><td>序号</td><td>检 查 项 目</td><td colspan="2">检 查 标 准</td><td>学生自查</td><td>教师检查</td></tr>
<tr><td>1</td><td>照明线路接线原则</td><td colspan="2">火线进开关，零线进灯头。</td><td></td><td></td></tr>
<tr><td>2</td><td>两地控制一吸顶灯线路</td><td colspan="2">能在安装现场指出两地控制一灯安装线路火线和零线走向。</td><td></td><td></td></tr>
<tr><td>3</td><td>暗装单相三极插座接线原则</td><td colspan="2">左零右火接地在上。</td><td></td><td></td></tr>
<tr><td></td><td></td><td colspan="2"></td><td></td><td></td></tr>
<tr><td></td><td></td><td colspan="2"></td><td></td><td></td></tr>
<tr><td></td><td></td><td colspan="2"></td><td></td><td></td></tr>
<tr><td></td><td></td><td colspan="2"></td><td></td><td></td></tr>
<tr><td></td><td></td><td colspan="2"></td><td></td><td></td></tr>
<tr><td></td><td></td><td colspan="2"></td><td></td><td></td></tr>
<tr><td rowspan="3">检查评价</td><td>班级</td><td></td><td>第（　　）组</td><td>组长签字</td><td></td></tr>
<tr><td>教师签字</td><td></td><td>日期</td><td colspan="2"></td></tr>
<tr><td colspan="5">评语：</td></tr>
</table>

学习情境 4-21

4.1.4　检查线路

4.1.4.1　检查线路的资讯单

<table>
<tr><td>学习场</td><td colspan="3">安装家居照明线路</td></tr>
<tr><td>学习情境 4</td><td>安装智能家居照明线路</td><td>学时</td><td>5 分钟</td></tr>
<tr><td>典型工作步骤 4 描述</td><td colspan="3">用万用表欧姆挡检查两房两厅所有照明线路能否实现设计要求。用兆欧表测量绝缘电阻，检查导线和设备对地绝缘电阻，以及导线间、设备间、导线与设备间绝缘电阻是否大于等于 0.5MΩ，满足通电条件。</td></tr>
<tr><td>搜集资讯的方式</td><td colspan="3">（学生填写）</td></tr>
<tr><td>资讯描述</td><td colspan="3">（学生填写）
智能灯具的检查方法：

智能开关的检查方法：

配置智能开关、插座的线路检查步骤的不同点：</td></tr>
<tr><td>对学生的要求</td><td colspan="3"></td></tr>
<tr><td>参考资料</td><td colspan="3"></td></tr>
</table>

4.1.4.2　检查线路的计划单

<table>
<tr><td colspan="2">学习场</td><td colspan="4">安装家居照明线路</td></tr>
<tr><td colspan="2">学习情境 4</td><td colspan="2">安装智能家居照明线路</td><td>学时</td><td>20 分钟</td></tr>
<tr><td colspan="2">典型工作步骤 4 描述</td><td colspan="4">用万用表欧姆挡检查两房两厅所有照明线路能否实现设计要求。用兆欧表测量绝缘电阻，检查导线和设备对地绝缘电阻，以及导线间、设备间、导线与设备间绝缘电阻是否大于等于 0.5MΩ，满足通电条件。</td></tr>
<tr><td colspan="2">计划制订的方式</td><td colspan="4">小组讨论</td></tr>
<tr><td>序号</td><td colspan="2">工 作 步 骤</td><td colspan="3">注 意 事 项</td></tr>
<tr><td colspan="6">检查线路是否满足设计要求：</td></tr>
<tr><td></td><td colspan="2"></td><td colspan="3" rowspan="7"></td></tr>
<tr><td></td><td colspan="2"></td></tr>
<tr><td></td><td colspan="2"></td></tr>
<tr><td></td><td colspan="2"></td></tr>
<tr><td></td><td colspan="2"></td></tr>
<tr><td></td><td colspan="2"></td></tr>
<tr><td></td><td colspan="2"></td></tr>
<tr><td colspan="6">进行线路绝缘电阻测试（线路已满足设计要求）：</td></tr>
<tr><td></td><td colspan="2"></td><td colspan="3" rowspan="7"></td></tr>
<tr><td></td><td colspan="2"></td></tr>
<tr><td></td><td colspan="2"></td></tr>
<tr><td></td><td colspan="2"></td></tr>
<tr><td></td><td colspan="2"></td></tr>
<tr><td></td><td colspan="2"></td></tr>
<tr><td></td><td colspan="2"></td></tr>
<tr><td colspan="2" rowspan="3">计划评价</td><td>班级</td><td></td><td>第（　　）组</td><td>组长签字</td></tr>
<tr><td>教师签字</td><td></td><td>日期</td><td></td></tr>
<tr><td colspan="4">评语：</td></tr>
</table>

学习情境 4-23

4.1.4.3　检查线路的决策单

<table>
<tr><td colspan="2">学习场</td><td colspan="5">安装家居照明线路</td></tr>
<tr><td colspan="2">学习情境 4</td><td colspan="3">安装智能家居照明线路</td><td>学时</td><td>5 分钟</td></tr>
<tr><td colspan="2">典型工作步骤 4 描述</td><td colspan="5">用万用表欧姆挡检查两房两厅所有照明线路能否实现设计要求。用兆欧表测量绝缘电阻，检查导线和设备对地绝缘电阻，以及导线间、设备间、导线与设备间绝缘电阻是否大于等于 0.5MΩ，满足通电条件。</td></tr>
<tr><td colspan="7">计　划　对　比</td></tr>
<tr><td>序号</td><td>可行性</td><td>经济性</td><td>可操作性</td><td>安全性</td><td>实施难度</td><td>综合评价</td></tr>
<tr><td>1</td><td></td><td></td><td></td><td></td><td></td><td></td></tr>
<tr><td>2</td><td></td><td></td><td></td><td></td><td></td><td></td></tr>
<tr><td>3</td><td></td><td></td><td></td><td></td><td></td><td></td></tr>
<tr><td>4</td><td></td><td></td><td></td><td></td><td></td><td></td></tr>
<tr><td>5</td><td></td><td></td><td></td><td></td><td></td><td></td></tr>
<tr><td>6</td><td></td><td></td><td></td><td></td><td></td><td></td></tr>
<tr><td>7</td><td></td><td></td><td></td><td></td><td></td><td></td></tr>
<tr><td>8</td><td></td><td></td><td></td><td></td><td></td><td></td></tr>
<tr><td>9</td><td></td><td></td><td></td><td></td><td></td><td></td></tr>
<tr><td>10</td><td></td><td></td><td></td><td></td><td></td><td></td></tr>
<tr><td></td><td></td><td></td><td></td><td></td><td></td><td></td></tr>
<tr><td></td><td></td><td></td><td></td><td></td><td></td><td></td></tr>
<tr><td colspan="2" rowspan="3">决策评价</td><td>班级</td><td></td><td>第（　　）组</td><td>组长签字</td><td></td></tr>
<tr><td>教师签字</td><td></td><td>日期</td><td colspan="2"></td></tr>
<tr><td colspan="5">评语：</td></tr>
</table>

学习情境 4-24

4.1.4.4　检查线路的实施单

<table>
<tr><td colspan="2">学习场</td><td colspan="4">安装家居照明线路</td></tr>
<tr><td colspan="2">学习情境 4</td><td colspan="2">安装智能家居照明线路</td><td>学时</td><td>40 分钟</td></tr>
<tr><td colspan="2">典型工作步骤 4
描述</td><td colspan="4">用万用表欧姆挡检查两房两厅所有照明线路能否实现设计要求。用兆欧表测量绝缘电阻，检查导线和设备对地绝缘电阻，以及导线间、设备间、导线与设备间绝缘电阻是否大于等于 0.5MΩ，满足通电条件。</td></tr>
<tr><td>序号</td><td colspan="3">实 施 步 骤</td><td colspan="2">注 意 事 项</td></tr>
<tr><td colspan="6">检查线路是否满足设计要求：</td></tr>
<tr><td></td><td colspan="3"></td><td colspan="2" rowspan="7"></td></tr>
<tr><td></td><td colspan="3"></td></tr>
<tr><td></td><td colspan="3"></td></tr>
<tr><td></td><td colspan="3"></td></tr>
<tr><td></td><td colspan="3"></td></tr>
<tr><td></td><td colspan="3"></td></tr>
<tr><td></td><td colspan="3"></td></tr>
<tr><td colspan="6">进行线路绝缘电阻测试（线路已满足设计要求）：</td></tr>
<tr><td></td><td colspan="3"></td><td colspan="2" rowspan="6"></td></tr>
<tr><td></td><td colspan="3"></td></tr>
<tr><td></td><td colspan="3"></td></tr>
<tr><td></td><td colspan="3"></td></tr>
<tr><td></td><td colspan="3"></td></tr>
<tr><td></td><td colspan="3"></td></tr>
<tr><td colspan="6">实施说明：</td></tr>
<tr><td rowspan="3">实施评价</td><td>班级</td><td></td><td>第（　　）组</td><td>组长签字</td><td></td></tr>
<tr><td>教师签字</td><td></td><td>日期</td><td colspan="2"></td></tr>
<tr><td colspan="5">评语：</td></tr>
</table>

学习情境 4-25

4.1.4.5 检查线路的检查单

学习场	安装家居照明线路		
学习情境 4	安装智能家居照明线路	学时	10 分钟
典型工作步骤 4 描述	用万用表欧姆挡检查两房两厅所有照明线路能否实现设计要求。用兆欧表测量绝缘电阻，检查导线和设备对地绝缘电阻，以及导线间、设备间、导线与设备间绝缘电阻是否大于等于 0.5MΩ，满足通电条件。		

序号	检 查 项 目	检 查 标 准	学生自查	教师检查
1	万用表检查线路	会用万用表欧姆挡检查两地控制一灯线路是否满足设计要求。		
2	兆欧表测量绝缘电阻	会用兆欧表测量火线对地、零线对地和火线零线之间的绝缘电阻。		
3	绝缘电阻合格的标准	绝缘电阻≥0.5MΩ。		

检查评价	班级		第（ ）组	组长签字	
	教师签字		日期		
	评语：				

4.1.5　测试验收线路

4.1.5.1　测试验收线路的资讯单

<table>
<tr><td>学习场</td><td colspan="3">安装家居照明线路</td></tr>
<tr><td>学习情境4</td><td>安装智能家居照明线路</td><td>学时</td><td>5分钟</td></tr>
<tr><td>典型工作步骤5
描述</td><td colspan="3">列出安全用电注意事项。教师监护，学生操作，测试验收两房两厅智能照明线路。</td></tr>
<tr><td>搜集资讯的方式</td><td colspan="3">（学生填写）</td></tr>
<tr><td>资讯描述</td><td colspan="3">1. 安全用电注意事项。

2. 教师作为监护人，同学作为操作人，通过实训室总配电箱—分配电箱（房间电源箱）提供电源，接通两房两厅线路，进行测试验收线路，填写照明电路验收表（附录2）。
3. 智能语音灯具的优缺点。
______
______
______
4.1.3　米家智能开关配网步骤</td></tr>
<tr><td>对学生的要求</td><td colspan="3">如有疑问，先组内交流，最后向指导教师咨询。</td></tr>
<tr><td>参考资料</td><td colspan="3"></td></tr>
</table>

4.1.5.2 测试验收线路的计划单

学习场	安装家居照明线路		
学习情境 4	安装智能家居照明线路	学时	30 分钟
典型工作步骤 5 描述	列出安全用电注意事项。教师监护，学生操作，测试验收两房两厅智能照明线路。		
计划制订的方式	小组讨论		

序号	工作步骤	具体工作内容或作用

<table>
<tr><td rowspan="3">计划评价</td><td>班级</td><td></td><td>第（ ）组</td><td>组长签字</td><td></td></tr>
<tr><td>教师签字</td><td></td><td>日期</td><td colspan="2"></td></tr>
<tr><td colspan="5">评语：</td></tr>
</table>

4.1.5.3 测试验收线路的决策单

<table>
<tr><td>学习场</td><td colspan="6">安装家居照明线路</td></tr>
<tr><td>学习情境4</td><td colspan="3">安装智能家居照明线路</td><td>学时</td><td colspan="2">5分钟</td></tr>
<tr><td>典型工作步骤5描述</td><td colspan="6">列出安全用电注意事项。教师监护，学生操作，测试验收两房两厅智能照明线路。</td></tr>
<tr><td colspan="7">计　划　对　比</td></tr>
<tr><td>序号</td><td>可行性</td><td>经济性</td><td>可操作性</td><td>安全性</td><td>实施难度</td><td>综合评价</td></tr>
<tr><td>1</td><td></td><td></td><td></td><td></td><td></td><td></td></tr>
<tr><td>2</td><td></td><td></td><td></td><td></td><td></td><td></td></tr>
<tr><td>3</td><td></td><td></td><td></td><td></td><td></td><td></td></tr>
<tr><td>4</td><td></td><td></td><td></td><td></td><td></td><td></td></tr>
<tr><td>5</td><td></td><td></td><td></td><td></td><td></td><td></td></tr>
<tr><td>6</td><td></td><td></td><td></td><td></td><td></td><td></td></tr>
<tr><td>7</td><td></td><td></td><td></td><td></td><td></td><td></td></tr>
<tr><td>8</td><td></td><td></td><td></td><td></td><td></td><td></td></tr>
<tr><td>9</td><td></td><td></td><td></td><td></td><td></td><td></td></tr>
<tr><td>10</td><td></td><td></td><td></td><td></td><td></td><td></td></tr>
<tr><td rowspan="3">决策评价</td><td>班级</td><td></td><td>第（　　）组</td><td>组长签字</td><td colspan="2"></td></tr>
<tr><td>教师签字</td><td></td><td>日期</td><td colspan="3"></td></tr>
<tr><td colspan="6">评语：</td></tr>
</table>

学习情境 4-29

4.1.5.4　测试验收线路的实施单

<table>
<tr><td>学习场</td><td colspan="4">安装家居照明线路</td></tr>
<tr><td>学习情境 4</td><td colspan="2">安装智能家居照明线路</td><td>学时</td><td>20 分钟</td></tr>
<tr><td>典型工作步骤 5 描述</td><td colspan="4">列出安全用电注意事项。教师监护，学生操作，测试验收两房两厅智能照明线路。</td></tr>
</table>

序号	实 施 步 骤	具体工作内容、作用或注意事项

实施说明：（教师可根据实训现场条件进一步调整、完善具体实施步骤。）

<table>
<tr><td rowspan="3">实施评价</td><td>班级</td><td></td><td>第（　　）组</td><td>组长签字</td><td></td></tr>
<tr><td>教师签字</td><td></td><td>日期</td><td colspan="2"></td></tr>
<tr><td colspan="5">评语：</td></tr>
</table>

4.1.5.5　测试验收线路的检查单

<table>
<tr><td colspan="2">学习场</td><td colspan="4">安装家居照明线路</td></tr>
<tr><td colspan="2">学习情境 4</td><td colspan="2">安装智能家居照明线路</td><td>学时</td><td>10 分钟</td></tr>
<tr><td colspan="2">典型工作步骤 5 描述</td><td colspan="4">列出安全用电注意事项。教师监护，学生操作，测试验收两房两厅智能照明线路。</td></tr>
<tr><td>序号</td><td>检 查 项 目</td><td colspan="2">检 查 标 准</td><td>学生自查</td><td>教师检查</td></tr>
<tr><td>1</td><td>安全用电常识</td><td colspan="2">能说出 3～5 点安全用电常识。</td><td></td><td></td></tr>
<tr><td>2</td><td>检测电源</td><td colspan="2">会用万用表交流电压挡测量电源电压。</td><td></td><td></td></tr>
<tr><td>3</td><td>测试验收线路操作过程</td><td colspan="2">能正确操作通电过程。</td><td></td><td></td></tr>
<tr><td></td><td></td><td colspan="2"></td><td></td><td></td></tr>
<tr><td></td><td></td><td colspan="2"></td><td></td><td></td></tr>
<tr><td></td><td></td><td colspan="2"></td><td></td><td></td></tr>
<tr><td></td><td></td><td colspan="2"></td><td></td><td></td></tr>
<tr><td></td><td></td><td colspan="2"></td><td></td><td></td></tr>
</table>

<table>
<tr><td rowspan="3">检查评价</td><td>班级</td><td></td><td>第（　　）组</td><td>组长签字</td><td></td></tr>
<tr><td>教师签字</td><td></td><td>日期</td><td colspan="2"></td></tr>
<tr><td colspan="5">评语：</td></tr>
</table>

学习情境 4-31

4.2 安装智能家居照明线路评价单

<table>
<tr><td>学习场</td><td colspan="5">安装家居照明线路</td></tr>
<tr><td>学习情境 4</td><td colspan="3">安装智能家居照明线路</td><td>学时</td><td>960 分钟</td></tr>
<tr><td>典型工作过程描述</td><td colspan="5">绘制原理图—设计安装位置—安装线路—检查线路—测试验收线路</td></tr>
<tr><td>评价项目</td><td colspan="2">评价子项目配分</td><td>学生自评</td><td>组内评价</td><td>教师评价</td></tr>
<tr><td>绘制原理图
（10 分）</td><td colspan="2">1. 资讯 2 分；2. 计划 2 分；3. 决策 1 分；4. 实施 3 分；5. 检查 1 分；6. 评价 1 分。</td><td></td><td></td><td></td></tr>
<tr><td>设计安装位置
（10 分）</td><td colspan="2">1. 资讯 2 分；2. 计划 2 分；3. 决策 1 分；4. 实施 3 分；5. 检查 1 分；6. 评价 1 分。</td><td></td><td></td><td></td></tr>
<tr><td>安装线路
（35 分）</td><td colspan="2">1. 资讯 5 分；2. 计划 5 分；3. 决策 5 分；4. 实施 10 分；5. 检查 5 分；6. 评价 5 分。</td><td></td><td></td><td></td></tr>
<tr><td>检查线路
（26 分）</td><td colspan="2">1. 资讯 2 分；2. 计划 4 分；3. 决策 2 分；4. 实施 10 分；5. 检查 6 分；6. 评价 2 分。</td><td></td><td></td><td></td></tr>
<tr><td>测试验收线路
（19 分）</td><td colspan="2">1. 资讯 2 分；2. 计划 5 分；3. 决策 2 分；4. 实施 6 分；5. 检查 2 分；6. 评价 2 分。</td><td></td><td></td><td></td></tr>
<tr><td>成绩
（学生签名：　）</td><td colspan="2">1. 资讯 13 分；2. 计划 18 分；3. 决策 11 分；4. 实施 32 分；5. 检查 15 分；6. 评价 11 分。</td><td></td><td></td><td></td></tr>
<tr><td rowspan="3">评价的评价</td><td>班级</td><td></td><td>第（　　）组</td><td>组长签字</td><td></td></tr>
<tr><td>教师签字</td><td></td><td>日期</td><td colspan="2"></td></tr>
<tr><td colspan="5">评语：</td></tr>
</table>

学习情境 4-32

收获挥洒汗水的踏实，累积侃侃而谈的实力，满怀真心待人的坦诚

4.3　材料工具清单

学习场	安装家居照明线路				
学习情境 4	安装智能家居照明线路		学时	960 分钟	
典型工作过程描述	绘制原理图—设计安装位置—安装线路—检查线路—测试验收线路				
序号	名称	作用	数量	型号规格	使用者
班级		第（　　）组	组长签字		
教师签字		日期			

4.4 教学反馈单

<table>
<tr><td colspan="2">学习场</td><td colspan="4">安装家居照明线路</td></tr>
<tr><td colspan="2">学习情境 4</td><td colspan="2">安装智能家居照明线路</td><td>学时</td><td>960 分钟</td></tr>
<tr><td colspan="2">典型工作过程描述</td><td colspan="4">绘制原理图—设计安装位置—安装线路—检查线路—测试验收线路</td></tr>
<tr><td rowspan="9">调查项目</td><td>序号</td><td colspan="2">调 查 内 容</td><td colspan="2">理 由 描 述</td></tr>
<tr><td></td><td colspan="2"></td><td colspan="2"></td></tr>
<tr><td></td><td colspan="2"></td><td colspan="2"></td></tr>
<tr><td></td><td colspan="2"></td><td colspan="2"></td></tr>
<tr><td></td><td colspan="2"></td><td colspan="2"></td></tr>
<tr><td></td><td colspan="2"></td><td colspan="2"></td></tr>
<tr><td></td><td colspan="2"></td><td colspan="2"></td></tr>
<tr><td></td><td colspan="2"></td><td colspan="2"></td></tr>
<tr><td></td><td colspan="2"></td><td colspan="2"></td></tr>
<tr><td colspan="6">您对本次课程教学的改进意见：</td></tr>
<tr><td>调查信息</td><td>被调查人姓名</td><td></td><td>调查日期</td><td colspan="2"></td></tr>
</table>

Learning scenario 4
Lighting circuit installation of smart homes

4.0　Learning worksheet

<table>
<tr><td>Learning field</td><td colspan="6">Installation of household lighting circuits</td></tr>
<tr><td>Learning scenario 4</td><td colspan="3">Lighting circuit installation of smart homes</td><td colspan="2">Teaching time</td><td>960 minutes</td></tr>
<tr><td>Description of the typical working processes</td><td colspan="6">Schematic diagram drawing – installation position design – circuit installation – circuit inspection – circuit testing and acceptance</td></tr>
<tr><td>Learning objectives</td><td colspan="6">1. Be able to install wireless smart lighting circuits for a smart home.
2. Comply with construction codes for electrical engineering.
3. Develop an awareness of electricity safety.</td></tr>
<tr><td>Task description</td><td colspan="6">1. According to the given system diagram of the power supply box (see Appendix Table 3.1), draw a working schematic diagram, a layout plan, and an installation and wiring diagram of the lighting circuits of a smart home.
2. Perform concealed wiring and installation of wireless smart lighting circuits in a two-bedroom apartment (length: 3,000 mm, width: 1,500 mm, height: 2,400 mm, walls are made of 2 mm galvanized mesh panels). Requirements: ① Each room of the apartment shall be equipped with a wireless smart lighting lamp powered by an independent power switch. ② The apartment shall be equipped with one ordinary smart socket and one air-conditioning socket. ③ Design installation positions of the lighting circuits and sockets on your own and perform concealed wiring according to the given requirements. ④ The task must be completed within two and a half days. ⑤ Available smart lamps and switches are listed in Appendix Table 3.8.</td></tr>
<tr><td>Teaching schedule</td><td>Information: 50 minutes</td><td>Planning: 100 minutes</td><td>Decision: 25 minutes</td><td>Implementation: 710 minutes</td><td>Check: 50 minutes</td><td>Assessment: 25 minutes</td></tr>
<tr><td>Requirements for students</td><td colspan="6">1. Prior to the practical training, familiarize yourself with the learning worksheet and teaching guidance.
2. Complete the practical training task of the day following the instructions promptly.
3. Always be quiet in the practical training room; keep your voice down while communicating with group members; laughing, making noise, or any other action irrelevant to the task is not allowed lest the practical training of others be disturbed.
4. During the practical training, copying of others' practical training records is not allowed. Otherwise, a new record is required. In case of any doubt, ask your instructor for guidance before proceeding.
5. The practical training room must be cleaned daily by the student on duty; the room must be kept tidy; the power supply must be turned off, and doors and windows must be closed.</td></tr>
<tr><td>References</td><td colspan="6">Unified Standard for Building Drawings (GB/T 50001–2017)
Code for Acceptance of Construction Quality of Building Electrical Engineering (GB 50303–2015)</td></tr>
</table>

4.1 Teaching guidance

<table>
<tr><td>Learning field</td><td>Installation of household lighting circuits</td><td>Learning scenario 4</td><td>Lighting circuit installation of smart homes</td><td>Reference frame</td><td colspan="2">Task description: concealed lighting circuit installation of the wireless smart system in two-bedroom apartments.</td></tr>
<tr><td>General working processes / Typical working processes</td><td>Information</td><td>Planning</td><td>Decision</td><td>Implementation</td><td>Check</td><td>Assessment</td></tr>
<tr><td>Schematic diagram drawing</td><td>Determine individual working responsibility; based on the given system diagram (see Appendix Table 3.1) and requirements, draw working schematic diagrams of the lighting circuits of a two-bedroom apartment, that is, the working schematic diagrams of four lighting circuits and two socket circuits; identify what main systems are included in the smart home control system; complete 4.1.1.1 Information sheet for schematic diagram drawing.</td><td>Through group discussion, consultation with experts, etc., develop a plan to draw working schematic diagrams of the lighting circuits of a two-bedroom apartment; complete 4.1.1.2 Planning sheet for schematic diagram drawing.</td><td>Analyse, compare, and assess the merits and shortcomings of each plan, rate them, and select the optimal plan based on feasibility, economy, operability, and implementation difficulty.</td><td>Draw working schematic diagrams of the lighting circuits of a two-bedroom apartment through group discussion and other means; complete 4.1.1.4 Implementation sheet for schematic diagram drawing.</td><td>Conduct self-check by students and check by the teacher according to the check items and check criteria included in 4.1.1.5 Check sheet for schematic diagram drawing.</td><td>Conduct self-assessment, peer assessment, and teacher assessment according to the assessment points of subitems and complete 4.2 Assessment sheet for lighting circuit installation of smart homes.</td></tr>
</table>

Continue

Learning field	Installation of household lighting circuits	Learning scenario 4	Lighting circuit installation of smart homes	Reference frame	Task description: concealed lighting circuit installation of the wireless smart system in two-bedroom apartments.	
General working processes / Typical working processes	Information	Planning	Decision	Implementation	Check	Assessment
Installation position design	Identify the given structure size of the two-bedroom apartment on-site; determine the lamps and switches to be used in each room; propose positions where lamps, switches and sockets can be installed; complete 4.1.2.1 Information sheet for installation position design.	Prepare a positioning plan for the lighting circuit of a two-bedroom apartment through group discussion and other means; complete 4.1.2.2 Planning sheet for installation position design.	Analyse, compare, and assess the merits and shortcomings of each plan, rate them, and select the optimal plan based on feasibility, economy, operability, safety, and implementation difficulty.	According to the actual location of the concealed output pipe from the power supply box on-site, determine the optimal layout and draw a lighting circuit layout plan of a two-bedroom apartment finalized by the group based on on-site inspection and group discussion. Installation height instructions: Installation positions of switches shall be 1.2 - 1.4 m above the ground; no requirements are set for the distance between switches and the door frame due to the actual constraints at the working site; the bottom edge of the air-conditioning socket shall be 2 m above the ground and that of the ordinary socket shall be 0.3 m above the ground; the holders of the mirror lamp and the wall lamp shall be 1.8 m above the ground; other lamps shall be installed as ceiling lamps.	Conduct self-check by students and check by the teacher according to the check items and check criteria included in 4.1.2.5 Check sheet for installation position design.	Conduct self-assessment, peer assessment, and teacher assessment according to the assessment points of subitems and complete 4.2 Assessment sheet for lighting circuit installation of smart homes.

Continue

Learning field	Installation of household lighting circuits	Learning scenario 4	Lighting circuit installation of smart homes	Reference frame	Task description: concealed lighting circuit installation of the wireless smart system in two-bedroom apartments.	
General working processes / Typical working processes	Information	Planning	Decision	Implementation	Check	Assessment
Circuit installation	Determine individual working responsibility. Perform concealed wiring and installation of wireless smart lighting circuits in a two-bedroom apartment (length: 3,000 mm, width: 1,500 mm, height: 2,400 mm, walls are made of 2 mm galvanized mesh panels). According to the finalized layout plan, draw an installation and wiring diagram; present the advantages and disadvantages of wired and wireless smart homes; complete 4.1.3.1 Information sheet for circuit installation.	Prepare an installation plan for the lighting circuit of a two-bedroom apartment through group discussion and other means; complete the construction schedule (see Appendix 4) and 4.1.3.2 Planning sheet for circuit installation.	Analyse, compare, and assess the merits and shortcomings of each plan, rate them, and select the optimal plan based on feasibility, economy, operability, safety, and implementation difficulty.	Complete the list of materials and tools according to the installation and wiring diagram; the material clerk is responsible for receiving lamps, piping and other auxiliary materials. First, fix the switch, the socket bottom box and the lamp holder; then deploy and fix the PVC pipe; use a wire threader to thread the live wire, neutral wire, and earth wire of each circuit; connect the switch socket and complete the circuit installation.	Conduct self-check by students and check by the teacher according to the check items and check criteria included in 4.1.3.5 Check sheet for circuit installation.	Conduct self-assessment, peer assessment, and teacher assessment according to the assessment points of subitems and complete 4.2 Assessment sheet for lighting circuit installation of smart homes.

Continue

Learning field	Installation of household lighting circuits	Learning scenario 4	Lighting circuit installation of smart homes	Reference frame	Task description: concealed lighting circuit installation of the wireless smart system in two-bedroom apartments.	
General working processes / Typical working processes	Information	Planning	Decision	Implementation	Check	Assessment
Circuit inspection	The resistance range of a multimeter can be used to measure whether the circuit is on or off; a megohmmeter can be used to measure the insulation resistance. In general, to meet the energized conditions, the ground insulation resistance of wires and equipment, as well as the insulation resistance between wires, between equipment, and between wires and equipment, shall be greater than or equal to 0.5 MΩ.	Prepare an inspection plan for the lighting circuit of a two-bedroom apartment through group discussion and other means; complete 4.1.4.2 Planning sheet for circuit inspection.	Analyse, compare, and assess the merits and shortcomings of each plan, rate them, and select the optimal plan based on feasibility, economy, operability, safety, and implementation difficulty.	Use the ×1 resistance range of the multimeter to determine whether the installed lighting circuit can meet the design requirements. Use the megohmmeter to measure the ground insulation resistance of the live and neutral wires, and that between the live and neutral wires.	Conduct self-check by students and check by the teacher according to the check items and check criteria included in 4.1.4.5 Check sheet for circuit inspection.	Conduct self-assessment, peer assessment, and teacher assessment according to the assessment points of subitems and complete 4.2 Assessment sheet for lighting circuit installation of smart homes.

Continue

Learning field	Installation of household lighting circuits	Learning scenario 4	Lighting circuit installation of smart homes	Reference frame	Task description: concealed lighting circuit installation of the wireless smart system in two-bedroom apartments.	
General working processes / Typical working processes	Information	Planning	Decision	Implementation	Check	Assessment
Circuit testing and acceptance	List precautions for electricity safety through such means as online search and group discussion. Under the supervision of teacher, students use the master power distribution box – sub distribution box (room power supply box) in the practical training room to provide power and connect the circuits of the two-bedroom apartment to perform circuit testing and acceptance.	Prepare a circuit testing and acceptance plan for the lighting circuit of a two-bedroom apartment through group discussion and other means; complete 4.1.5.2 Planning sheet for circuit testing and acceptance.	Analyse, compare, and assess the merits and shortcomings of each plan, rate them, and select the optimal plan based on feasibility, economy, operability, safety, and implementation difficulty.	Turn on the power supply sequentially; inspect each lighting circuit and the socket circuit; complete the circuit testing and acceptance; fill in the acceptance sheet for lighting circuit (see Appendix 2). Finally, arrange and clean the working site.	Conduct self-check by students and check by the teacher according to the check items and check criteria included in 4.1.5.5 Check sheet for circuit testing and acceptance.	Conduct self-assessment, peer assessment, and teacher assessment according to the assessment points of subitems and complete 4.2 Assessment sheet for lighting circuit installation of smart homes.

4.1.1 Schematic diagram drawing

4.1.1.1 Information sheet for schematic diagram drawing

<table>
<tr><td>Learning field</td><td colspan="3">Installation of household lighting circuits</td></tr>
<tr><td>Learning scenario 4</td><td>Lighting circuit installation of smart homes</td><td>Teaching time</td><td>5 minutes</td></tr>
<tr><td>Description of the typical working step 1</td><td colspan="3">Based on the given system diagram, draw the working schematic diagrams of 4 lighting circuits and 2 socket circuits.</td></tr>
<tr><td>Information collection methods</td><td colspan="3">Online search, group discussion, etc.</td></tr>
<tr><td>Information description</td><td colspan="3">1. Complete the task assignment table (Table 4.1.1).

Table 4.1.1 Task assignment table
<table>
<tr><th>Division of labor</th><th>Positions</th><th>Number of students</th><th>Students' name</th><th>Notes</th></tr>
<tr><td>Team/ Group leader</td><td>Group leader</td><td>1</td><td></td><td>Responsible for the organization and management of the group</td></tr>
<tr><td>Design</td><td>Designer</td><td></td><td></td><td>Responsible for the design of the group's lighting circuits</td></tr>
<tr><td>Drafting</td><td>Draftsperson</td><td></td><td></td><td>Responsible for the drawing of the group's lighting circuits</td></tr>
</table>

2. Drawing.

3. List the smart home control systems you are interested in.</td></tr>
<tr><td>Requirements for students</td><td colspan="3">Search for relevant knowledge online. In case of any doubt, discuss with your group members, then ask your instructor for guidance.</td></tr>
<tr><td>References</td><td colspan="3"></td></tr>
</table>

4.1.1.2 Planning sheet for schematic diagram drawing

<table>
<tr><td colspan="2">Learning field</td><td colspan="7">Installation of household lighting circuits</td></tr>
<tr><td colspan="2">Learning scenario 4</td><td colspan="3">Lighting circuit installation of smart homes</td><td colspan="2">Teaching time</td><td colspan="2">5 minutes</td></tr>
<tr><td colspan="2">Description of the typical working step 1</td><td colspan="7">Based on the given system diagram, draw the working schematic diagrams of 4 lighting circuits and 2 socket circuits.</td></tr>
<tr><td colspan="2">Planning methods</td><td colspan="7">Group discussion and consultation with experts</td></tr>
<tr><td>Number</td><td colspan="3">Working steps</td><td colspan="5">Notice</td></tr>
<tr><td>1</td><td colspan="3">Prepare the drawing tools.</td><td colspan="5"></td></tr>
<tr><td>2</td><td colspan="3">Determine the graphic symbols of lamps and switches.</td><td colspan="5"></td></tr>
<tr><td>3</td><td colspan="3">Determine the layout of lamps and switches and draw the graphic symbols on paper.</td><td colspan="5"></td></tr>
<tr><td>4</td><td colspan="3">Draw a working schematic diagram of the circuit of a two-site control ceiling lamp.</td><td colspan="5"></td></tr>
<tr><td>5</td><td colspan="3">Draw working schematic diagrams of the circuits of three single-control mirror lamps.</td><td colspan="5"></td></tr>
<tr><td>6</td><td colspan="3">Draw a working schematic diagram of the circuit of an ordinary socket.</td><td colspan="5"></td></tr>
<tr><td>7</td><td colspan="3">Draw a working schematic diagram of the circuit of an air-conditioning socket.</td><td colspan="5"></td></tr>
<tr><td></td><td colspan="3"></td><td colspan="5"></td></tr>
<tr><td></td><td colspan="3"></td><td colspan="5"></td></tr>
<tr><td></td><td colspan="3"></td><td colspan="5"></td></tr>
<tr><td colspan="2" rowspan="3">Plan assessment</td><td>Class</td><td></td><td colspan="2">Group ( )</td><td colspan="2">Group leader's signature</td><td></td></tr>
<tr><td>Teacher's signature</td><td></td><td colspan="2">Date</td><td colspan="3"></td></tr>
<tr><td colspan="7">Comments:</td></tr>
</table>

4.1.1.3 Decision sheet for schematic diagram drawing

<table>
<tr><td colspan="2">Learning field</td><td colspan="5">Installation of household lighting circuits</td></tr>
<tr><td colspan="2">Learning scenario 4</td><td colspan="3">Lighting circuit installation of smart homes</td><td>Teaching time</td><td>5 minutes</td></tr>
<tr><td colspan="2">Description of the typical working step 1</td><td colspan="5">Based on the given system diagram, draw the working schematic diagrams of 4 lighting circuits and 2 socket circuits.</td></tr>
<tr><td colspan="7">Plan comparison</td></tr>
<tr><td>Number</td><td>Feasibility</td><td>Economy</td><td>Operability</td><td colspan="2">Implementation difficulty</td><td>Integrated assessment</td></tr>
<tr><td>1</td><td></td><td></td><td></td><td colspan="2"></td><td></td></tr>
<tr><td>2</td><td></td><td></td><td></td><td colspan="2"></td><td></td></tr>
<tr><td>3</td><td></td><td></td><td></td><td colspan="2"></td><td></td></tr>
<tr><td>4</td><td></td><td></td><td></td><td colspan="2"></td><td></td></tr>
<tr><td>5</td><td></td><td></td><td></td><td colspan="2"></td><td></td></tr>
<tr><td>6</td><td></td><td></td><td></td><td colspan="2"></td><td></td></tr>
<tr><td>7</td><td></td><td></td><td></td><td colspan="2"></td><td></td></tr>
<tr><td>8</td><td></td><td></td><td></td><td colspan="2"></td><td></td></tr>
<tr><td>9</td><td></td><td></td><td></td><td colspan="2"></td><td></td></tr>
<tr><td>10</td><td></td><td></td><td></td><td colspan="2"></td><td></td></tr>
<tr><td rowspan="3">Decision assessment</td><td>Class</td><td></td><td>Group ( )</td><td colspan="2">Group leader's signature</td><td></td></tr>
<tr><td>Teacher's signature</td><td></td><td>Date</td><td colspan="3"></td></tr>
<tr><td colspan="6">Comments:</td></tr>
</table>

4.1.1.4 Implementation sheet for schematic diagram drawing

Learning field	Installation of household lighting circuits		
Learning scenario 4	Lighting circuit installation of smart homes	Teaching time	20 minutes
Description of the typical working step 1	Based on the given system diagram, draw the working schematic diagrams of 4 lighting circuits and 2 socket circuits.		

Number	Implementation steps	Working schematic diagram

Implementation note:

Implementation assessment	Class		Group ( )	Group leader's signature	
	Teacher's signature		Date		
	Comments:				

4.1.1.5 Check sheet for schematic diagram drawing

Learning field	Installation of household lighting circuits		
Learning scenario 4	Lighting circuit installation of smart homes	Teaching time	10 minutes
Description of the typical working step 1	Based on the given system diagram, draw the working schematic diagrams of 4 lighting circuits and 2 socket circuits.		

Number	Check items	Check criteria	Self-check by students	Check by the teacher
1	The structure of a one-way dual-control switch	Be able to present the components of a one-way dual-control switch: one moving contact and two static contacts.		
2	Schematic diagram of the circuit of a two-site control lamp	Be able to draw a schematic diagram of the circuit of a two-site control lamp.		
3	Schematic diagram of the circuit of an air-conditioning socket	Be able to draw a schematic diagram of the circuit of an air-conditioning socket.		

Check assessment	Class		Group ( )	Group leader's signature	
	Teacher's signature		Date		
	Comments:				

4.1.2 Installation position design

4.1.2.1 Information sheet for installation position design

Learning field	Installation of household lighting circuits		
Learning scenario 4	Lighting circuit installation of smart homes	Teaching time	15 minutes
Description of the typical working step 2	Design the installation positions of the switches and sockets of smart lighting circuits, as well as the lamps, in a two-bedroom apartment (length: 3,000 mm, width: 1,500 mm, height: 2,400 mm).		
Information collection methods	(To be completed by the student)		
Information description	Determine the lamps and switches to be used in each room; present all the layout plans proposed by the group with schematic diagrams. (To be completed by the student)		
Requirements for students	In case of any doubt, discuss with your group members, then ask your instructor for guidance.		
References			

4.1.2.2 Planning sheet for installation position design

<table>
<tr><td>Learning field</td><td colspan="3">Installation of household lighting circuits</td></tr>
<tr><td>Learning scenario 4</td><td>Lighting circuit installation of smart homes</td><td>Teaching time</td><td>15 minutes</td></tr>
<tr><td>Description of the typical working step 2</td><td colspan="3">Design the installation positions of the switches and sockets of smart lighting circuits, as well as the lamps, in a two-bedroom apartment (length: 3,000 mm, width: 1,500 mm, height: 2,400 mm).</td></tr>
<tr><td>Planning methods</td><td colspan="3">Group discussion, consultation with teachers</td></tr>
</table>

Number	Working steps	Notice

<table>
<tr><td rowspan="3">Plan assessment</td><td>Class</td><td></td><td>Group ( )</td><td>Group leader’s signature</td><td></td></tr>
<tr><td>Teacher’s signature</td><td></td><td>Date</td><td colspan="2"></td></tr>
<tr><td colspan="5">Comments:</td></tr>
</table>

4.1.2.3　Decision sheet for installation position design

<table>
<tr><td colspan="2">Learning field</td><td colspan="5">Installation of household lighting circuits</td></tr>
<tr><td colspan="2">Learning scenario 4</td><td colspan="3">Lighting circuit installation of smart homes</td><td>Teaching time</td><td>5 minutes</td></tr>
<tr><td colspan="2">Description of the typical working step 2</td><td colspan="5">Design the installation positions of the switches and sockets of smart lighting circuits, as well as the lamps, in a two-bedroom apartment (length: 3,000 mm, width: 1,500 mm, height: 2,400 mm).</td></tr>
<tr><td colspan="7">Plan comparison</td></tr>
<tr><td>Number</td><td>Feasibility</td><td>Economy</td><td>Operability</td><td>Safety</td><td>Implementation difficulty</td><td>Integrated assessment</td></tr>
<tr><td>1</td><td></td><td></td><td></td><td></td><td></td><td></td></tr>
<tr><td>2</td><td></td><td></td><td></td><td></td><td></td><td></td></tr>
<tr><td>3</td><td></td><td></td><td></td><td></td><td></td><td></td></tr>
<tr><td>4</td><td></td><td></td><td></td><td></td><td></td><td></td></tr>
<tr><td>5</td><td></td><td></td><td></td><td></td><td></td><td></td></tr>
<tr><td>6</td><td></td><td></td><td></td><td></td><td></td><td></td></tr>
<tr><td>7</td><td></td><td></td><td></td><td></td><td></td><td></td></tr>
<tr><td>8</td><td></td><td></td><td></td><td></td><td></td><td></td></tr>
<tr><td>9</td><td></td><td></td><td></td><td></td><td></td><td></td></tr>
<tr><td>10</td><td></td><td></td><td></td><td></td><td></td><td></td></tr>
<tr><td colspan="2" rowspan="3">Decision assessment</td><td>Class</td><td></td><td>Group ( )</td><td>Group leader's signature</td><td></td></tr>
<tr><td>Teacher's signature</td><td></td><td>Date</td><td colspan="2"></td></tr>
<tr><td colspan="5">Comments:</td></tr>
</table>

4.1.2.4 Implementation sheet for installation position design

Learning field	Installation of household lighting circuits		
Learning scenario 4	Lighting circuit installation of smart homes	Teaching time	20 minutes
Description of the typical working step 2	Design the installation positions of the switches and sockets of smart lighting circuits, as well as the lamps, in a two-bedroom apartment (length: 3,000 mm, width: 1,500 mm, height: 2,400 mm).		
Number	Implementation steps	Notice	
		Seek optimal layout according to the actual location of the concealed output pipe from the power supply box on-site.	

Implementation note:

1. Draw the layout plan of the lighting circuits of the two-bedroom apartment finalized by the group in the house structure diagram below (Figure 4.1.1).

Figure 4.1.1 House structure diagram (Ⅵ)

Continue

<table>
<tr><td colspan="6">2. Installation height instructions:
(1) Installation positions of switches shall be 1.2 - 1.4 m above the ground; no requirements are set for the distance between switches and the door frame due to the actual constraints at the working site.
(2) The bottom edge of the air-conditioning socket shall be 2 m above the ground and that of the ordinary socket shall be 0.3 m above the ground.
(3) The holders of the mirror lamp and the wall lamp shall be 1.8 m above the ground; other lamps shall be installed as ceiling lamps.
3. Is there any difference in the installation position between a smart switch socket and an ordinary one?</td></tr>
<tr><td rowspan="3">Implementation assessment</td><td>Class</td><td></td><td>Group ( )</td><td>Group leader's signature</td><td></td></tr>
<tr><td>Teacher's signature</td><td></td><td>Date</td><td colspan="2"></td></tr>
<tr><td colspan="5">Comments:</td></tr>
</table>

4.1.2.5 Check sheet for installation position design

<table>
<tr><td colspan="2">Learning field</td><td colspan="4">Installation of household lighting circuits</td></tr>
<tr><td colspan="2">Learning scenario 4</td><td colspan="2">Lighting circuit installation of smart homes</td><td>Teaching time</td><td>10 minutes</td></tr>
<tr><td colspan="2">Description of the typical working step 2</td><td colspan="4">Design the installation positions of the switches and sockets of smart lighting circuits, as well as the lamps, in a two-bedroom apartment (length: 3,000 mm, width: 1,500 mm, height: 2,400 mm).</td></tr>
<tr><td>Number</td><td>Check items</td><td colspan="2">Check criteria</td><td>Self-check by students</td><td>Check by the teacher</td></tr>
<tr><td>1</td><td>Graphic symbols of single-tube fluorescent lamps (mirror lamps)</td><td colspan="2">Be able to draw the graphic symbols of single-tube fluorescent lamps (mirror lamps).</td><td></td><td></td></tr>
<tr><td>2</td><td>Graphic symbols of ceiling lamps</td><td colspan="2">Be able to draw graphic symbols of ceiling lamps.</td><td></td><td></td></tr>
<tr><td>3</td><td>Graphic symbols of concealed single-pole switches</td><td colspan="2">Be able to draw the graphic symbols of concealed single-pole switches.</td><td></td><td></td></tr>
<tr><td>4</td><td>Graphic symbols of concealed dual-control switches</td><td colspan="2">Be able to draw the graphic symbols of concealed dual-control switches.</td><td></td><td></td></tr>
<tr><td>5</td><td>Graphic symbols of concealed single-phase three-pole sockets (with grounding)</td><td colspan="2">Be able to draw the graphic symbols of concealed single-phase three-pole sockets (with grounding).</td><td></td><td></td></tr>
<tr><td></td><td></td><td colspan="2"></td><td></td><td></td></tr>
<tr><td></td><td></td><td colspan="2"></td><td></td><td></td></tr>
<tr><td></td><td></td><td colspan="2"></td><td></td><td></td></tr>
<tr><td></td><td></td><td colspan="2"></td><td></td><td></td></tr>
<tr><td rowspan="3">Check assessment</td><td>Class</td><td></td><td>Group ( )</td><td>Group leader's signature</td><td></td></tr>
<tr><td>Teacher's signature</td><td></td><td>Date</td><td colspan="2"></td></tr>
<tr><td colspan="5">Comments:</td></tr>
</table>

4.1.3 Circuit installation

4.1.3.1 Information sheet for circuit installation

<table>
<tr><td>Learning field</td><td colspan="3">Installation of household lighting circuits</td></tr>
<tr><td>Learning scenario 4</td><td>Lighting circuit installation of smart homes</td><td>Teaching time</td><td>20 minutes</td></tr>
<tr><td>Description of the typical working step 3</td><td colspan="3">Perform concealed wiring and installation of smart lighting circuits in a two-bedroom apartment (length: 3,000 mm, width: 1,500 mm, height: 2,400 mm) according to the self-designed layout plan and installation and wiring diagram.</td></tr>
<tr><td>Information collection methods</td><td colspan="3">Consult reference books and materials, online search, group discussion, etc.</td></tr>
<tr><td>Information description</td><td colspan="3">1. Determine individual working responsibility (Table 4.1.2).

Table 4.1.2 Task assignment table
<table>
<tr><th>Division of labor</th><th>Positions</th><th>Number of students</th><th>Students' name</th><th>Notes</th></tr>
<tr><td>Team/Group leader</td><td>Group leader</td><td>1</td><td></td><td>Responsible for the organization and management of the group</td></tr>
<tr><td>Safety</td><td>Safety officer</td><td>1</td><td></td><td>Responsible for predicting and preventing safety issues during the group's practical training</td></tr>
<tr><td>Design</td><td>Designer</td><td>1</td><td></td><td>Responsible for the design and drawing of the group's lighting circuits</td></tr>
<tr><td>Construction</td><td>Constructor</td><td>1</td><td></td><td>Responsible for the installation of the group's lighting circuits</td></tr>
<tr><td>Materials</td><td>Material clerk</td><td>1</td><td></td><td>Responsible for the management of the group's construction materials</td></tr>
<tr><td>Supervision</td><td>Supervisor</td><td>1</td><td></td><td>Responsible for supervising the implementation of the Implementation steps</td></tr>
</table>
(1) A practical training class consists of 45 students, divided into 8 groups, with 5 or 6 students in each group. Student numbers may be adjusted according to the actual situation (part-time positions may be set).
(2) Division of labor and collaboration should be applied within each group to jointly complete the assigned task.
(3) The teaching process is task-oriented, with the group as the basic unit for class organization and work implementation.</td></tr>
</table>

Continue

4.1.1 Wiring schematic diagram of neural-live smart switch	2. According to the finalized layout plan, draw an installation and wiring diagram in the house structure diagram below (Figure 4.1.2). 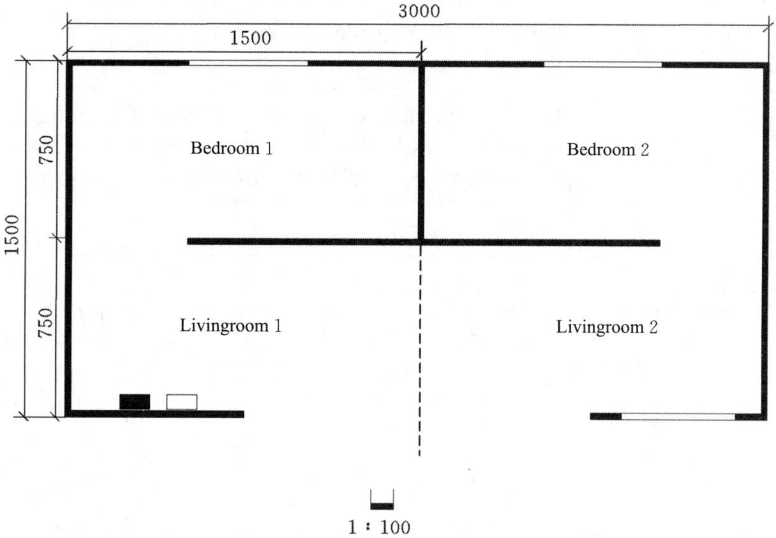 Figure 4.1.2 House structure diagram (Ⅶ) 3. Advantages and disadvantages of wired smart homes: 4. Advantages and disadvantages of wireless smart homes: 5. Differences in the installation wiring between a smart switch socket and an ordinary one:
Requirements for students	In case of any doubt, discuss with your group members, then ask your instructor for guidance.
References	

4.1.3.2 Planning sheet for circuit installation

Learning field	Installation of household lighting circuits		
Learning scenario 4	Lighting circuit installation of smart homes	Teaching time	30 minutes
Description of the typical working step 3	Perform concealed wiring and installation of smart lighting circuits in a two-bedroom apartment (length: 3,000 mm, width: 1,500 mm, height: 2,400 mm) according to the self-designed layout plan and installation and wiring diagram.		
Planning methods	Group discussion		

Number	Working steps	Notice
		1. Ensure that the main switch of the power supply box and the power switch of each circuit are all disconnected. 2. Complete the list of materials and tools according to the installation and wiring diagram; the material clerk is responsible for receiving lamps, piping and other auxiliary materials. 3. Check whether the installation materials are intact and available. 4. Prepare the Construction Schedule (see Appendix 4). 5. Circuit installation: (1) Based on the installation and wiring diagram and installation height instructions, determine the horizontal position and height of lamps, sockets, switches, distribution boxes and other equipment, and fix the bottom boxes of switches or sockets, as well as the lamp holders. (2) Determine the PVC pipe path of each circuit (when developing working steps, the determination sequence of living room 1, living room 2, bedroom 1, bedroom 2, the ordinary socket and the air-conditioning socket shall be reflected). (3) Pipe bends shall be made at bends. (4) Lay pipes (when developing working steps, the pipe laying sequence of living room 1, living room 2, bedroom 1, bedroom 2, the ordinary socket and the air-conditioning socket shall be reflected).

Continue

Number	Working steps	Notice
		(5) Pipe cleaning and wire threading (when developing working steps, the threading sequence of living room 1, living room 2, bedroom 1, bedroom 2, the ordinary socket and the air-conditioning socket shall be reflected). (6) Connect the wires and branches (when developing working steps, the connecting sequence of living room 1, living room 2, bedroom 1, bedroom 2, the ordinary socket and the air-conditioning socket shall be reflected). (7) Complete the wiring of the lamp holders, the sockets, and the switches.

Plan assessment	Class		Group ( )	Group leader's signature	
	Teacher's signature		Date		
	Comments:				

4.1.3.3 Decision sheet for circuit installation

<table>
<tr><td colspan="2">Learning field</td><td colspan="5">Installation of household lighting circuits</td></tr>
<tr><td colspan="2">Learning scenario 4</td><td colspan="3">Lighting circuit installation of smart homes</td><td>Teaching time</td><td>5 minutes</td></tr>
<tr><td colspan="2">Description of the typical working step 3</td><td colspan="5">Perform concealed wiring and installation of smart lighting circuits in a two-bedroom apartment (length: 3,000 mm, width: 1,500 mm, height: 2,400 mm) according to the self-designed layout plan and installation and wiring diagram.</td></tr>
<tr><td colspan="7">Plan comparison</td></tr>
<tr><td>Number</td><td>Feasibility</td><td>Economy</td><td>Operability</td><td>Safety</td><td>Implementation difficulty</td><td>Integrated assessment</td></tr>
<tr><td>1</td><td></td><td></td><td></td><td></td><td></td><td></td></tr>
<tr><td>2</td><td></td><td></td><td></td><td></td><td></td><td></td></tr>
<tr><td>3</td><td></td><td></td><td></td><td></td><td></td><td></td></tr>
<tr><td>4</td><td></td><td></td><td></td><td></td><td></td><td></td></tr>
<tr><td>5</td><td></td><td></td><td></td><td></td><td></td><td></td></tr>
<tr><td>6</td><td></td><td></td><td></td><td></td><td></td><td></td></tr>
<tr><td>7</td><td></td><td></td><td></td><td></td><td></td><td></td></tr>
<tr><td>8</td><td></td><td></td><td></td><td></td><td></td><td></td></tr>
<tr><td>9</td><td></td><td></td><td></td><td></td><td></td><td></td></tr>
<tr><td>10</td><td></td><td></td><td></td><td></td><td></td><td></td></tr>
<tr><td colspan="2" rowspan="3">Decision assessment</td><td>Class</td><td></td><td>Group ( )</td><td>Group leader's signature</td><td></td></tr>
<tr><td>Teacher's signature</td><td></td><td>Date</td><td colspan="2"></td></tr>
<tr><td colspan="5">Comments:</td></tr>
</table>

4.1.3.4 Implementation sheet for circuit installation

Learning field	Installation of household lighting circuits		
Learning scenario 4	Lighting circuit installation of smart homes	Teaching time	610 minutes
Description of the typical working step 3	Perform concealed wiring and installation of smart lighting circuits in a two-bedroom apartment (length: 3,000 mm, width: 1,500 mm, height: 2,400 mm) according to the self-designed layout plan and installation and wiring diagram.		

Number	Implementation steps	Notice
		1. Dress code. Wear practical training clothing and sports shoes for construction. No slippers, skirts, short clothes, bare feet, bare shoulders, or disheveled hair is allowed at the construction site. 2. Pay attention to construction safety. It is not allowed to place tools in the distribution box or on its top; nor shall tools be placed on high places such as the roof beam or column of the room; no unauthorized power-on test shall be conducted during construction. 3. Well-mannered construction. Keep your voice down while communicating with group members; laughing, making noise, or any other action irrelevant to the task is not allowed. 4. On the premise of not affecting the installation effect, installation materials shall be used properly to eliminate waste. 5. In case of any damage to the equipment during installation, report it to the instructor and complete the register for equipment damage. 6. Following the installation, the equipment and tools shall be cleaned and put back in place, and the working site should be cleaned. 4.1.2 Wiring and setup of smart dual-control switch

Continue

Number	Implementation steps	Notice

Implementation note:					
Implementation assessment	Class		Group (　)	Group leader's signature	
	Teacher's signature		Date		
	Comments:				

4.1.3.5 Check sheet for circuit installation

<table>
<tr><td colspan="2">Learning field</td><td colspan="3">Installation of household lighting circuits</td></tr>
<tr><td colspan="2">Learning scenario 4</td><td>Lighting circuit installation of smart homes</td><td>Teaching time</td><td>10 minutes</td></tr>
<tr><td colspan="2">Description of the typical working step 3</td><td colspan="3">Perform concealed wiring and installation of smart lighting circuits in a two-bedroom apartment (length: 3,000 mm, width: 1,500 mm, height: 2,400 mm) according to the self-designed layout plan and installation and wiring diagram.</td></tr>
<tr><td>Number</td><td>Check items</td><td>Check criteria</td><td>Self-check by students</td><td>Check by the teacher</td></tr>
<tr><td>1</td><td>Wiring principle of a lighting circuit</td><td>Live wire connected into the switch, neutral wire into the lamp holder.</td><td></td><td></td></tr>
<tr><td>2</td><td>Circuit of a two-site control ceiling lamp</td><td>Be able to identify the directions of the live wire and neutral wire of the installed two-site control lamp circuit at the installation site.</td><td></td><td></td></tr>
<tr><td>3</td><td>Wiring principle of a concealed single-phase three-pole socket</td><td>Neutral wire on the left, live wire on the right, earth wire on the top.</td><td></td><td></td></tr>
<tr><td></td><td></td><td></td><td></td><td></td></tr>
<tr><td></td><td></td><td></td><td></td><td></td></tr>
<tr><td></td><td></td><td></td><td></td><td></td></tr>
<tr><td></td><td></td><td></td><td></td><td></td></tr>
<tr><td></td><td></td><td></td><td></td><td></td></tr>
<tr><td></td><td></td><td></td><td></td><td></td></tr>
</table>

<table>
<tr><td rowspan="3">Check assessment</td><td>Class</td><td></td><td>Group ( )</td><td>Group leader's signature</td><td></td></tr>
<tr><td>Teacher's signature</td><td></td><td>Date</td><td colspan="2"></td></tr>
<tr><td colspan="5">Comments:</td></tr>
</table>

4.1.4 Circuit inspection

4.1.4.1 Information sheet for circuit inspection

Learning field	Installation of household lighting circuits		
Learning scenario 4	Lighting circuit installation of smart homes	Teaching time	5 minutes
Description of the typical working step 4	Use the resistance range of the multimeter to determine whether all the lighting circuits of the two-bedroom apartment have met the design requirements. Use the megohmmeter to measure the insulation resistance and determine whether the energized conditions are met: the ground insulation resistance of wires and equipment, as well as the insulation resistance between wires, between equipment, and between wires and equipment, shall be greater than or equal to 0.5 MΩ.		
Information collection methods	(To be completed by the student)		
Information description	(To be completed by the student) Inspection methods for smart lamps: Inspection methods for smart switches: Differences in circuit inspection steps when deploying smart switches and sockets:		
Requirements for students			
References			

4.1.4.2 Planning sheet for circuit inspection

Learning field	Installation of household lighting circuits		
Learning scenario 4	Lighting circuit installation of smart homes	Teaching time	20 minutes
Description of the typical working step 4	Use the resistance range of the multimeter to determine whether all the lighting circuits of the two-bedroom apartment have met the design requirements. Use the megohmmeter to measure the insulation resistance and determine whether the energized conditions are met: the ground insulation resistance of wires and equipment, as well as the insulation resistance between wires, between equipment, and between wires and equipment, shall be greater than or equal to 0.5 MΩ.		
Planning methods	Group discussion		

Number	Working steps	Notice
Inspect whether the circuits meet the following design requirements:		
Carry out circuit testing of insulation resistance (when the circuit has met the design requirements):		

Plan assessment	Class		Group ( )	Group leader's signature	
	Teacher's signature		Date		
	Comments:				

4.1.4.3 Decision sheet for circuit inspection

<table>
<tr><td colspan="2">Learning field</td><td colspan="5">Installation of household lighting circuits</td></tr>
<tr><td colspan="2">Learning scenario 4</td><td colspan="3">Lighting circuit installation of smart homes</td><td>Teaching time</td><td>5 minutes</td></tr>
<tr><td colspan="2">Description of the typical working step 4</td><td colspan="5">Use the resistance range of the multimeter to determine whether all the lighting circuits of the two-bedroom apartment have met the design requirements. Use the megohmmeter to measure the insulation resistance and determine whether the energized conditions are met: the ground insulation resistance of wires and equipment, as well as the insulation resistance between wires, between equipment, and between wires and equipment, shall be greater than or equal to 0.5 MΩ.</td></tr>
<tr><td colspan="7">Plan comparison</td></tr>
<tr><td>Number</td><td>Feasibility</td><td>Economy</td><td>Operability</td><td>Safety</td><td>Implementation difficulty</td><td>Integrated assessment</td></tr>
<tr><td>1</td><td></td><td></td><td></td><td></td><td></td><td></td></tr>
<tr><td>2</td><td></td><td></td><td></td><td></td><td></td><td></td></tr>
<tr><td>3</td><td></td><td></td><td></td><td></td><td></td><td></td></tr>
<tr><td>4</td><td></td><td></td><td></td><td></td><td></td><td></td></tr>
<tr><td>5</td><td></td><td></td><td></td><td></td><td></td><td></td></tr>
<tr><td>6</td><td></td><td></td><td></td><td></td><td></td><td></td></tr>
<tr><td>7</td><td></td><td></td><td></td><td></td><td></td><td></td></tr>
<tr><td>8</td><td></td><td></td><td></td><td></td><td></td><td></td></tr>
<tr><td>9</td><td></td><td></td><td></td><td></td><td></td><td></td></tr>
<tr><td>10</td><td></td><td></td><td></td><td></td><td></td><td></td></tr>
<tr><td></td><td></td><td></td><td></td><td></td><td></td><td></td></tr>
<tr><td></td><td></td><td></td><td></td><td></td><td></td><td></td></tr>
<tr><td colspan="2" rowspan="3">Decision assessment</td><td>Class</td><td></td><td>Group ( )</td><td>Group leader’s signature</td><td></td></tr>
<tr><td>Teacher’s signature</td><td></td><td>Date</td><td colspan="2"></td></tr>
<tr><td colspan="5">Comments:</td></tr>
</table>

4.1.4.4 Implementation sheet for circuit inspection

<table>
<tr><td colspan="2">Learning field</td><td colspan="4">Installation of household lighting circuits</td></tr>
<tr><td colspan="2">Learning scenario 4</td><td>Lighting circuit installation of smart homes</td><td>Teaching time</td><td colspan="2">40 minutes</td></tr>
<tr><td colspan="2">Description of the typical working step 4</td><td colspan="4">Use the resistance range of the multimeter to determine whether all the lighting circuits of the two-bedroom apartment have met the design requirements. Use the megohmmeter to measure the insulation resistance and determine whether the energized conditions are met: the ground insulation resistance of wires and equipment, as well as the insulation resistance between wires, between equipment, and between wires and equipment, shall be greater than or equal to 0.5 MΩ.</td></tr>
<tr><td>Number</td><td colspan="4">Implementation steps</td><td>Notice</td></tr>
<tr><td colspan="6">Inspect whether the circuits meet the following design requirements:</td></tr>
<tr><td></td><td colspan="4"></td><td rowspan="7"></td></tr>
<tr><td></td><td colspan="4"></td></tr>
<tr><td></td><td colspan="4"></td></tr>
<tr><td></td><td colspan="4"></td></tr>
<tr><td></td><td colspan="4"></td></tr>
<tr><td></td><td colspan="4"></td></tr>
<tr><td></td><td colspan="4"></td></tr>
<tr><td colspan="6">Carry out circuit testing of insulation resistance (when the circuit has met the design requirements):</td></tr>
<tr><td></td><td colspan="4"></td><td rowspan="6"></td></tr>
<tr><td></td><td colspan="4"></td></tr>
<tr><td></td><td colspan="4"></td></tr>
<tr><td></td><td colspan="4"></td></tr>
<tr><td></td><td colspan="4"></td></tr>
<tr><td></td><td colspan="4"></td></tr>
<tr><td colspan="6">Implementation note:</td></tr>
<tr><td rowspan="3">Implementation assessment</td><td>Class</td><td></td><td>Group ( )</td><td>Group leader's signature</td><td></td></tr>
<tr><td>Teacher's signature</td><td></td><td>Date</td><td colspan="2"></td></tr>
<tr><td colspan="5">Comments:</td></tr>
</table>

4.1.4.5 Check sheet for circuit inspection

<table>
<tr><td>Learning field</td><td colspan="3">Installation of household lighting circuits</td></tr>
<tr><td>Learning scenario 4</td><td>Lighting circuit installation of smart homes</td><td>Teaching time</td><td>10 minutes</td></tr>
<tr><td>Description of the typical working step 4</td><td colspan="3">Use the resistance range of the multimeter to determine whether all the lighting circuits of the two-bedroom apartment have met the design requirements. Use the megohmmeter to measure the insulation resistance and determine whether the energized conditions are met: the ground insulation resistance of wires and equipment, as well as the insulation resistance between wires, between equipment, and between wires and equipment, shall be greater than or equal to 0.5 MΩ.</td></tr>
</table>

<table>
<tr><td>Number</td><td>Check items</td><td colspan="2">Check criteria</td><td>Self-check by students</td><td>Check by the teacher</td></tr>
<tr><td>1</td><td>Use a multimeter to inspect circuits</td><td colspan="2">Be able to use the resistance range of a multimeter to inspect whether circuits of two-site control lamps meet design requirements.</td><td></td><td></td></tr>
<tr><td>2</td><td>Use a megohmmeter to measure insulation resistance</td><td colspan="2">Be able to use a megohmmeter to measure the ground insulation resistance of the live wire and neutral wire, as well as the insulation resistance between the live wire and the neutral wire.</td><td></td><td></td></tr>
<tr><td>3</td><td>Standard for insulation resistance</td><td colspan="2">Insulation resistance ≥ 0.5 MΩ.</td><td></td><td></td></tr>
<tr><td></td><td></td><td colspan="2"></td><td></td><td></td></tr>
<tr><td></td><td></td><td colspan="2"></td><td></td><td></td></tr>
<tr><td rowspan="3">Check assessment</td><td>Class</td><td></td><td>Group ( )</td><td>Group leader's signature</td><td></td></tr>
<tr><td>Teacher's signature</td><td></td><td>Date</td><td colspan="2"></td></tr>
<tr><td colspan="5">Comments:</td></tr>
</table>

4.1.5 Circuit testing and acceptance

4.1.5.1 Information sheet for circuit testing and acceptance

Learning field	Installation of household lighting circuits		
Learning scenario 4	Lighting circuit installation of smart homes	Teaching time	5 minutes
Description of the typical working step 5	List precautions for electricity safety. Carry out testing and acceptance of smart lighting circuits of a two-bedroom apartment (implemented by student and supervised by teacher).		
Information collection methods	(To be completed by the student)		
Information description	1. Precautions for electricity safety. 2. Use the master power distribution box – sub distribution box (room power supply box) in the practical training room to provide power; connect the circuits of the two-bedroom apartment to perform circuit testing and acceptance (implemented by student and supervised by teacher); complete the acceptance sheet for lighting circuit (see Appendix 2). 3. Advantages and disadvantages of voice-control smart lamps: __________ __________ __________ 4.1.3 Wiring steps of MIJIA smart switch		
Requirements for students	In case of any doubt, discuss with your group members, then ask your instructor for guidance.		
References			

4.1.5.2 Planning sheet for circuit testing and acceptance

Learning field	Installation of household lighting circuits		
Learning scenario 4	Lighting circuit installation of smart homes	Teaching time	30 minutes
Description of the typical working step 5	List precautions for electricity safety. Carry out testing and acceptance of smart lighting circuits of a two-bedroom apartment (implemented by student and supervised by teacher).		
Planning methods	Group discussion		

Number	Working steps	Specific tasks or purposes

Plan assessment	Class		Group ( )	Group leader's signature	
	Teacher's signature		Date		
	Comments:				

4.1.5.3 Decision sheet for circuit testing and acceptance

<table>
<tr><td colspan="2">Learning field</td><td colspan="5">Installation of household lighting circuits</td></tr>
<tr><td colspan="2">Learning scenario 4</td><td colspan="2">Lighting circuit installation of smart homes</td><td colspan="2">Teaching time</td><td>5 minutes</td></tr>
<tr><td colspan="2">Description of the typical working step 5</td><td colspan="5">List precautions for electricity safety. Carry out testing and acceptance of smart lighting circuits of a two-bedroom apartment (implemented by student and supervised by teacher).</td></tr>
<tr><td colspan="7">Plan comparison</td></tr>
<tr><td>Number</td><td>Feasibility</td><td>Economy</td><td>Operability</td><td>Safety</td><td>Implementation difficulty</td><td>Integrated assessment</td></tr>
<tr><td>1</td><td></td><td></td><td></td><td></td><td></td><td></td></tr>
<tr><td>2</td><td></td><td></td><td></td><td></td><td></td><td></td></tr>
<tr><td>3</td><td></td><td></td><td></td><td></td><td></td><td></td></tr>
<tr><td>4</td><td></td><td></td><td></td><td></td><td></td><td></td></tr>
<tr><td>5</td><td></td><td></td><td></td><td></td><td></td><td></td></tr>
<tr><td>6</td><td></td><td></td><td></td><td></td><td></td><td></td></tr>
<tr><td>7</td><td></td><td></td><td></td><td></td><td></td><td></td></tr>
<tr><td>8</td><td></td><td></td><td></td><td></td><td></td><td></td></tr>
<tr><td>9</td><td></td><td></td><td></td><td></td><td></td><td></td></tr>
<tr><td>10</td><td></td><td></td><td></td><td></td><td></td><td></td></tr>
<tr><td colspan="2" rowspan="3">Decision assessment</td><td>Class</td><td></td><td>Group ( )</td><td>Group leader's signature</td><td></td></tr>
<tr><td>Teacher's signature</td><td></td><td>Date</td><td colspan="2"></td></tr>
<tr><td colspan="5">Comments:</td></tr>
</table>

4.1.5.4　Implementation sheet for circuit testing and acceptance

<table>
<tr><td>Learning field</td><td colspan="3">Installation of household lighting circuits</td></tr>
<tr><td>Learning scenario 4</td><td>Lighting circuit installation of smart homes</td><td>Teaching time</td><td>20 minutes</td></tr>
<tr><td>Description of the typical working step 5</td><td colspan="3">List precautions for electricity safety. Carry out testing and acceptance of smart lighting circuits of a two-bedroom apartment (implemented by student and supervised by teacher).</td></tr>
</table>

Number	Implementation steps	Specific tasks, functions, or notice

<table>
<tr><td colspan="7">Implementation note: (Teachers can adjust and improve the specific implementation steps according to the conditions of the practical training site.)</td></tr>
<tr><td rowspan="3">Implementation assessment</td><td>Class</td><td></td><td>Group ( )</td><td>Group leader's signature</td><td></td></tr>
<tr><td>Teacher's signature</td><td></td><td>Date</td><td colspan="2"></td></tr>
<tr><td colspan="5">Comments:</td></tr>
</table>

4.1.5.5 Check sheet for circuit testing and acceptance

Learning field	Installation of household lighting circuits		
Learning scenario 4	Lighting circuit installation of smart homes	Teaching time	10 minutes
Description of the typical working step 5	List precautions for electricity safety. Carry out testing and acceptance of smart lighting circuits of a two-bedroom apartment (implemented by student and supervised by teacher).		

Number	Check items	Check criteria	Self-check by students	Check by the teacher
1	Common knowledge of electricity safety	Be able to present three to five points of common knowledge about electricity safety.		
2	Power supply testing	Be able to use the AV voltage range of a multimeter to measure voltage supply.		
3	Operation process of circuit testing and acceptance	Be able to operate the power-on process properly.		

Check assessment	Class		Group ( )	Group leader's signature	
	Teacher's signature		Date		
	Comments:				

4.2 Assessment sheet for lighting circuit installation of smart homes

<table>
<tr><td>Learning field</td><td colspan="5">Installation of household lighting circuits</td></tr>
<tr><td>Learning scenario 4</td><td colspan="2">Lighting circuit installation of smart homes</td><td>Teaching time</td><td colspan="2">960 minutes</td></tr>
<tr><td>Description of the typical working processes</td><td colspan="5">Schematic diagram drawing – installation position design – circuit installation – circuit inspection – circuit testing and acceptance</td></tr>
<tr><td>Assessment items</td><td colspan="2">Assessment scores of subitems</td><td>Self-assessment by students</td><td>Intra-group assessment</td><td>Assessment by the teacher</td></tr>
<tr><td>Schematic diagram drawing (10 points)</td><td colspan="2">1. Information: 2 points; 2. Planning: 2 points; 3. Decision: 1 point; 4. Implementation: 3 points; 5. Check: 1 point; 6. Assessment: 1 point.</td><td></td><td></td><td></td></tr>
<tr><td>Installation position design (10 points)</td><td colspan="2">1. Information: 2 points; 2. Planning: 2 points; 3. Decision: 1 point; 4. Implementation: 3 points; 5. Check: 1 point; 6. Assessment: 1 point.</td><td></td><td></td><td></td></tr>
<tr><td>Circuit installation (35 points)</td><td colspan="2">1. Information: 5 points; 2. Planning: 5 points; 3. Decision: 5 points; 4. Implementation: 10 points; 5. Check: 5 points; 6. Assessment: 5 points.</td><td></td><td></td><td></td></tr>
<tr><td>Circuit inspection (26 points)</td><td colspan="2">1. Information: 2 points; 2. Planning: 4 points; 3. Decision: 2 points; 4. Implementation: 10 points; 5. Check: 6 points; 6. Assessment: 2 points.</td><td></td><td></td><td></td></tr>
<tr><td>Circuit testing and acceptance (19 points)</td><td colspan="2">1. Information: 2 points; 2. Planning: 5 points; 3. Decision: 2 points; 4. Implementation: 6 points; 5. Check: 2 points; 6. Assessment: 2 points.</td><td></td><td></td><td></td></tr>
<tr><td>Final result (student's signature: ________)</td><td colspan="2">1. Information: 13 points; 2. Planning: 18 points; 3. Decision: 11 points; 4. Implementation: 32 points; 5. Check: 15 points; 6. Assessment: 11 points.</td><td></td><td></td><td></td></tr>
<tr><td rowspan="3">Assessment of the assessment</td><td>Class</td><td></td><td>Group ( )</td><td>Group leader's signature</td><td></td></tr>
<tr><td>Teacher's signature</td><td></td><td>Date</td><td colspan="2"></td></tr>
<tr><td colspan="5">Comments:</td></tr>
</table>

4.3 List of materials and tools

Learning field		Installation of household lighting circuits			
Learning scenario 4		Lighting circuit installation of smart homes		Teaching time	960 minutes
Description of the typical working processes		Schematic diagram drawing – installation position design – circuit installation – circuit inspection – circuit testing and acceptance			
Number	Names	Functions	Quantities	Models and Specifications	Users
Class		Group ( )	Group leader's signature		
Teacher's signature		Date			

4.4 Teaching feedback sheet

<table>
<tr><td>Learning field</td><td colspan="4">Installation of household lighting circuits</td></tr>
<tr><td>Learning scenario 4</td><td colspan="2">Lighting circuit installation of smart homes</td><td>Teaching time</td><td>960 minutes</td></tr>
<tr><td>Description of the typical working processes</td><td colspan="4">Schematic diagram drawing – installation position design – circuit installation– circuit inspection – circuit testing and acceptance</td></tr>
<tr><td rowspan="9">Survey items</td><td>Number</td><td colspan="2">Survey contents</td><td>Description of the reasons</td></tr>
<tr><td></td><td colspan="2"></td><td></td></tr>
<tr><td></td><td colspan="2"></td><td></td></tr>
<tr><td></td><td colspan="2"></td><td></td></tr>
<tr><td></td><td colspan="2"></td><td></td></tr>
<tr><td></td><td colspan="2"></td><td></td></tr>
<tr><td></td><td colspan="2"></td><td></td></tr>
<tr><td></td><td colspan="2"></td><td></td></tr>
<tr><td></td><td colspan="2"></td><td></td></tr>
<tr><td colspan="5">Your feedback on how to improve the teaching of this course:</td></tr>
<tr><td>Survey information</td><td>Name of respondent</td><td></td><td>Date of survey</td><td></td></tr>
</table>

参 考 文 献

[1] 姜大源. 职业教育学新论 [M]. 北京：教育科学出版社，2007.

[2] 姜大源. 工作过程导向的高职课程开发探索与实践——国家示范性高等职业院校课程开发案例汇编 [M]. 北京：高等教育出版社，2008.

[3] 戴士宏. 职业教育课程教学改革 [M]. 北京：清华大学出版社，2007.

[4] 雷红梅，施华. 电工基础 [M]. 北京：中国水利水电出版社，2016.

[5] 杨金桃. 高级电工技能训练 [M]. 北京：中国电力出版社，2015.

[6] 中国建筑标准设计研究院有限公司. GB/T 50001—2017 房屋建筑制图统一标准 [S]. 北京：中国建筑工业出版社，2018.

[7] 浙江省住房和城乡建设厅. GB 50303—2015 建筑电气工程施工质量验收规范 [S]. 北京：中国计划出版社，2016.

附录1　成绩报告单和教师实施计划单

成 绩 报 告 单

<table>
<tr><td colspan="15">____班级____学习场（课程）成绩报告单</td></tr>
<tr><td colspan="2">学习场</td><td colspan="13">安装家居照明线路</td></tr>
<tr><td colspan="2">学习情境（　　）</td><td colspan="8"></td><td colspan="2">学时</td><td colspan="3"></td></tr>
<tr><td colspan="2">典型工作过程描述</td><td colspan="13"></td></tr>
<tr><td rowspan="2">序号</td><td rowspan="2">姓名</td><td colspan="4">第一个学习任务</td><td colspan="4">第二个学习任务</td><td colspan="4">第 N 个学习任务</td><td rowspan="2">总评</td></tr>
<tr><td>自评</td><td>互评</td><td>教师评</td><td>合计</td><td>自评</td><td>互评</td><td>教师评</td><td>合计</td><td>自评</td><td>互评</td><td>教师评</td><td>合计</td></tr>
<tr><td></td><td></td><td></td><td></td><td></td><td></td><td></td><td></td><td></td><td></td><td></td><td></td><td></td><td></td><td></td></tr>
<tr><td></td><td></td><td></td><td></td><td></td><td></td><td></td><td></td><td></td><td></td><td></td><td></td><td></td><td></td><td></td></tr>
<tr><td></td><td></td><td></td><td></td><td></td><td></td><td></td><td></td><td></td><td></td><td></td><td></td><td></td><td></td><td></td></tr>
<tr><td></td><td></td><td></td><td></td><td></td><td></td><td></td><td></td><td></td><td></td><td></td><td></td><td></td><td></td><td></td></tr>
<tr><td></td><td></td><td></td><td></td><td></td><td></td><td></td><td></td><td></td><td></td><td></td><td></td><td></td><td></td><td></td></tr>
<tr><td>班级</td><td colspan="2"></td><td colspan="2">教师签字</td><td colspan="5"></td><td colspan="2">日期</td><td colspan="3"></td></tr>
</table>

教 师 实 施 计 划 单

<table>
<tr><td colspan="2">学习场</td><td colspan="5">安装家居照明线路</td></tr>
<tr><td colspan="2">学习情境（　　）</td><td colspan="3"></td><td>学时</td><td></td></tr>
<tr><td colspan="2">典型工作过程描述</td><td colspan="5"></td></tr>
<tr><td>序号</td><td>工作与学习步骤</td><td>学时</td><td>使用工具</td><td>地点</td><td>方式</td><td>备注</td></tr>
<tr><td></td><td></td><td></td><td></td><td></td><td></td><td></td></tr>
<tr><td></td><td></td><td></td><td></td><td></td><td></td><td></td></tr>
<tr><td></td><td></td><td></td><td></td><td></td><td></td><td></td></tr>
<tr><td></td><td></td><td></td><td></td><td></td><td></td><td></td></tr>
<tr><td></td><td></td><td></td><td></td><td></td><td></td><td></td></tr>
<tr><td></td><td></td><td></td><td></td><td></td><td></td><td></td></tr>
<tr><td>班级</td><td></td><td>教师签字</td><td colspan="2"></td><td>日期</td><td></td></tr>
</table>

附录 2　照明电路验收表

附录 2　照明电路验收表

照明电路验收表				
位置：		时间：		
序号	检 查 项 目	检查结果		备 注 及 说 明
1	对照电路图看线路是否正确	是	否	
2	照明灯及灯座是否缺损	是	否	
3	灯座是否缺固定螺丝	是	否	
4	照明灯通电是否亮	是	否	
5	面板安装是否平整	是	否	
6	面板是否固定牢固	是	否	
7	开关面板开启是否灵活	是	否	
8	无接点松动，断线	是	否	
9	露铜不超过 2mm	是	否	
10	是否有预留的线	是	否	
11	不压绝缘层	是	否	
12	是否有断路	是	否	
13	是否有短路	是	否	
14	配电箱布线是否整齐、美观	是	否	
15	其他问题			
记录员：				

附录3 家居电气照明线路设计资料

1. 室内电气施工图的作用、组成和特点

(1) 图纸的作用：说明电气工程的构成和功能，描述电气工程的工作原理，提供安装技术数据和使用维护的依据。

(2) 图纸的组成：设计说明、电气系统图、电气平面图、设备布置图、安装接线图、电气原理图、详图等。

(3) 图纸的特点：各种装置或设备中的元部件都不按比例绘制它们的外形尺寸，而是用图形符号表示（附表3.1），同时用文字符号、安装代号来说明电气装置和线路的安装位置、相互关系和敷设方法。

附表3.1　　设备和灯具图形符号

名　　称	图形	名　　称	图形
变压器		明装单相插座	
低压配电箱		暗装单相插座	
事故照明配电箱		防水单相插座	
照明配电箱		防爆单相插座	
动力配电箱		明装单相带接地保护插座	
电度表	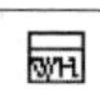	暗装单相带接地保护插座	
三管日光灯		防水单相带接地保护插座	
二管日光灯		防爆单相带接地保护插座	
单管日光灯		明装三相带接地保护插座	
吸顶灯		暗装三相带接地保护插座	
壁灯		防水三相带接地保护插座	
白炽灯		防爆三相带接地保护插座	
应急照明灯		明装单极开关	
出口指示灯		明装双极开关	
断路器	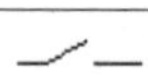	明装三极开关	
熔断器的一般符号	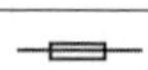	暗装单极开关	
熔断器式开关	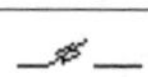	暗装双极开关	
消防警铃		暗装三极开关	
喇叭		拉线开关	

2. 室内配电线路的表示方法

(1) 电气照明线路在平面图中采用线条和文字标注相结合的方法，表示出线路的走向、用途、编号、导线的型号、根数、规格及线路的敷设方式和敷设部位。

(2) 线路配线方式及代号（斜线后为英文字母代码）：分为明敷（M）和暗敷（A）。

(3) 线路敷设部位及代号见附表3.2。

附表3.2　线路敷设部位及代号

部位	代号	部位	代号
地面（板）	D	墙	Q
柱	Z	梁	L
顶棚	P		

(4) 导线的类型及代号见附表3.3和附表3.4。

附表3.3　导线的类型及代号

类型项目	类型	代号
线芯材料	铜芯导线（一般不标注）	T
	铝芯导线	L
绝缘种类	聚氯乙烯绝缘	V
	橡胶绝缘	X
	氯丁橡胶绝缘	XF
	聚乙烯绝缘	Y
内护套	聚氯乙烯套	V
	聚乙烯套	Y
其他特征	绝缘导线、平行	B
	双绞线	S
	软线	R

附表3.4　常见导线型号

型号	名　　称	型号	名　　称
BXF（BLXF）	氯丁橡胶绝缘铜（铝）芯线	BVV（BLVV）	铜（铝）芯聚氯乙烯绝缘和护套线
BX（BLX）	橡胶绝缘铜（铝）芯线	RVB	铜芯聚氯乙烯绝缘平行软线
BXR	铜芯橡胶软线	RVS	铜芯聚氯乙烯绝缘绞型软线
BV（BLV）	聚氯乙烯绝缘铜（铝）芯线	RV	铜芯聚氯乙烯绝缘软线
BVR	聚氯乙烯绝缘铜（铝）芯软线	RX、RXS	铜芯、橡胶棉纱编织软线

（5）导线根数的表示方法：只要走向相同，无论导线的根数多少，都可以用一根图线表示一束导线，同时在图线上打上短斜线表示根数；也可以画一根短斜，在旁边标注数字表示根数，所标注的数字不小于3，对于2根导线，可用一条图线表示，不必标注根数。

（6）导线的标注格式：

a	b	c × d		e	f
线路编号	导线型号	导线根数	导线截面积	敷设管径	敷设部位

例：N1－BV－2×2.5＋PE2.5－DG20－QA

其中　N1——导线的回路编号；

BV——导线为聚氯乙烯绝缘铜芯线；

2——导线的根数为2；

2.5——导线的截面积为2.5mm^2；

PE2.5——1根接零保护线，截面积为2.5mm^2；

DG20——穿管为直径为20mm的钢管；

QA——线路沿墙敷设、暗埋。

3. 照明电器的表示方法

照明电器由光源和灯具组成。

灯具在平面图中采用图形符号表示。在图形符号旁标注文字，说明灯具的名称和功能。

（1）光源的类型及代号见附表3.5。

附表3.5　　光源的类型及文字符号

光源种类	字母代号	英文代号
白炽灯	B	IN
荧光灯	Y	FL
卤（碘）钨灯	L	IN
汞灯	G	Hg
钠灯	N	Na
氖灯		Ne
电弧灯		ARC
红外线灯		IR
紫外线灯		UV

（2）民用灯具的种类及文字符号见附表 3.6。

附表 3.6　　民用灯具的种类及文字符号

灯具种类	吊灯	壁灯	落地灯	吸顶灯	台灯	床头灯	嵌入式顶灯	未列入类
文字符号	D	B	L	X	T	C	Q	W

（3）照明电器安装方式及代号见附表 3.7。

附表 3.7　　照明电器安装方式及代号

安装方式	拼音代号	英文代号
线吊式	X	CP
链吊式	L	CH
管吊式	G	P
壁吊式	B	W
吸顶式	D	C
吸顶嵌入式	DR	CR
嵌入式	BR	WR

4. 电力及照明设备的表示方法

电力及照明设备包括配电箱、灯具、开关插座等。表示方法如下：

（1）电力及照明设备在平面图中采用图形符号表示，并在图形符号旁标注文字，说明设备的名称、规格、数量、安装方式、离地高度等。

（2）照明灯具的标注格式：

$$a-b\,\frac{c\times d\times l}{e}f$$

其中　a——灯具数量；

b——灯具型号；

c——每盏灯具内的灯泡（灯管）数量；

d——每个灯泡（灯管）的功率；

e——灯具安装高度；

f——安装方式；

l——光源种类（可省略不写）。

例：

$$4-YG-2\,\frac{2\times 40}{2.5}L$$

其中　4——灯具数量；

YG—2——灯具型号；

2——每盏灯具内的灯泡（灯管）数量；

40——每个灯泡（灯管）的功率，W；

2.5——灯具安装高度2.5m；

L——吊链安装方式。

一般来说，室内照明线路的看图顺序是设计说明→系统图→平面图→接线图→原理图等。从设计说明了解工程概况，本图纸所用的图形符号，该工程所需要的设备、材料型号、规格和数量等；然后再看系统图、平面图、接线图和原理图，看图时，平面图和系统图要结合起来看，通过电气平面图找位置，电气系统图找联系；安装接线图与原理图结合起来看，通过安装接线图找接线位置，电气原理图分析工作原理。

任务设计要求如下：

（1）安装图包括照明线路、动力线路、空调线路等（总开关箱引出电源，漏电开关）。

（2）照明灯具包括白炽灯、日光灯、吸顶灯、壁灯等。

（3）家电包括电磁炉、微波炉、电饭锅、电冰箱、洗衣机、电视机、空调、饮水机、电脑、浴霸等。

（4）安装图应正确使用灯具、开关及插座的符号；线路要求横平竖直，火线用红笔画，零线用黑笔画，地线用铅笔画。

（5）安装图应附上说明书。说明书包括设备表（附表3.8）、照明线路、动力线路、空调线路原理图、各开关、插座的安装高度。

附表3.8　　灯具开关列表

名　称	型号规格
镜前灯T5（含光源）	灯源长度均为0.61m，为T5普通直管（LED），功率为10W
三防日光灯（含光源）	输入电源：220V，50Hz交流，采用电子镇流器，功率为2×18W；家装类，长度尺寸约650mm
格栅射灯（带光源）	输入电源：220V，50Hz交流；带灯源和变压器，功率为20W，射灯数量2盏；家装类
床头壁灯（带光源）	工作电源：220V，50Hz交流；每盏为25W，灯源为磨砂螺口白炽灯；家装类
吸顶节能灯（含光源）	输入电源：220V，50Hz交流；功率20W，吸顶节能灯尺寸约为300mm×300mm；家装类
筒灯（含光源）	3寸竖螺口筒灯，3盏筒灯做成一个灯组，选用优质铝材；灯源选用9W电子节能灯；家装类
调光开关	86面板，家装类暗装
触摸开关	86面板，带防水盒；家装类暗装
声控开关	86面板，家装类暗装
3开双控开关	86面板，家装类暗装

续表

名　　称	型 号 规 格
2 开双控开关	86 面板，家装类暗装
1 开双控开关	86 面板，带防水盒家装类暗装
1 开多控开关	86 面板，家装类暗装
智能开关（单火-单键）	智能控制，86 型单火版-单键（无零线也能用）
智能开关（双键）	智能控制，86 型单火版-双键（无零线也能用）
智能开关（零火-单键）	Wi-Fi 版，小爱同学语音控制，86 型零火版-单键（有零线才能用）
智能插座	86 型智能墙壁插座，Wi-Fi 版，小爱同学语音控制
小爱同学智能音箱	语音遥控，APP 操控，DTS 音效
智能吸顶灯	固定式 LED 灯具（吸顶式，LED 模块用交流电子控制装置）IX172A 型，智能操控；亚克力吸顶灯
智能语音吸顶灯	固定式 LED 灯具，离线语音控制；亚克力吸顶灯

附录 3　零火版和单火版智能开关功能区别

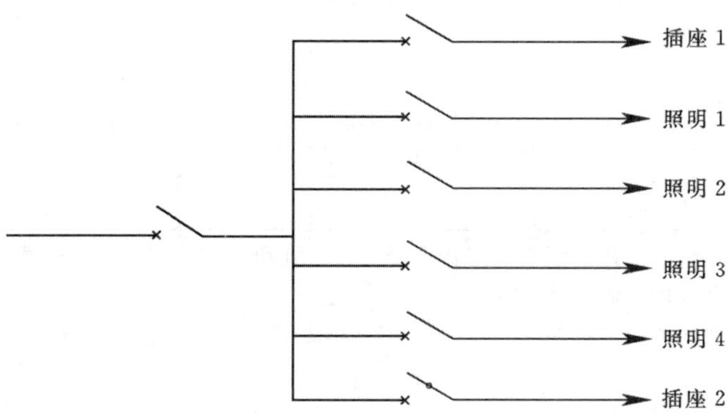

附图 3.1　电源箱系统图

附录4　施工进度计划表

附录4　施工进度计划表

____________施工进度计划表

小组名称：　　　　　　　　　　　　　　　　　　　　　　开始时间：

序号	工作名称	内　　容	负责人	工作量/h	时间/h				
									监理签名及建议
1									
2									
3									
4									
5									
6									
7									
8									
9									
10									

说明：1. 一份完整的工作计划应从工作准备开始，直到工作结束交付的一整个过程，同时把资源投入情况做充分合理的考虑。

2. 计划进度请用虚线箭头- - - →，实际进度请用实线箭头———→。

References

[1] 姜大源 . 职业教育学新论 [M] . 北京：教育科学出版社，2007.

[2] 姜大源 . 工作过程导向的高职课程开发探索与实践——国家示范性高等职业院校课程开发案例汇编 [M] . 北京：高等教育出版社， 2008.

[3] 戴士宏 . 职业教育课程教学改革 [M] . 北京：清华大学出版社，2007.

[4] 雷红梅，施华 . 电工基础 [M] . 北京：中国水利水电出版社，2016.

[5] 杨金桃 . 高级电工技能训练 [M] . 北京：中国电力出版社，2015.

[6] 中国建筑标准设计研究院有限公司 . GB/T 50001—2017 房屋建筑制图统一标准［S］. 北京：中国建筑工业出版社，2018.

[7] 浙江省住房和城乡建设厅 . GB 50303—2015 建筑电气工程施工质量验收规范［S］. 北京：中国计划出版社，2016.

Appendix 1 Academic report and teachers' implementation planning sheet

Academic report

Class____ Academic Report for Learning Field (Course) _____														
Learning field		Installation of household lighting circuits												
Learning scenario ( )										Teaching time				
Description of the typical working processes														
Number	Students' name	No. 1 learning task				No. 2 learning task				No. N learning task				Overall assessment
		Self-assessment	Peer assessment	Assessment by the teacher	Total	Self-assessment	Peer assessment	Assessment by the teacher	Total	Self-assessment	Peer assessment	Assessment by the teacher	Total	
Class			Teacher's signature							Date				

Teachers' implementation planning sheet

Learning field		Installation of household lighting circuits				
Learning scenario ( )				Teaching time		
Description of the typical working processes						
Number	Working and learning steps	Teaching time	Tools used	Locations	Methods	Notes
Class		Teacher's signature			Date	

Appendix 2 Acceptance sheet for lighting circuit

Appendix 2 Acceptance sheet for lighting circuit

Acceptance sheet for lighting circuit				
Location:		Time:		
Number	Check items	Check results		Notes and Descriptions
1	Check whether the wiring is correct by referring to the circuit diagram	Yes	No	
2	Whether the lighting lamp or the lamp holder is missing	Yes	No	
3	Whether the setscrew of the lamp holder is missing	Yes	No	
4	Whether the lighting lamp is on when energized	Yes	No	
5	Whether the panel is flatly installed	Yes	No	
6	Whether the panel is securely fixed	Yes	No	
7	Whether the "on/off" function of the switch panel is flexible	Yes	No	
8	Whether there is any loose joint or broken wire	Yes	No	
9	The exposed copper shall be not more than 2 mm	Yes	No	
10	Whether there is any reserved wire	Yes	No	
11	The insulation layer shall not be pressed	Yes	No	
12	Whether there is an open circuit	Yes	No	
13	Whether there is an short circuit	Yes	No	
14	Whether the wiring of the power distribution box is neat and aesthetic	Yes	No	
15	Other problems			
Recorder:				

Appendix 3 Design information on household electrical lighting circuit

1. Intended use, composition, and characteristics of indoor electrical construction drawings

(1) Intended use of the drawings: describe the composition and function of the electrical engineering; describe the working principle of the electrical engineering; provide installation technical data and maintenance instructions.

(2) Composition of the drawings: the design description, electrical system diagram, electrical layout plan, equipment layout diagram, installation and wiring diagram, electrical principal diagram, detailed drawings, etc.

(3) Characteristics of the drawings: overall dimensions of various appliances or equipment components are not drawn to scale but represented with graphic symbols (Appendix Table 3.1) while using letter symbols and installation codes to indicate the installation positions, the interrelationship, and the laying modes of electrical appliances and circuits.

Appendix Table 3.1 Graphic symbols of equipment and lamps

Name	Symbol	Name	Symbol
Transformer		Exposed single-phase socket	
Low-voltage distribution box		Concealed single-phase socket	
Emergency lighting distribution box		Waterproof single-phase socket	
Lighting distribution box		Explosion-proof single-phase socket	
Power distribution box		Exposed single-phase socket (with grounding protection)	
Electric energymeter		Concealed single-phase socket (with grounding protection)	
Three-tube fluorescent lamp		Waterproof single-phase socket (with grounding protection)	
Double-tube fluorescent lamp		Explosion-proof single-phase socket (with grounding protection)	
Single-tube fluorescent lamp		Exposed three-phase socket (with grounding protection)	
Ceiling lamp		Concealed three-phase socket (with grounding protection)	
Wall lamp		Waterproof three-phase socket (with grounding protection)	
Incandescent lamp		Explosion-proof three-phase socket (with grounding protection)	
Emergency Light		Exposed single-pole switch	
Exit light		Exposed double-pole switch	

Continue

Name	Symbol	Name	Symbol
Circuit breaker		Exposed three-pole switch	
General symbol for fuses		Concealed single-pole switch	
Fuse switch		Concealed double-pole switch	
Fire alarm		Concealed three-pole switch	
Speaker		Pull switch	

2. Representation of indoor power distribution circuits

(1) Use a combination of lines and text to represent electrical lighting circuits in the layout plan to indicate the direction, use, serial number, wire model, wire number, wire specification, laying mode, and laying position of each circuit.

(2) Circuit wiring modes and codes (slash followed by an English code): exposed wiring (M) and concealed wiring (A).

(3) Circuit laying positions and codes, as shown in Appendix Table 3.2.

Appendix Table 3.2　　Circuit laying positions and codes

Position	Code	Position	Code
Ground (Floor)	D	Wall	Q
Column	Z	Beam	L
Ceiling	P		

(4) Types and codes of wires, as shown in Appendix Table 3.3 and Appendix Table 3.4.

Appendix Table 3.3　　Types and codes of wires

Item	Type	Code
Core material	Copper-core wire (generally not labeled)	T
	Aluminum-core wire	L
Insulation type	Polyvinyl chloride insulated	V
	Rubber insulated	X
	Neoprene insulated	XF
	Polyethylene insulated	Y
Inner sheath	Polyvinyl chloride sheath	V
	Polyethylene sheath	Y

Continue

Item	Type	Code
Other characteristic	Paralleled insulated wire	B
	Twisted-pair wire	S
	Flexible wire	R

Appendix Table 3.4 Common wire models

Model	Name	Model	Name
BXF (BLXF)	Neoprene insulated copper-core (aluminum-core) wire	BVV (BLVV)	Polyvinyl chloride insulated copper-core (aluminum-core) wire and sheath
BX (BLX)	Rubber insulated copper-core (aluminum-core) wire	RVB	Polyvinyl chloride insulated copper-core paralleled flexible wire
BXR	Rubber copper-core flexible wire	RVS	Polyvinyl chloride insulated copper-core stranded flexible wire
BV (BLV)	Polyvinyl chloride insulated copper-core (aluminum-core) wire	RV	Polyvinyl chloride insulated copper-core flexible wire
BVR	Polyvinyl chloride insulated copper-core (aluminum-core) flexible wire	RX, RXS	Rubber cotton-braided copper-core flexible wire

(5) Representation of wire numbers: As long as the wiring direction is the same, use one line to represent a bundle of wires in the drawing, with a short slash marked on the line to indicate the wire number, regardless of the actual wire numbers. Alternatively, draw a short slash and mark the number of wires next to it (the number marked is not less than three). Besides, one line can be used to represent two wires and there is no need to mark the specific wire number.

(6) Representation of wires:

$$a - b - c \times d - e - f$$

a: Circuit No.
b: Wire model
c: Wire number
d: Wire cross section
e: Diameter of the laid pipe
f: Position of the laid circuit

Example: N1−BV−2×2.5+PE2.5−DG20−QA

where, N1 — the serial number of the circuit;

BV — the wire is a polyvinyl chloride insulated copper-core wire;

2 — there are two wires;

2.5 — the sectional area of the wire is 2.5 mm^2;

PE2.5 — there is one neutral protective wire with a sectional area of 2.5 mm^2;

DG20 — the conduit is a steel pipe with a diameter of 20 mm;

QA — the circuit is to be laid along walls in a concealed way.

3. Representation of lighting appliances

Lighting appliances consist of the light source and lamps.

Use graphic symbols to represent lamps in the layout plan, with text marked next to the symbols to indicate the name and function of a specific lamp.

(1)Types and codes of the light source, as shown in Appendix Table 3.5.

Appendix Table 3.5 Types, letter symbols and codes of light source

Type of light source	Letter symbol	English code
Incandescent lamp	B	IN
Fluorescent lamp	Y	FL
Halogen (iodine) tungsten lamp	L	IN
Mercury lamp	G	Hg
Sodium lamp	N	Na
Neon lamp		Ne
Arc lamp		ARC
Infrared lamp		IR
Ultraviolet lamp		UV

(2)Types and letter symbols of civil lamps, as shown in Appendix Table 3.6.

Appendix Table 3.6 Types and letter symbols of civil lamps

Lamp type	Chandelier	Wall lamp	Floor lamp	Ceiling lamp	Desk lamp	Bed lamp	Recessed dome light	Not included in the category
Letter symbol	D	B	L	X	T	C	Q	W

(3) Installation modes and codes of lighting equipment, as shown in Appendix Table 3.7.

Appendix Table 3.7 Installation modes and codes of lighting appliances

Installation mode	Pinyin code	English code
Wire-hanging	X	CP
Chain-hanging	L	CH
Tube-hanging	G	P
Wall-hanging	B	W
Ceiling-mounted	D	C
Ceiling-recessed	DR	CR
Recessed	BR	WR

4. Representation of power and lighting equipment

Power and lighting equipment includes power distribution boxes, lamps, switches, sockets and other equipment. Representation methods are following:

(1) Use graphic symbols to represent power and lighting equipment in the layout plan, with text marked next to the symbols to indicate the name, specification, quantity, installation mode, height from the ground and other information about the equipment.

(2) Representation of lighting lamps:

$$a-b\frac{c\times d\times 1}{e}f$$

where, a — Number of lamps;

b — Model of lamps;

c — Number of light bulbs (fluorescent tubes) in each lamp;

d — Power of each light bulb (fluorescent tube);

e — Lamp installation height;

f — Installation mode;

1 — Type of light source (can be omitted).

Example:

$$4-YG-2\frac{2\times 40}{2.5}L$$

where, 4 — Number of lamps;

YG–2— Model of lamps;

2 — Number of light bulbs (fluorescent tubes) in each lamp;

40 — Power of each light bulb (fluorescent tube), W;

2.5 — Lamp installation height, m;

L — Installation mode of the hanging chain.

In general, the sequence of referring to the diagram of an indoor lighting circuit is following: design description → system diagram → layout plan → wiring diagram → schematic diagram, etc. Firstly, refer to the design description to learn the project overview, including the graphic symbols used in the diagram, as well as the models, specifications, and numbers of the equipment and materials needed for the project. Secondly, refer to the system diagram, the layout plan, the wiring diagram, and the schematic diagram. Specifically, the layout plan and the system diagram shall be used in combination; the electrical layout plan is used to identify installation positions, and the electrical system diagram is used for connection; the installation and wiring diagram and the systematic diagram shall be used in combination; the installation and wiring diagram is used to identify installation positions and the systematic electrical diagram is used to analyze the working principle.

Task design requirements are as follows:

(1) The installation diagram consists of lighting circuits, power circuits, air-conditioning circuits, and other parts (with the power supply and the leakage protector coming from the main switch box).

(2) Lighting lamps include incandescent lamps, fluorescent lamps, ceiling lamps, wall lamps, etc.

(3) Home appliances include induction cooker, microwave oven, rice cooker, refrigerator, washing machine, TV set, air conditioner, drinking fountain, computer, heater, etc.

(4) Correct symbols of lamps, switches, and sockets shall be used in the installation diagram; the circuits shall be drawn horizontally and vertically, with the live wire drawn in red, the neutral wire drawn in black, and the ground wire drawn with a pencil.

(5) Installation drawings shall be accompanied by instructions consisting of the equipment table (Appendix Table 3.8), schematic diagrams of lighting circuits, power circuits, and air-conditioning circuits, as well as the installation height of each switch and socket.

Appendix Table 3.8 List of lamps and switches

Name	Model and Specifications
Mirror lamp T5 (with a light source)	Description of the lamp: length: 0.61 m; T5 ordinary straight tube (LED); power: 10 W
Tri-proof fluorescent lamp (with a light source)	Input power supply: 220 V, 50 Hz AC; using an electronic ballast; power: 2 × 18 W; household type; length: around 650 mm
Grille spotlight (with a light source)	Input power supply: 220V, 50 Hz AC; with a light source and a transformer; power: 20 W; the number of spotlights: 2; household type
Bed wall lamp (with a light source)	Working power supply: 220 V, 50 Hz AC; power: 25 W; light source: matte screw-in incandescent lamp; household type
Ceiling energy-saving lamp (with a light source)	Input power supply: 220 V, 50 Hz AC; power: 20 W; the size of the ceiling energy-saving lamp: around 300 mm× 300 mm; household type
Downlight (with light source)	3″ vertical screw-in downlight; three downlights made of high-quality aluminum composing a light group; light source: 9 W electronic energy-saving lamp; household type
Dimmer switch	86 panel, concealed household installation

Continue

Name	Model and Specifications
Touch switch	86 panel, with waterproof box; concealed household installation
Voice-control switch	86 panel, concealed household installation
Three-way dual-control switch	86 panel, concealed household installation
Two-way dual-control switch	86 panel, concealed household installation
One-way dual-control switch	86 panel, with waterproof box; concealed household installation
One-way multi-control switch	86 panel, concealed household installation
Smart switch (single live wire, single button)	Smart control, 86-panel single live wire switch, single button (It works without a neutral wire)
Smart switch (dual button)	Smart control, 86-panel single live wire switch, dual button (It works without a neutral wire)
Smart switch (neutral-live wire, single button)	With WiFi function, "Xiaoai classmate" voice control, 86-panel neutral- live wire switch, single button (It only works when there is a neutral wire)
Smart socket	86-panel smart wall socket, with WiFi function, "Xiaoai classmate" voice control
"Xiaoai classmate" smart speaker	Voice remote control, APP control, DTS sound effect
Smart ceiling lamp	Fixed LED lamp (ceiling-mounted, AC electronic control device for LED module) IX172A, smart control; acrylic ceiling lamp
Smart voice control ceiling lamp	Fixed LED lamp, offline voice control; acrylic ceiling lamp

Appendix 3　Function differences between neutral-live wire and single live wire smart switches

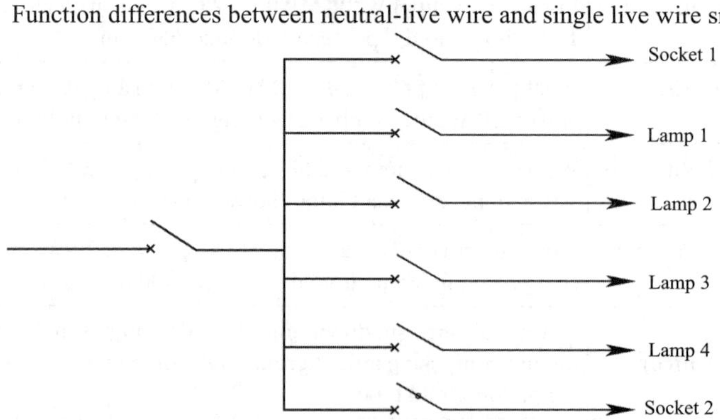

Appendix Figure 3.1　System diagram of power supply box

Appendix 4 Construction schedule

Appendix 4 Construction schedule

________construction schedule

Group: Starting time:

Number	Task	Content	Person in charge	Workload/h	Time/h				
									Supervisor's signature and suggestion
1									
2									
3									
4									
5									
6									
7									
8									
9									
10									

Note: 1. A complete work plan shall cover a whole process ranging from work preparation to work delivery while taking into full and reasonable account of input resources.

2. Please use dotted arrows (- - - →) for the planned progress and solid arrows (———→) for the actual progress.